德国智能制造译丛

Praxisleitfaden IoT und Industrie 4.0
Methoden，Tools und Use Cases für Logistik und Produktion

物联网和工业 4.0 实用指南

——物流和生产中的 方法、工具和实例

［德］安德里亚斯·霍舒特（Andreas Holtschulte）编著

何晖 译

机械工业出版社

物联网是描述设备、机器和系统的智能网络，并为提高供应链和生产过程的自主性、效率和透明度做出了重大贡献。本书针对的是希望在物流和生产中使用物联网应用程序以使其公司适合工业 4.0 的专家和经理。

本书使用了来自物流、生产、维护和维修领域的大量实例，解释了物联网在工业环境中的应用领域，并介绍了实施物联网项目的策略和最佳实践。

任何在物流和生产中寻找使用物联网的有形方法、工具和实例的人都会在这本书中找到成功实现的答案。

Praxisleitfaden IoT und Industrie 4.0 Methoden, Tools und Use Cases für Logistik und Produktion/by Andreas Holtschulte/978-3-446-46683-8

本书中文简体字版由 Carl Hanser Verlag 授权机械工业出版社在世界范围内独家出版发行。未经出版者书面许可，不得以任何方式抄袭、复制或节录本书中的任何部分。

北京市版权局著作权合同登记 图字：01-2021-3876 号。

图书在版编目（CIP）数据

物联网和工业 4.0 实用指南：物流和生产中的方法、工具和实例/（德）安德里亚斯·霍舒特编著；何晖译. —北京：机械工业出版社，2023.3
（德国智能制造译丛）
ISBN 978-7-111-72670-8

Ⅰ.①物…　Ⅱ.①安…②何…　Ⅲ.①物联网　Ⅳ.①TP393.4②TP18

中国国家版本馆 CIP 数据核字（2023）第 029260 号

机械工业出版社（北京市百万庄大街 22 号　邮政编码 100037）
策划编辑：贺　怡　　　　　　责任编辑：贺　怡
责任校对：韩佳欣　王　延　　封面设计：马精明
责任印制：单爱军
北京虎彩文化传播有限公司印刷
2023 年 5 月第 1 版第 1 次印刷
169mm×239mm·14.25 印张·2 插页·268 千字
标准书号：ISBN 978-7-111-72670-8
定价：79.00 元

电话服务　　　　　　　　　网络服务
客服电话：010-88361066　　机 工 官 网：www.cmpbook.com
　　　　　010-88379833　　机 工 官 博：weibo.com/cmp1952
　　　　　010-68326294　　金 书 网：www.golden-book.com
封底无防伪标均为盗版　　　机工教育服务网：www.cmpedu.com

您准备好迎接贵公司的物流、生产和供应链的数字革命了吗？本书为您提供了如何在物联网（internet of things，IoT）的帮助下实现工业 4.0 的具体指南。您可能在想：他又开始满口胡言了。也许是的，但我坚信，物联网是数字化转型的核心驱动力。没有其他技术能像工业物联网那样完整地代表工业 4.0。结合分析或机器学习等技术，物联网能够解决以下几方面的问题：

1）将公司的流程数字化。

2）为各部门和公司建立相互联系。

3）构建自动化业务流程。

4）实施新的商业模式。

5）使业务流程更智能化。

通过物联网与其他创新技术的交互，通过将物联网系统融合到用于规划、控制和监测的传统企业软件当中，可以在供应链的复杂价值链中映射和实施流程创新和合作模式。

工业 4.0 和工业物联网已经在实质性地改变着今天的供应链——我们正处在改变的初期。特别是在德国这样的国家，作为物流业的世界冠军，以及机械工业、设备制造和汽车工程的故乡，德国可以从工业物联网领域的创新中受益。在工业物联网中，机器、设备和部件可以通过数字孪生进行映射。关于物体的位置、速度和状况的实时信息为新型服务和商业模式开辟了机会。

通过收集和汇总整个供应链中的机器数据、库存数据和运输数据，供应链的流程变得更透明、更快速、更灵活、更安全。产品可以以更个性化的方式和更低的成本进行生产。整个生产设备由此变得更独立。对参与物流链和生产链的各方来说，供应链网络都变得可预测和透明。

我的这番话语能激起您的兴趣吗？您想在物联网的帮助下优化和精简您公司的内部和外部流程吗？您想了解如何通过物联网——在您目前的商业模式基础上——开辟新的机会和领域吗，例如以数字服务的形式？您想学习如何开展一个在复杂性区别于传统的信息技术项目和创新项目的物联网项目吗？您想了解其他人是如何实施类似项目的，以及他们的成功因素是什么吗？如果您对这些问题感兴趣，那么这本书就是为您而写的，因为它将支持您的公司在物联网的帮助下，在物流、生产和供应链领域提升到一个新的发展水平。

在第 1 章中，我解释了物联网的含义以及该技术的潜力。这一切都始于一台咖啡机，其视频被发布在内部网络上。您将了解到，虽然说物联网在私人领域也越来越重要，但是物联网首先是在工业领域，特别是在生产和物流领域开辟了巨大的机会——尤其是对于德国，这个在机械制造和设备工程领域拥有深厚知识储备的经济体。

在第 2 章中，我会为您提供规划、建设和运营物联网系统所需的技术基础。我们来看看关于物联网参考架构的国际标准（ISO/IEC 30141：2018），并阐明对物联网世界很重要的其他基本要素。

什么是没有云平台的物联网系统？最有可能的是，没有互联网，物联网就会有缺失。因此，在第 3 章中，我们将详细介绍市场上可用的云平台，我将告诉您在选择平台时应该注意的事项。

在工业 4.0 的背景下，起决定性作用的不仅是物联网应用、物联网系统或云平台，还有公司的数字主干，物联网系统的信息将被整合到其中。因此，在第 4 章中，我们研究了与物联网相关的公司软件系统以及这些系统如何处理物联网信息。这是物联网为整体整合的供应链做出价值贡献的重要基础。

物联网是工业 4.0 的核心技术。然而，无论是与公司软件的数字主干相连，还是与我们数字世界中的其他创新技术相关，它都不是孤立存在的。出于这个原因，我在第 5 章专门讨论物联网与大数据、人工智能、增强现实、虚拟现实和 3D 打印等技术的交互。

物联网项目很复杂。这主要是由于网络技术、电气工程、控制技术和调节技术、云技术、内部软件、综合信息系统及计算机科学之间的相互作用关系比较复杂。另外，现代方法对于物联网解决方案的设计实际上是必不可少的。特别是在工业 4.0 的背景下，通过使用物联网来关注用户和提高流程效率是成功的关键。在第 6 章中，我将向您展示如何尽早地在设计阶段充分利用解决方案获得最大利益。

在第 7 章中，我介绍了来自工业界的具体物联网实例，这些实例来自于物流领域和生产部门的真实客户。我解释了客户是如何得出解决方案的，并描述了具体的技术组件。

不要忘记贵公司的整体战略。让您和您的公司做好准备，迎接比我们今天所能想象的更大的变化，甚至于根本性的转变。我将在第 8 章中告诉您如何对此做出反应，如何为自己的未来定位，以及如何建立和维持战略合作伙伴关系。在这里，您还将学习如何通过使用和整合敏捷方法，将您公司的项目变成物联网战略。物联网能扩展您的传统商业模式，甚至帮您实现彻底转型。

好书离不开感谢。特别感谢我的妻子吉蒂（Gitti）以及两个孩子玛琳

（Marlene）和古尔蒂（Kurti）在我撰写这部作品时给予的耐心和支持，这部作品创作于 2020 年新型冠状病毒（简称新冠）肺炎大流行、孩子在家学习以及我公司的成立和发展时期。我还要感谢我的朋友和编辑德克·诺德豪夫（Dirk Nordhoff）（*deutschmitdirk. de*），我从 20 世纪 90 年代末开始与他一起工作，感谢他的帮助。我俩的职业生涯都是从冯克（Funke）媒体集团旗下的 *Westdeutschen Allgemelinen Zeitung*（《西德意志报》）的记者开始的。没有他和我的编辑朱莉娅·斯特普的出色支持和天使般的耐心，本书就不会以现有的语言质量出版。还要感谢通过实例和采访对本书的创作做出贡献的公司：比科特（Zolitron）技术有限公司、德国 IdentPro 公司、华为技术有限公司（Huawei）、思科系统公司（Cisco）、物联网分析公司（IoT Analytics）、弗劳恩霍夫（Fraunhofer）研究所、德国 PAC 公司、数字蚂蚁有限公司（digit-ANTS）和工业物联网研究所（iIoT. institute）。

安德里亚斯·霍舒特

伊尔费斯海姆，2021 年 2 月

目 录

第 1 章　联网事物：在物联网（IoT）中的人、机器和系统

如果"全网络"这个词我们从嘴里说出来，它听起来更像是科幻小说，而不是现实常态——至少对我来说是这样，也许您会有不同的感觉。但事实是，"全网络"，也就是众所周知的物联网（Internet of Things，IoT），已经不再是虚构的了，这就是现实。

本章展示了今天我们是如何以一种非常具体的方式处理物联网的。它总结了物联网的历史发展，并探讨了为什么人们经常谈起工业 4.0 就像是谈到了一场革命。为什么物联网如此重要？这一切是如何开始的？我们还将研究来自私人领域和工业部门的一些实例。在我们的生活中，我们在哪里遇到了物联网？它是如何影响我们的生活方式和休闲行为的？它在我们的工厂、仓库和物流系统中发挥了什么作用？最后，在进入第 2 章讨论技术细节之前，我们先看看其潜力和发展。

1.1　云中物：什么是物联网

物联网是物理事物和它们的数字图像的结合。这种组合创建了一个所谓的信息物理系统（Cyber-Physical System，CPS）。这个 CPS 将计算机科学和软件的组成部分与电子和机械的组成部分相结合。要将信息物理系统称为物联网，则 CPS 的通信必须通过互联网运行。例如，复杂的信息物理系统通过有线网络和无线网络连接在生产车间内，并通过互联网将特定信息发送到相应的云端。例如，在云端，来自其他生产设施的许多 CPS 信息汇集在一起。通过这种连接到互联网的信息物理系统，全球生产设施网络的新层面正在出现。一方面，它们能够对来自生产的新需求做出高度灵活的反应；另一方面，它们也能对外部影响做出反应。在物流领域，这意味着如果在运输过程中按计划出现交付瓶颈或问题，新的供应链将以高度动态的方式被打开。物联网使事物和 CPS 通过互联网相互连接成为可能，因此网络中的事物在很大程度上可以自己做出决定。

如果您买这本书是为了了解什么是物联网，那么您现在就可以把它放在一边，转而研究其他主题了。但是，如果您想了解如何利用物联网构建新的商业模式，追踪世界各地的货物和机器，并使整个工厂和供应链完全自动化，那么

您将在本书中找到答案。您还将了解到其他公司是如何利用物联网提供的机会的。

物联网系统代表了极其复杂的软件和硬件架构，没有其他技术能结合如此多的学科。一个物联网系统是以下技术和学科的复杂相互作用：

1) 网络技术。

2) 电气工程。

3) 控制和调节技术。

4) 云技术。

5) 预制软件/本地软件。

6) 综合信息系统。

7) 信息技术/计算机科学。

因此，需要广泛的技能来规划、建设和运营一个物联网系统。幸运的是，您不必从零开始，因为国际标准化组织（ISO）和国际电工委员会（IEC）在2017年首次制定了一个国际标准，即ISO/IEC 30141：2018，为物联网架构、概念和模型提供参考。一个物联网架构必须从不同的角度考虑，以兼顾方方面面并确保可持续运营。该标准从功能、系统、网络、操作和用户等相关角度提供指导。在第2章中，我将描述一个物联网系统的技术组件、特性和要求。

1.2　一切是如何开始的

俗话说，万事开头难，特别是在创新领域，往往看起来像技术"怪胎"鼓捣出来的小玩意儿和噱头。往往正是这些非常特殊的应用帮助一项技术或技术概念实现了突破，即便许多人一开始会问："这有什么用？"物联网的第一批实例正是具备这种特征。在世界各地的不同地方，人们提出了让生活更轻松并简化流程的创新想法。使用无线电芯片和相对简单的摄像头监控，热爱技术的科学家们为自己省去了走到咖啡机前的麻烦，例如，机器会自动报告何时应该续水或加咖啡粉。

物联网究竟是什么时候开始的？对此，显而易见的答案是：借助互联网开始的。取决于人们把早期的互联网说成是由几台大型计算机组成的网络，还是把由此产生的互联网说成是一种大众媒体。这可以指在20世纪70年代，当时大学将其计算机联网，或指在20世纪90年代，今天的全民浏览器的前身在当时取得了突破。

相当多的声音称物联网是一个分水岭式的技术，它将全面并永远地改变世界。如果我们把物联网和工业4.0视为第四次工业革命，那么我们可以从前三次工业革命开始，对今天的发展进行分类。这样，我们就不仅仅是在谈论眼前的 30 到 50 年的历史，而是将跨越一个弧线，回到 18 世纪第一批大规模工业的出现。然而，物联网这个概念要年轻得多的多。大多数人将这个词的英语单词的创造时间追溯到 1999 年。然而，早在互联网成为现实之前，人们就在机器联网、系统化和通信可能的背景下，产生了一种关于物联网的想法，这体现在一些其他的当代词汇上。

无论您对历史发展持何种立场：我们绝对应该在两个里程碑上稍作停顿，以了解当今物联网世界的动态。一个是无线电射频技术（RFID）的出现，另一个是第一台咖啡机联网的时刻。

1.2.1 第一台联网咖啡机

无论您使用的是与互联网断开连接的经典设备，还是现代化的联网设备，咖啡机的基本功能和应用选项通常都是一样的。即便智能咖啡机可以自动冲泡咖啡，但考虑到您在一天和一周内对咖啡的喜好，您仍然必须自己购买和补充咖啡粉，并清洗过滤器或其他部件。好吧，在像韩国首都首尔这样的高科技地区，您可以去像 B；eat 这样的无人咖啡馆获得更多的机器帮助，由支持 5G 的机器人咖啡师为您提供服务。如果您亲自尝试一下，同时读一下马克-乌韦·克林⊖（Marc-Uwe Kling）关于机器人服务员为什么不能在不发出咕嘟咕嘟声的情况下提供咖啡的讽刺文章，您就会意识到，虽然都是咖啡——即使从技术角度来看也是如此——但是，此咖啡非彼咖啡。

"特洛伊咖啡机"这个名字据说是互联网上第一个有记载的东西。你们中的一些人肯定会知道这个咖啡机。如果我没记错的话，我父母在 20 世纪 90 年代初也有一个类似的咖啡机，这种 20 世纪 80 年代末由克鲁伯（Krups）公司以 ProAroma 品牌销售的、简单的煮咖啡的机器与互联网有什么关系呢？它既没有网络连接，也没有内置的无线局域网（WLAN）适配器。但 ProAroma 根本不需要这些。

1991 年，剑桥大学计算机科学研究所的科学家们厌倦了不断地在几个走廊里穿梭，却发现，当他们到达研究所一层的特洛伊房间（就是研究所的茶水间）时，咖啡还没有完全通过过滤器进入咖啡壶中。渴求咖啡的研究人员沮丧地又穿梭回到办公室，几十年来都是如此，人是回来了，咖啡却一口没喝上。他们说，每一次散步都会让你变得苗条，但对这样浪费时间的恼怒毕竟也不小。

因此，昆廷·斯塔福德-弗雷泽（Quentin Stafford-Fraser）周围的 IT 员工想到了如何避免不必要的、令人沮丧的特洛伊房间之旅的办法。他们希望能远程接收有关咖啡滴滤过程进度的信息，以便能在正确的时刻及时去喝上一口热饮。

⊖ 马克-乌韦·克林（Marc-Uwe Kling），德国作家。——译者注

正如人类历史上许多其他伟大的发明一样,例如汽车的发明,改变世界的新技术的驱动力正是懒惰。因此,研究人员设置了一台摄像机,拍摄咖啡壶中黑色液体的数量,并将运动图像传输到大学的本地网络。接着,发明家们就可以饶有兴趣地在他们的计算机显示器上跟踪咖啡的制作进展了,而且是实时的。

与咖啡机摄像头几乎同时期,早期的互联网形成,其目的不仅是为了实现本地联网,还是为了能够实现最大可能的全球计算机连接。从 1993 年起,可以在万维网(World Wide Web)上看到来自 IT 专家的特洛伊咖啡机。摄像机是互联网上的第一个网络摄像机,咖啡机是物联网上的第一个事物。

今天的智能咖啡机不再是简单的拍摄,而是会用内置的传感器独立测量灌装情况,并通知我们。例如,通过向智能手机推送信息,告知制作是否完成,是否需要采取维护措施,如除垢和清洁等。在这里,咖啡机的实际组成部件没有任何变化,只是加入了传感器、执行器和网络连接设备进行了改造。

顺便提一下,比特洛伊咖啡机年长几岁的是一台可乐自动售货机,它们的故事非常相似:在宾夕法尼亚州匹兹堡的一所大学里,一些计算机专家也在工作和研究,只是他们是用可乐而不是咖啡保持头脑清醒。同样,工作的地方距离自动售货机也很远,而且往往当你终于到达了那个地方的时候,却发现所有的冰鲜罐都已经卖没了。以 IBM 为例,发明者们所想出的东西现在被称为"世界上第一个物联网设备"⊖。他们在自动售货机上安装了一块电路板,通过网关将灯光显示转发到主计算机。通过一点点编程工作,使大学本地网络中的所有计算机用户都能远程检查哪些可乐罐目前在售,以及它们已经冷藏了多长时间。由于该网关还与当时互联网的先驱阿帕网(Arpanet)相连,它最多可以连接 300 台计算机,因此,这个 20 世纪 80 年代的应用程序(App)也可以在大学之外的网络使用。

1.2.2 作为开拓者的无线电技术

当物理世界及其中的事物被复制到数字世界时,我们称之为物联网。图 1.1 所示的这张照片拍摄于 2010 年,当时,云平台、云架构和云应用正在不断实现数字世界与现实世界的融合。那么,这到底是什么意思,互联网与物联网又有何不同,这些内容我之后会在本书中谈到。但让我们暂且避而不谈,继续看看历史的发展。

就技术历史而言,物联网的始祖是 RFID(Radio Frequency Identification)技

⊖ *Teicher,Jordan*:The little-known story of the world's first IoT device. Blogbeitrag vom 07. 02. 2018. *https:// www. ibm. com/ blogs/ industries/ little-known-story-first-iot-device*(abgerufen am 14. 05. 2020)

图 1.1　一个 RFID 芯片的结构（© Syrma Technology）

术，即射频识别技术。这意味着，物体、货物和装载装置可以被动通过无线电波激活（无源标签），或者主动发送无线电信号（有源标签），从而传输它们的身份。通过这种方式，物体被识别。例如，载货车辆通过仓库大门时就可以自动登记收货；收货人知道货物现在已经到达仓库，而仓库员工不必再扫描标签或在商品管理系统中登记收货。

在研究 IoT 和 RFID 这两个术语时，人们会反复接触到凯文·阿什顿（Kevin Ashton）这个名字。他被认为是"物联网"一词的发明者。据说这位英国人是在 1999 年的一次演讲中选择了这个表述。当时，他在麻省理工学院（MIT）自动识别中心担任 RFID 主题专家。严格来说，RFID 的使用无须互联网，该技术可以直接与商品管理系统相连。由于其拥有非接触和无扫描采集（没有视觉接触）的优势，而具有巨大的附加值。

RFID 技术基于这样一种概念，即产品代码、序列号、批次等数据存储在所谓的 RFID 标签上，并附在包装、金属丝网箱或载货工具上。下面是一个示例：如果材料编号、批次和生产日期存储在 RFID 标签上，那么贴有标签的产品在其整个生命周期内都会在芯片上携带这些信息。通过这种方式，以后仍然可以确定产品是由谁、在哪里和何时制造的。但是，它与同样可以存储这些信息的简单条码标签有什么区别，而这些信息又是如何可以反过来被条码扫描仪读取的呢？在这个标签的载体的各个站点，根据存储容量的大小，额外的信息可以存储在 RFID 芯片上，或者信息可以不断被更新。由此产生的数据足迹使得在全球范围内追踪货物和商品成为可能，这在今天被称为追踪和跟踪（Track&Trace）或全球批次可追溯性（Global Batch Traceability）。

此外，这种方法提供了自动化的可能性，因此许多公司使用该技术来优化其供应链。实时预订和物流的高透明度可提高供货效率，加快流程，减少库存，从而降低流程成本，减少仓库中的资金占用。

随着 RFID 技术的进一步发展，并且与通过网络进行通信的无线传感器相结合，物联网产生了。然而，在这个中间阶段，传感器没有通过互联网连接。因此，物联网这个词在这里仍然有点不合适，因为其核心要素——互联网，仍然缺失。

在 20 世纪 90 年代初，这项技术被称为无线传感器网络（Wireless Sensor Network，WSN）。物联网的基本概念已经被 WSN 实现了——只是没有通过互联网。例如，这种无线传感器网络当时已用于医院的健康监测，或工厂的工艺流程监测。

最初的重点是跟踪和自动识别建筑物中的资产，但后来目标变得越来越复杂。例如，物品和对象的识别触发了商品管理、仓库管理和生产控制系统的商业会计流程。对机器、设备和整个工厂的监测越来越成为焦点。我们今天所理解的流行语"预测性维护"（Predictive Maintenance）在 WSN 中已经成为可能。通过达到自定义的温度、振动、转速或膨胀传感器值，可以预测即将进行的维修或启动维护服务。

随着时间的推移，除了工厂和仓库大楼内的无线网络，移动无线网络也得到了大规模发展。借助 3G、4G［LTE（Long Term Evolution，长期演进）］，直到今天的 5G 移动通信技术，可以在更短的时间内传输更大的数据包。因此，5G 技术是物联网进一步发展的一个里程碑。在公共道路上自动行驶的汽车每秒传输 xMB 的数据，如果想把信息实时上传到互联网并在云端进行处理，以目前普及的移动技术是无法实现的。同时，新的概念已经被研究出来，以限制在云端实时处理的数据量。这些概念被称为边缘计算（Edge Computing）和雾计算（Fog Computing）。在这里，数据实际上是在本地网络的边缘或雾中被处理的，只有真正需要的数据才会被上传到云端并在那里进行处理。我将在第 3 章详细介绍这些工业 4.0 概念。

1.2.3 四次工业革命

如前所述，物联网也可以放在一个更宽泛的背景下，尤其是在社会层面。您听说过第四次工业革命吗？虽然工业 4.0 最初是一个德语单词，但"第四次工业革命"一词现已在国际上成为生产和供应链整体数字化的一个术语。就像我们大多数人在学校课本里学习到的，那些常见且易于理解的概念解释一样。工业 4.0 一词及其含义与物联网有什么共同之处？为什么是第四次工业革命而不是第十次或第二次？我为什么要用一整个章节来讨论这个话题？

工业 4.0 是物联网的工业表现形式。与其他经济领域不同，在工业中，我们处理的是真实的、有形的东西，它们被生产、运输、储存、维护和修理。因此，将这些物理事物连接到互联网，并为它们配备传感器和伺服电动机是通往工业 4.0 的道路。在物联网领域，这个术语因此得到了扩展：工业物联网（Industrial

Internet of Things IIoT）是工业 4.0 的同义词。如果没有物联网技术，我们今天所理解的工业 4.0 将仅仅是一句空话。数据分析、虚拟现实、增强现实等技术都是工业领域中重要的附加技术，它们始终基于事物及其生成的数据。

1. 机器时代——工业 1.0

让我们首先沿着历史的轨迹，通过所有的工业革命了解目前的技术状况。这一切都始于第一次也是决定性的一次工业革命，即 18 世纪末的工业化，推动它的是对硬煤的大量开采、蒸汽机的发明以及大规模的工业化。第一次，由水力或蒸汽驱动的机器大规模地进行机械工作，从而减轻了人们在这些工作领域的负担。机器时代已经来临。在这本书中，您将一次又一次地遇到机器和设备，它们可以说是物联网中最重要的"东西"。

工人的经济状况、工作和生活发生了永久性的剧变。随着纺织业中机械织布机和其他机器的发明，剪毛工、织布工和袜业工人等部分高素质、高收入的纺织业者失去了地位，他们中的大部分被机器所取代。

形成这一阶段的另一个决定性因素是科学和工业之间的合作。因此，许多工业企业与教育机构和大学合作，或直接在企业内部设立研发部门。

同时，人们意识到自己的工作受到机器的威胁，因此进行了大规模的抗议和公开暴动，抵制新机器和生产工艺。这个群体被称为"机器罢工者"。不仅是纺织业，农业和金属加工行业也受到影响。

2. 工业化——工业 2.0

在机器时代，在严重依赖使用机器而非人力的情况下，越来越有必要对生产流程进行持续的标准化和自动化。在德国，从 19 世纪 70 年代起，大规模生产中越来越多地使用流水线。亨利·福特（Henry Ford）是大规模生产、新兴流水线生产和汽车行业基本标准化时代的一个重要人物。通过他的传奇般的 T 型车，他完善了使用流水线的生产流程，使汽车的生产时间从 12h 缩短为 93min。由于他的工厂的生产力大幅提高，汽车的价格从 1911 年的 780 美元下降到 1914 年的 490 美元。这使得更多的人能够买得起汽车，T 型车在美国以及后来在世界其他地方的销售量达到数百万辆。另一个大幅降低生产成本的措施是彻底的标准化。T 型车仅提供一种颜色。"任何顾客都可以选择任何他所中意的汽车颜色，只要它是黑色的。"他当时这样告诉他的顾客。从这个角度看，这是革命性的。因为直到 19 世纪末，每辆汽车仍然是在一个车间中进行生产和组装，全部完成后才能制造另一辆新的汽车。因此，早期的汽车只有非常富有的人才能买得起。

不仅是汽车行业，化学、电气、机械工程和光学工业都是这一发展的先驱。

但是，除了强大的优化动力之外，是什么帮助这场革命落地，并让这种巨大的变化成为可能？当时，在电力的带动下，发电机、灯泡和电动机开始运行，而且是以去中心化的方式运行。蒸汽机、飞轮和机床之间的局部联系被解除了，人们可以用许多小型电动机进行工作，这些电动机可以根据消费者的需求，在消费者所在地按需产生效力。

从 19 世纪 80 年起，电报被电话所取代，电话由亚历山大·格雷厄姆·贝尔（Alexander Graham Bell）推向市场。通信行业诞生了。这一时期，研究、开发以及它们与经济的相互联系变得越来越重要，这在历史上表现为公司首次拥有自己的研发部门。

3. 数字时代——工业 3.0

再向后跨越大约 100 年，那我们就进入了信息时代，也就是从 20 世纪 70 年代开始的第三次工业革命。这场数字革命的特点是生产的自动化，特别是通过使用可编程逻辑控制器（Programmable Logic Controller，PLC）和其他电子设备，以及信息技术（IT）的出现。它使工业机器人和由现代控制技术控制的现代机床得以生产和使用。这是怎么成为可能的呢？数字时代成就的基础是微芯片和集成电路（Integrated Circuit，IC）的发明。

正是在这个时期，个人计算机（PC）的成功故事开始了。它最初在工业领域找到了自己的位置，很快也成为私人领域的标配。互联网和移动通信的普及对我们与这场革命有关的几乎所有发展都产生了附加的影响。

这个时代的创新⊖包括：

1）1967 年：袖珍计算器。

2）1969 年：互联网。

3）1976 年：个人计算机。

4）1977 年：数据库。

5）1984 年：模拟 C-移动无线网络。

6）1992 年：数字 D-移动无线网络。

7）2001 年：世界上第一个小型 UMTS（通用移动通信系统）在马恩岛（Isle of Man）投入使用。

8）2006 年：第一个 LTE 连接在中国香港开始使用。

9）2010 年：随着频率的拍卖，LTE 技术在德国启动。

10）2012 年：超过 50% 的德国家庭使用 LTE 技术。

正是这些成就和技术创新，成就了今天的物联网，如图 1.2 所示。

21 世纪移动技术的发展对物联网的发展产生了巨大影响，因为我们可以用它来跟踪全球的货物、车辆和机器，监控它们的状况并采取相应措施。

这场第三次工业革命的另一个重要方面是可持续能源概念，也就是与可再生能源相关的概念。

⊖ *https://www.telespiegel.de/wissen/mobilfunk-geschichte*（abgerufen am 15.06.2020）

图 1.2　物联网（来源：iIoT. institute）

尽管今天我们从微芯片的发明等成就中受益匪浅，但数字时代也出现了工人、雇员和工会的暴动和抗议，他们因使用新技术、机器和工艺流程而担心丢了工作。所谓的现代机器罢工者抗议印刷业和机械制造业方面的创新〔CNC（计算机数字控制）和 NC（数字控制）机器〕，他们认为现代机器是对自己劳动力的竞争，害怕失去工作岗位。因此，他们走上街头，要求获得对社会负责的解决方案。

数字化、自动化和机器的使用是现代工作的破坏者吗？

从长远来看，这种说法肯定是不正确的。在短期内，在创新和发明的使用发展史上，这些创新接管了雇员和工人们的工作的情况一次又一次地发生。但同时，工作质量提高了，生产力提高了，单位生产成本降低了，这也促进了社会的繁荣，并创造了更多财富。就工作而言，创新和流程改进的引入总是不断导致工作时间的减少和工资的提高，然后经常会在其他地方创造出新的工作机会，需要更高的工作资质的新工作机会。

4. 数字化转型——工业 4.0

我们目前正步入第四次工业革命阶段。但是，第四次工业革命与之前的工业革命有何不同？前三次工业革命是通过根本性创新实现的。通过发明和实施新的基础技术，可以创造新的产品和技术。今天，有几项新的变革性基础技术可供我们使用，它们相互促进，这可能导致整个社会中人们的工作生活和就业形势产生巨大动荡。机器人可能很快就会接管我们的许多项任务，并能更认真、更快速地完成这些任务，而且不会出现因粗心大意导致的错误。

自动化是由算法和人工智能（AI）驱动和实现的。机器可以非常轻松地承担标准化程度非常高的任务以及常规任务。德国劳动力市场和职业研究所

（IAB）于 2019 年 8 月发表了一份报告，其中叙述了自 2013 年以来，由于技术创新而可以被机器接管的工作份额一直在持续增加。这意味着，那些内容高度标准化且具有重复性的工作将很快被机器取代。经验表明，在这种标准化环境中工作的员工，比在标准化程度低得多的领域（例如创意或社交领域）的员工接受进一步培训的可能性更小。因此，在单个公司层面上被视为创新、适应市场或"与时俱进"的东西，一旦被确立为具有创新性并被所有人使用，那么它对整个社会来说就具有一定的爆炸性。

如今，我们是否应该害怕数字化和物联网，就像以前的织布工人害怕纺织机那样？尽管它们被反复描述为机会、未来和不可避免的，但它们难道不是明天的工作杀手吗？本书不打算讨论这类伦理、道德或哲学问题。然而，正如您将看到的，我们在企业文化和物联网项目等方面会不断接触它们，直接地或是间接地。

然而，为了保护旧的工作机会和过时的流程，而取缔和停止与工业 4.0 相关的创新并不是一种好的选择，因为：

1）特别是在数字世界和物理世界的结合方面，将创造出新的就业机会。

2）假设德国在数字化方面进一步落后于世界其他国家，那么这将很快摧毁更多的工作机会，甚至于在德国根本就没有工作机会。

3）从德国的角度来看物联网，就是工程师们应该将他们丰富的机械制造和设备工程知识与数字技术相结合，同时出口这些知识。

1.3　物联网应用示例

对前几代人来说还无法想象，对先驱者来说只能想象到遥远的、常常是模糊的愿景，而现在对我们来说已经是生活的日常了：完全的网络化生活。我们每个人都不分昼夜地带着智能手机，每天使用手机近 4h$^{\ominus}$，每天解锁手机 50 次以上。有了这个设备，我们不断产生物联网数据，然后将其发送给谷歌、苹果等公司。只要不关机，我们就不断发送位置数据。云供应商，如谷歌和其他公司，整合了许多智能手机发送给他们的个人用户数据，并利用它来计算交通拥堵概率、道路瓶颈或酒店、商场和餐馆的访问量。

让我们花点时间了解一下智能手机及其对人们的重要性。请您尝试以下试验：在一周内，写下您至少使用过一次的功能和 App。通常，现代人用手机远不止是打电话那么简单。当这个清单完成后，想一想：您还可以用一个没有连接

$\ominus$　*https：//www.faz.net/aktuell/wirtschaft/digitec/nutzer-verbringen-im-schnitt-3-7-stunden-am-smartphone-16582432.html*

到互联网的手机做什么？答案将是：几乎什么都做不了。

联上网络的手机究竟是靠什么变得这么智能的？通常，这依赖于位置服务，在工业 4.0 意义上，这种服务变成了资产，智能手机变成了标签。只要您愿意，您可以通过智能手机变成一个信息物理系统。

另一个令人兴奋的问题是，现在不仅计算机和网络，而且工业设备、机器和系统也都可以联网，这对工业意味着什么？我将在 1.3.2 节中更详细地介绍这一点。

1.3.1 消费领域的实例

下面我将给您介绍一些物联网在消费领域的典型应用案例。更准确地说，我们看一看智能家居现象，即居住在包含联网机器和设备的房间和建筑物中，假如您自己根本不使用这些东西，我会感到非常惊讶。

也许您已经注意到，如今几乎不可能买到一台"愚蠢"的电视机了，它只可以满足我们的基本期望：显示视频和播放音频，提供必要的接口来连接天线、卫星和外部设备。现如今，当您决定购买一台电视机时，您再也无法避开一台智能电视机。内置麦克风、摄像头和其他传感器，以及连接互联网的能力，构成了智能电视的核心功能。这使它们能够跟踪用户的行为，即所消费的节目，并在必要时理解用户的对话和信号词。将收集到的数据发送到网飞（Netflix）、亚马逊会员（Amazon Prime）、谷歌、苹果等服务商，并在用户的所有渠道对其投放有针对性的广告，没有任何技术障碍。这些设备可以连接到互联网，并且在某些情况下必须连接到互联网才能使用，这一事实使它们成为物联网中的设备。

家庭自动化领域的另一个例子是智能恒温器。当您外出时，它能够大大减少您家的能源消耗。如果您将供暖控制整合到您的日历中，并在网上进行操作，那么系统会在您度假或旅行时立即切换到降温模式。如果您授权您智能手机上的移动 App 访问您的行踪和到您家的距离，系统会适时再次打开暖气，让您回家后拥有一个舒适温暖的客厅。

智能冰箱也是如此——嗯，您猜怎么着——与互联网连接，当您逛超市的时候它会登记您的地理位置信息。您又忘记写购物清单了吗？没问题。通过云端连接到冰箱的 App 在主屏幕上出现并报告红色警报，告诉您，豆浆快没了。太幸福了，这美丽的新世界。

您的咖啡机是很愚蠢还是已经很聪明了？今天的智能咖啡机只会嘲笑上面介绍的特洛伊咖啡机："用视频传输来观察状态和监控？也太可爱了吧！"智能咖啡机当然是与互联网连接的，并根据需要自动冲泡咖啡。它检查主人的在线日历或闹钟，看他（她）计划何时起床，并计算出咖啡应该何时准备好。当然，它也可以在计算和冲泡过程中考虑到主人的个人喜好以及不断变化的日常生活习惯。

连接到制造商云端互联网的智能电灯开关和灯泡可以通过智能手机上的 App 进行控制，当然也可以根据主人的日历信息来调节家中的明亮度。

就智能家居而言，图 1.3 显示，用户对其优缺点的看法非常不同。

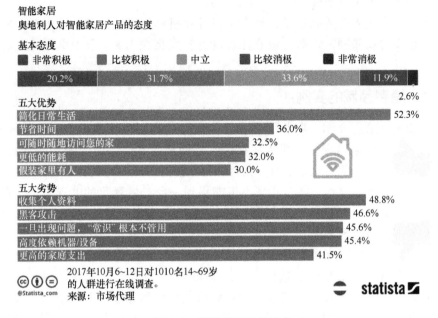

图 1.3 智能家居的优缺点

在下文中，我想给您讲一个小故事，展示当您的智能家居完全独立自主时会发生什么。

> **当智能家居似乎变得疯狂**
>
> 圣诞节前夕，我的公寓里很冷。我的全自动咖啡机没有像往常一样在早上 6 点 30 分准备好我的意式浓缩咖啡。当然，即使准备好了，它也都变凉了，因为我的智能手机根本没有叫醒我。2020 年 12 月 24 日上午 9 点 12 分，我睡到自然醒，爬起来，很惊讶，世界仿佛静止了。灯关着，百叶窗关着，很安静，也很冷。一切看着都有点可怕。我拿起我的智能手机，打开了卧室的灯。好了，电源已经接通。当我在智能家居 App 中手动控制百叶窗后，百叶窗才升了起来。
>
> 我决定洗个热水澡来暖暖身子。但是——哦不——水冰得可怕。这是怎么回事？热水器坏了？
>
> 那为什么我的供暖系统 App 没有警告我呢？难道有人非法访问了我的智能家居环境？已经有很多黑客破解密码虚拟进入住宅的案例，网络犯罪分子

在安全距离内关闭警报系统，悄悄打开带有智能门锁的公寓或房屋，趁着房主在度假或工作时，悄悄地进去将屋子洗劫一空。另一个令人担忧的情况是：黑客通过内置的网络摄像头，或者黑入了婴儿监视器或婴儿监控摄像头，洞察了业主的私生活。最常见的弱点是保护设备的密码不完善或者根本就没有密码，这些设备各自连接到互联网上的 IP 地址。通常情况下，出厂时设置的密码可以在互联网上的各种论坛中找到，而且没有更改。这让黑客很容易得手。

在我的身体慢慢暖和起来、我的咖啡机为我提供了意式浓缩咖啡之后，我立即更改了我的智能设备（电灯开关、恒温器、咖啡机、扬声器、安全系统）的所有密码，以及我家里路由器的无线上网密码。下午，我的日历提醒我，我有一个约会，我与我的老朋友马蒂亚斯和德克在西班牙巴利阿里群岛的帕尔马地区约了一起吃晚餐，餐厅名字叫 Bon Lloc 素食餐厅，地址是 Carrer de Sant Feliu 街 7 号，邮编是 07012。我简直是一头雾水，我给德克打电话，告诉他早上发生的怪事。我们这才回想起来，今年夏天我们曾考虑过圣诞假期一起去西班牙玩。

我提前很长时间就预订了这家特别火爆的餐厅，但很快就把预订的事忘得一干二净。由于新冠肺炎（COVID-19）大流行，我们把旅行推迟到了明年。我稍稍松了一口气，在谈话后查看了我的日历。我确实在我的日历中屏蔽了去马略卡岛的圣诞之旅。现在我慢慢意识到发生了什么：我的"智能"家用电器因为日历上的条目而认为我当时不在家里，于是，暖气停了，水暖也关了。没有咖啡给我，公寓里一片漆黑，百叶窗也没有打开。不幸的是，我的智能家居还是不够聪明，居然没有注意到我还住在曼海姆。

在我删除我的日历条目后，暖气自动升温，到了晚上，我的公寓又变得温暖起来。虽然早上是一片混乱，我还是非常高兴，我家并没有被黑客入侵。

这个故事的某些地方听起来可能有点夸张，但这种场景在技术上是可能实现的。

在移动和交通运输领域，我们也正在接触物联网。汽车自动驾驶技术虽然目前仍处于开发阶段，但是有一种应用已经非常普遍。您有没有觉得这种情况似曾相识？大周六的，您跟您伴侣的购物马拉松已经让您疲惫不堪，然而，在您赶回家、打开智能电视并决定看什么节目之前，您必须通过这个周六下午的最后一个测试，那就是：在多层停车场的深处寻找自己的车。但幸运的是，您是一辆处于测试阶段的车辆的车主，它可以自动停入和驶出车位，只要在自带的 App 中按下一个按钮，它就会自动行驶到您身边。

然而，到目前为止，只有智能电视在消费领域真正流行起来。仅仅是众多流媒体供应商，如网飞、亚马逊会员、迪士尼+，就意味着如果您不想在互联网和电视机之间再连接另一个盒子，那么这些设备就必须能够直接连上互联网。对于物联网的许多其他实例，最核心的问题是：我们是否真的需要它，它是否让日常生活更轻松？一个应用之所以成为既定的，是因为它为用户产生了额外的好处。通常情况下，使用最新的数字助手会看起来很现代，但这是否真的能改善我们的生活？我们可以通过使用它们来节省时间和金钱吗？

2019 年初，一家来自施瓦本行政区的全球领先的自动化和汽车技术制造商选择了一个相当引人注目的营销策略，将自己定位为全球家庭自动化和私人领域使用物联网（消费领域）的顶级制造商。正好赶上美国拉斯维加斯国际消费类电子产品展览会，该公司展示了它的竞演活动，该活动主要基于互联网运动"像老板一样"（Like A Boss）。在这里，有天赋的人才以他们的技能、特技和灵巧互相竞争，争取被互联网社区命名为本项目的老板。设置在各种日常场景中活动的英雄，实际上并不像是一个英雄，而更像是一个物联网书呆子，完全通过他的技术小助手成为英雄。

好吧，现在我想起来了，这与复仇者联盟中超级英雄们的区别并不是很大。例如，钢铁侠只有穿上钢铁战衣才能成为超级英雄。因此，也许我们这些凡人终究有机会成为物联网超级英雄。现在，我可能已经说服了您，您想知道如何通过物联网变成超级英雄，对吗？让我们回到我们的物联网书呆子那儿：视频序列仅仅因为其有趣的表现形式而走红，取得了非常大的影响力。但如果您把整个事情分解成实际的新颖性和创新性，那么这种变化似乎并不是一种转变。即使在日常生活中使用物联网带来了好处，节省了时间或提高了生活质量，也并不能真正说服一个理性的人。他只会将物联网归类为"好玩具"。我们的英雄的日常生活和行为并没有因为使用物联网而改变。既没有变得更有效率，也没有变得更快速，恰恰相反，任何在日常生活中真正认真对待技术的人都会注意到，技术往往让日常生活变得更加复杂，因为我们不得不跟已经养成的习惯说再见。

虽然一些物联网应用可以非常明确地被归类到消费领域或工业领域，但也有一些应用可以同时归类到这两个领域。例如，我们的整个电网系统与智能电表（Smart Meters）连接到网络，定期向能源供应商报告消费行为。通过为德国所有家庭配备的这些智能电表，能源供应商能够分析每个家庭在某个特定时间点的确切能源需求，并预测未来的用电可能。这使他们能够根据需求生产电力，并及时提高电网容量或关闭发电厂。一方面，来自水力、风力和太阳能的能源供给是非常难以规划的，预测未来的用电可以更好地使其与消费者和发电厂同步。另一方面，这在很大程度上防止了不需要的和不能很好地存储在电力环境中的能量在网络中的浪费。

您已经看到，物联网在私人领域的使用往往好处有限，它看起来更像是个技术噱头。在工业领域则不是这样。在这里，通常可以实现增值和有益的物联网应用。工业企业可以通过使用物联网来扩展他们的商业模式，从而帮他们打入新的市场。一些机器制造商已经意识到，他们的机器可以通过使用先进的传感器自行生成数据。工程师根据机器的使用情况，将这些数据用于服务、维护和新的计费模式。在工业领域，有一些实例和商业模式，只有通过它们的机器在客户那里生成的数据才能实现。通过与分析、人工智能、海量数据评估等技术相结合，数据在新环境下将具有极高的价值。

1.3.2 工业领域的实例

一个很好的描述物联网的概念，尤其是在工业环境中，是信息物理系统。通过这个概念可以很好地理解物联网的特征是物理事物的数字化，从而形成可以被计算机读取的、现实的虚拟图像。因此，基于这个想法的"数字孪生"一词也是有意义的。通过使用和连接传感器、执行器、电动机、微型计算机、网络组件和云服务，我们创建了一个涵盖物理世界的物联网架构，将物理世界转化为机器的语言，将数字世界转化为现实。其结果是自我调节的供应链和生产链、无人驾驶的运输系统、自动驾驶的货车，以及当传感器显示因磨损而即将出现故障时自动向维修技术员报告的机器。

我们将工业环境中的物联网称为工业物联网。特别是在制造和生产领域以及全球供应链中，工业物联网发挥着核心作用。通过这种方式，可以无缝跟踪生产和运输中事物的物理运动、状态和属性的变化。在这种环境中，媒体中断是跟踪的败笔。因此，许多公司的战略是一个完全数字化、网络化、智能化和去中心化的价值链。

对货物进行状态监测的一个例子是对冷链的持续监控。一些货物，特别是医疗产品或食品，如果在运输过程中只短暂地超过一定的温度，就不能再使用了。货物、包裹甚至托盘都配备了数字温度传感器，可以在很短的间隔时间内不断将当前温度传送到云端。这样一来，如果冷链中断，就可以在运输过程中尽早通知收货人，他必须采购其他货物来替代。通常情况下，这样的系统还集成了地理信息的传输。这也允许计算货物的到达时间，并在到达后自动接收和登记入账。即便是在紧急情况下，例如在发生爆胎、交通事故或交通堵塞的情况下，系统也可以自动计算并安排替代的交付方案。

在巴登-符腾堡州的施瓦本地区的一家公司，可以看到机器网络化的一个例子。这家清洁机器和清洁解决方案制造商开发了一个工业物联网应用程序来监控其客户的机器。客户在专业的清洁环境中工作。该软件解决方案的重点是一个平台，用于收集和整合来自客户场所清洁机器的所有信息。在机器制造商的公司总部，可以通过 PC 端的软件应用程序跟踪位置、维护状态、液位和电池电量。如果客户有多台清洁机，可以通过软件跟踪它们，并规划它们在不同地点的使用。这些机器配备了实时定位系统（Real-Time Locating System，RTLS）和全球定位系统（Global Positioning System，GPS），用于定位并通过无线网络或移动数据连接将其位置信息传输到云端。RTLS 使用它通过无线电技术确定的信息进行定向和定位；GPS 通过与围绕地球运行的卫星进行通信来获取位置数据作为坐标。到目前为止，是不是听着还不错？但是知道机器的位置有什么意义呢？清洁公司该如何利用它为客户节省成本或来提高服务水平？这个问题应该总是在任何物联网项目开始时提出，因为如果没有一个能说服所有项目赞助商的项目商业案例，最终没有人会支持您以高价使用最新技术的。

在清洁机制造商的案例中，事情从一开始就很清楚了。因为客户和制造商正在寻找一种方法来更有效地使用机器并更好地利用其功能。半径搜索显示当前空闲的机器的所在区域，可以为即将到来的任务安排和使用它们。此外，清洁公司可以节省一些机器，因为他们总是知道哪台机器什么时候在哪个地方，任务预计会持续多长时间。如果某个地点的实际操作开始时间延迟，那么可以立即重新安排，自动记录每台机器的运行时间以及机器上的负载，为制造商提供指示，比如说在哪些地方应该使用更大功率的机型，或者在系统出现意外故障之前有必要进行维护。如果出现缺陷或需要预约维修，机器会报告这一事件，技术人员会自动收到事件通知，提前收到详细的故障描述，并知道要带给客户哪些零部件。

在 2019 年底举行的欧洲最大的软件制造商的供应链数字化活动中，我创造了"智能托盘"这个术语，用于将托盘的实时跟踪与物联网系统和仓库管理系统（WMS）相结合。智能托盘配备了发射器和接收器单元，并实时向更高级别的物联网系统报告其位置。因此，托盘知道它在哪里，通过与仓库管理系统的结合，还知道它的目的地在哪里。托盘"注意到"它正在被移动，然后报告给物联网网关。现代无线电技术具有极低的能量需求，使这些无线电单元中的电池运行可长达十年，因此甚至比普通的欧洲托盘寿命更长。借助现代无线电技术，不仅可以使用 GPS 确定外部位置，还可以确定在建筑物内部的位置——精确度可达几厘米。这项技术的成本现在在一个值得大规模推广使用的范围内。有趣的是，智能托盘形成了全自动生产和物流之间的接口。想象一下，托盘在仓库内或生产车间报告它已从存储位置移走，位于仓库管理系统和智能托盘之间的物联网系统就会"知道"这个托盘有一个运输订单。它包含信息来源、目的地和要运输的货物或存储单元。当托盘到达目的地存储位置时，系统自动确认接收，仓库管理系统中的新仓信息会自动实时更新。

请您试想一下生产区域中的这种场景：在那里，当托盘从一台机器移动到另一台机器时，生产订单中的每一个位置被报告和确认。这意味着补货和后续流程也可以实时自动触发。

在所有这些与智能托盘和生产计划系统或 WMS 的自动预订相关的实例中，

重点是自动化和避免扫描过程。在第 7 章中，您将了解这个概念的更多变体，其中包括在不给托盘配备传感器和无线电技术的情况下也能实现这一原理。

1.4 物联网环境的潜力和发展

从前面的解释中已经可以看出，工业界在很大程度上已经认识到工业物联网的机遇和可能性，并且在许多情况下能够开发出有用的物联网应用。有趣的是，物联网领域的创新适应表现与其他互联网技术不同：更多是私人用户最初熟悉新技术。与物联网相反，这些技术在很晚之后才进入企业界。

但是，为什么物联网在工业 4.0 的背景下只是在过去几年才变得如此重要？30 多年前，随着 RFID 的引入，基础已经打好，互联网从 1990 年开始就有了。今天的应用程序和由此产生的商业模式与过去 30 年丝毫无关吗？根据我的观察，延迟发展壮大的原因是由于经济效益的计算。如今，传感器、执行器和微型计算机的成本仅为十年前的很小一部分。这意味着现在可以大规模投资配备传感器和微型计算机的智能系统，在过去，同样的预算仅够实现一个原型或一个单一数字展示柜。存储技术（CPU，随机存取存储器）和数据传输（宽带、移动通信）的成本也在不断下降。物联网的影响因素如图 1.4 所示。

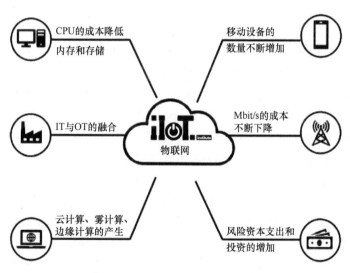

图 1.4　物联网的影响因素（来源：iIoT. institute）

物联网现在如此重要，实施案例越来越多还有其他原因。在我看来，最重要的一个原因是可以用技术、电气工程、存储芯片、IT 和软件的指数式发展现象来解释，因为物联网中的数字化事物，就像信息时代的一切事物一样，由于以下影响因素，其性能和功能可以呈指数式增长：

1）计算能力。

2）网络技术。

3）算法。

在此，你们中的许多人都会熟悉摩尔定律，它对信息时代的思维方式和发展产生了巨大的影响。半导体芯片制造商英特尔公司的联合创始人戈登·摩尔（Gordon Moore）在他关于微处理器指数式发展的声明中谈到了这一点。这种环境中的发展不像其他领域那样是线性的，而是呈指数式增长的。摩尔定律指出，一个芯片的活动部件数量及其计算能力会在 18 个月内翻倍。因此，如果在某个时间点上，计算能力的缺乏会使得应用程序看起来是不可能的。但是根据摩尔定律，所需的计算能力将可能很快得到满足。这在过去曾一次又一次地得到验证。我们这个时代的特殊之处在于，每一项基础技术本身都能以其自身的方式彻底重组工业和商业世界。由于有可能将这些技术结合到任何新的实例中，我们今天很难想象在不久的将来会出现哪些新的商业模式和应用程序。

物联网在工业领域取得成功的一个重要因素是信息技术（IT）与运营技术（OT）的融合。IT 经理和 IT 负责人现在已经认识到，厂房、机器和企业的 IT 在很大程度上需要相互关联，并且需要整合为物联网应用程序。

为了在生产领域使用物联网，需要寻求方案以避免将所有出现的数据推送到云端，从而产生不必要的数据流量。因此，产生了云计算、雾计算、边缘计算等概念，并将数据处理分为去中心化和中心化两个层面。我们将在第 2 章中更详细地探讨这些术语。多亏了这些新概念，今天已经可以实现新的应用，尤其是在生产领域，而且还将实现更多的应用。

连接互联网的设备数量每天都在增加，仅生成数据和信息的设备的增长就激发了人工智能和分析等技术的发展，因为这些技术依赖于大量数据。通过这种方式，物联网也促进了其他数字技术的指数式增长。

欧洲中央银行的零利率政策与科技领域的未来增长有什么关系？如今，许多投资者正在拼命寻找投资资金的方法，以获得百分之几的利息。另外，许多投资者在新冠肺炎疫情危机期间在股市中的经历也可能导致一些人寻找其他投资机会。在危机期间，显然只有科技股再次达到了以前的高点，部分科技股还创造了新的高点，而传统工业公司的股价则在危机中受到了严重影响。这表明，之前相对较高的风险资本和风险投资仍将继续增加，因此物联网、人工智能、虚拟现实（VR）和增强现实（AR）领域的年轻、饥渴、创新的公司可能会快速成长。

物联网技术及其对信息技术和通信技术的影响如图 1.5 所示。

如上所述，在日常生活中通过物联网改变我们的行为是不太可能的。与此同时，作为一个社会和一个经济体，我们正面临着新的技术可能和新动荡，以至于数字化转型等新的流行语正变得越来越受欢迎。

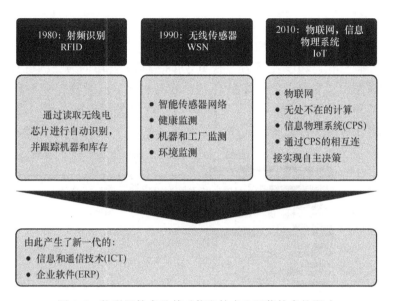

图 1.5　物联网技术及其对信息技术和通信技术的影响

（来源：Li Da Xu/Wu He/Shancang Li：Internet of Things in Industries. A Survey. 2014. S. 2234）

1.4.1　德国的物联网在哪里

德国是工程师和机械制造的故乡。工程师们喜欢这样的可能性：他们创造的高精度机器现在也能生成数据并能够自己解释它们的状态。物联网提供了一个巨大的机会，尤其对德国来说，归功于我们在机械工程制造方面的广泛知识，我们可以同时实现两者：具有非常高品质的机器，以及将这些机器与数字世界相融合。如果我们在新的环境中使用它们，那么这可以从数据中衍生出新的商业模式，尤其是在德国，前提是我们认识到并抓住这个机会。

物联网领域的发明创造情况如何？德国也属于物联网领域的发明家之国吗？如果您仔细看看 IPlytics GmbH 公司⊖2019 年 3 月的研究报告，您会发现，这 12 家公司中没有一家来自德国。以下国家各自占有一席之地：

1）韩国：三星电子。

2）中国：华为技术有限公司（简称华为）、中兴通讯股份有限公司（简称中兴）、深圳市盛路物联通信技术有限公司（简称盛路通信）。

3）日本：富士施乐（Fuji Xerox）。

4）瑞典：爱立信公司（Ericsson）。

5）美国：高通公司（Qualcomm）、英特尔（Intel）、IBM、思科系统公司

⊖　IPlytics GmbH 公司：一家德国的专利数据公司。——译者注

（Sisco）、施乐公司（Xerox）、微软（Microsoft）。

2019 年全球领先公司的物联网专利数量如图 1.6 所示，根本没有德国公司在该领域拥有专利。2019 年 3 月，在 IPlytics GmbH 公司的另一项统计中发现，德国在物联网领域的专利总数为 4191 项。作为对比，同时段有 41845 项专利来自中国，37595 项专利来自美国（见图 1.7）。就现代信息技术的创造发明精神而言，德国还可以做得更好。

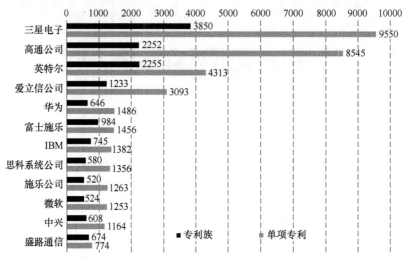

图 1.6　2019 年全球领先公司的物联网专利数量

（来源：IPlytics GmbH，März 2019）

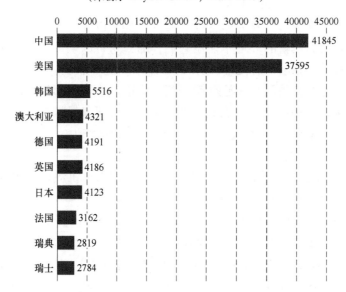

图 1.7　按国家划分的物联网专利数量

（来源：IPlytics GmbH；Patent litigation trends in the Internet of Things. Bericht. 2019）

1.4.2　数字说明了什么

　　为了让您了解物联网领域可以预期的潜力和发展，让我们看看下面的几个数字。在 2017 年的一项研究中，美国高德纳咨询公司（Gartner）预测了到 2020 年全球联网的物联网设备数量。2016 年至 2025 年全球联网的物联网设备数量如图 1.8 所示。虽然 2016 年只有 64 亿台设备，但这个数字在 2018 年已经快要翻一番，到 2020 年将再次翻番，达到 200 亿台设备。根据 Statista 研究部门的数据，在 2025 年，全球将有 750 亿台设备连接到互联网。

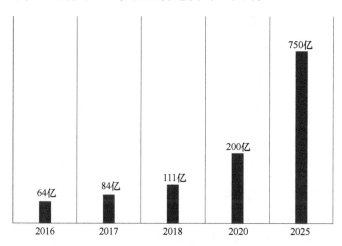

图 1.8　2016—2025 年全球联网的物联网设备数量
（根据 Statista 和其他机构的数据）

　　如果仔细看一下统计数据中的增长因素，可以看到摩尔定律在这里也得到了验证。这有一个具体的原因：传感器和微型计算机的快速发展推动了增长。小公司正与财力雄厚的跨国公司一起涉足这一技术，这意味着更多的公司将使用物联网来构建新的商业模式。

　　普华永道（PricewaterhouseCoopers，PwC）的审计师预测，到 2022 年，全球每年的收入将达到 5000 亿美元。同时，通过优化流程，物联网的使用预计将节约 4000 亿美元。根据普华永道的数据，到 2020 年，物联网的投资预计将增长到高达 8000 亿美元。另一家咨询公司（德勤，Deloitte）在 2016 年发表了一份研究报告，其中预测到 2020 年 B2B（企业卖家到企业买家，Business to Business）环境中与物联网相关的销售额达 500 亿欧元（见图 1.9）。值得注意的是，生产领域到目前为止占了最大份额。

　　这些数字和预测可以让您了解到物联网，以及机器和设备与互联网的连接，在今天和未来几年在工业 4.0 领域所具有的潜力。

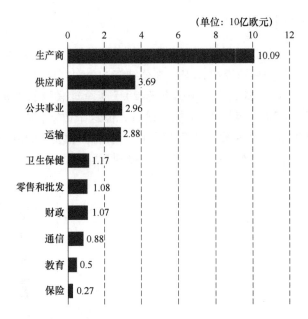

图 1.9   2020 年全球工业领域的物联网收入（来源：Deloitte）

作为一个盛产工程师的国家，德国不应仅仅局限于将物联网应用于制造业，以及利用物联网支持生产过程。工业界必须把自己看作是联网事物、服务和流程的竞技场，因为物联网的工业用途具有巨大的潜力——远远大于物联网在私人领域的使用。

每年，德国都被确认为物流和供应链领域的标兵，并在全球 160 多个国家世界银行的物流绩效指数中赢得了"物流世界冠军"的称号。评价标准包括"货物的追踪和追溯"及"发货准时性"。试想一下，如果德国凭借其遍布全球的公司和相关的全球网络化供应链，进一步投资使用物联网，那会发展成怎样的一个情景？物联网正是支撑这样一个数字供应链的关键技术。

假如只是因为存在失业的威胁，正如我们已经在之前的工业革命中看到的那样，就要在德国为工业 4.0 踩刹车或抵制工业 4.0，那将会是非常致命的。相反，我们德国应该比现在更有力地促进和支持数字化，特别是物联网的发展。因为不仅是物流，在机械制造方面，物联网也将帮助我们的产品实现价值创造的新高度。尤其是考虑到工作岗位的供应时，更应该从长远考虑，就好像专业的马拉松选手只有在比赛的后半段才真正开始加速一样。

工业物联网是工业 4.0 在物流、生产和供应链领域的体现。传统工业与信息技术的结合创造了新的就业机会，特别是在现实与数字世界的过渡当中。凭借德国在机械制造和物流领域的能力，凭借我们的创造力、我们对流程的理解和我们的标准化能力，额外的物联网专业知识可以成为我们在世界市场上新的出口商品。

如果德国甚至欧盟在物联网和数字化方面错失良机，从长远来看，可能会比我们继续依赖传统产业，如汽车行业，失去更多的工作岗位。我们看一下统计数据，我们德国人长期以来一直专注于汽车和机械制造等传统技术行业，而仅仅将数字化视为一种时尚。现在还不算太晚，但我们终于也应该醒来了。在第 7 章中，我展示了一些非常好的例子，说明德国公司如何利用物联网提供的机会，建立极其有利可图的（在某些情况下是额外的）商业模式。

容易获得技术和知识也导致老牌企业和小公司之间的权力平衡出现了新秩序。竞争形势显然已经逆转。传统大蓝筹股公司的规模和财力似乎不再起作用了。这与大约 20 年前是完全不同的。今天，有冲劲的年轻企业家涌入市场，他们不再满足于旧的答案，而是质疑当前的市场秩序。他们了解客户，使用创新技术，创建适合客户特定需求的解决方案。他们速度极快，并利用与客户的互动来验证他们的产品和解决方案。这意味着他们不会尝试在自己家里悄悄地优化产品，而是让客户广泛参与产品的开发。以食品配送服务或饮料配送服务为例，这种服务将客户从那些烦人、耗时和费力的活动中解脱出来。对客户的好处是显而易见的，他们不再需要在收银台等待，不再需要将购买的东西打包装进车里，到家后又从车里拿出来，然后拖着它们上楼回到家里。

但传统公司也可以从技术发展中受益。他们唯一的问题是，在他们部分根深蒂固的结构和流程中，很难改变流程、项目方法以及员工和经理的思维。此外，如果这些产品威胁到传统的商业模式和由此产生的现金流，那么这些公司很难真正认真地开发新产品。这方面的一个例子是柯达（Kodak），它曾经引领着模拟相机和摄影胶片的世界市场。胶片的利润率在 80% 左右，柯达的市场份额一度达到了 90%。1975 年，柯达工程师史蒂文·赛尚（Steve Sasson）制造了第一台数码相机，当时有 10000 像素，近 4kg 重，存储时间为 23s。拍摄的照片是黑白的，并存储在磁带上。柯达管理层最初对这一发明嗤之以鼻，当然也没有兴趣通过引进数码相机而威胁到公司内部像胶卷业务这样的高利润业务。但最终数码相机占了上风，柯达在 2013 年放弃了胶卷业务。

不一定非得是一个全新的发明，制造公司也可以开发数字服务来扩展他们机器和设备的应用。我们把这些数字服务称为智能服务。通过这种方式，公司加强了客户对公司和产品的忠诚度，远远超出了实际产品业务。智能服务可以创造附加价值，帮助供应商扩大其业务模式。通过新的服务和相关的订阅模式，他们创造了新的和固定的收入。他们通过数据获得了新的洞察力，以便未来为客户量身定制更适合他们的优惠报价。

现在我们已经来到了这一章的结尾，我希望您会同意，我们是无法绕过物联网的——无论是作为消费者、社会组织还是工业公司。在第 2 章中，我将解释物联网在技术上是如何运作的，以及物联网世界的核心术语背后又隐藏了哪些功能。

第 2 章　物联网系统蓝图

您是否计划开发一个物联网系统或物联网应用？您想知道建立一个物联网系统需要什么吗？您希望了解一个物联网系统应该满足哪些特性和要求吗？想了解一个物联网系统应该涵盖哪些功能，其架构应该是怎样的吗？本章将为您提供这些问题的答案。

本章介绍了一个物联网系统的所有重要术语、概念和构件，以及它们之间的交互。您将了解到物联网系统的基本特性和基本要求。在此背景下，本章还将介绍 ISO/IEC 30141：2018《物联网　参考架构》(IoT RA)，其中详细研究了上述问题。

原则上，我已经尝试尽可能简单地介绍这些关系，但因为物联网是现代信息技术中最复杂的学科之一，所以这并不是一件容易的事。因此，请做好准备，本章的技术性很强。如果您一开始不需要这种详细程度的信息，可以跳过这一章（尤其是我描述 ISO 的标准及其背后的概念部分），只有在您即将实践您的第一个实例的时候，您可以拿来翻阅一下。

> 物联网系统的复杂性可以追溯到它所基于的以下科学和技术的内在组合：
> 1）电气工程。
> 2）存储技术。
> 3）控制和调节技术。
> 4）网络技术。
> 5）移动技术。
> 6）云技术。
> 7）软件开发。
> 只有那些在物联网项目中考虑到所有以上领域的人，才能开发出成功的物联网解决方案。

简单地说，只要将以下因素结合起来，我们就可以将它定义为一个物联网应用程序：

1）传感器和执行器。

2）用这些传感器和执行器来连接和表示一个实物。

3）在全球网络基础设施中，从互联网协议（IP 地址）中为实物分配一个唯一的地址。

在物联网背景下，我们所说的全球性的、动态的网络基础设施⊖具有以下特点：

1）实物和数字事物统一在一个网络中。

2）实物具有身份、物理属性和数字个性。

3）使用统一的、标准化的网络和通信协议。

4）有开放和动态的接口。

连接虚拟、数字世界和物理世界的关键是实物的独特性和可识别性。由于物理对象在某个时间、某个地点是唯一且可识别的，因此我们必须为这个对象提供一个唯一的标识符或密钥，以实现一个功能性物联网架构。想象一下，1991 年，特洛伊咖啡机已经存在于许多房间和楼层。然后，每台机器都需要一个唯一的标识符，例如，加上楼层和房间号。假如不这么做，那么剑桥的研究人员会在他们的计算机屏幕上看到一台咖啡机已经煮好了咖啡，但却不知道他们应该带着空杯子去哪台机器。假如没有标识符，那他们只是把在咖啡机前的等待时间换成了寻找合适咖啡机的时间。

技术层面上，我们有多种选项可用于为一个实物分配 IP 地址，并将其连接到互联网：

1）LAN（局域网，Local Area Network）电缆：这里，通过本地网络连线建立连接。

2）WLAN（无线局域网，Wireless Local Area Network）：这里，通过和已接入互联网的路由器连线，建立无线连接。

3）SIM（用户身份模块，Subscriber Identity Module）卡和移动网络。

2.1 物联网组件和术语

本节将介绍一个物联网系统最重要的组件和术语。

2.1.1 传感器和执行器

传感器（也称为探测设备）检测过程的状态，并将检测到的数据转换为电

⊖ *van Kranenburg*，*Rob*：The Internet of Things. A Critique of Ambient Technology and the All-Seeing Network of RFID. Network Notebooks 02. Institute of Network Cultures，Amsterdam 2007（ISBN 978-90-78146-06-3）

信号。有许多不同类型的传感器：

1）温度传感器。

2）湿度传感器。

3）冲击传感器。

4）二氧化碳传感器。

5）烟雾传感器。

6）振动传感器。

7）声音传感器。

8）其他。

传感器将现实世界转换为数据测量值，而执行器则将电信号转换为机械运动或其他物理量。执行器的例子有：

1）继电器。

2）加热器。

3）执行器。

4）电动机。

2.1.2　热、温、冷存储

在信息技术领域，我们用温度来比喻不同级别的数据存储。在技术术语中，您会遇到"多温度数据管理"这样的术语。将温度描述为热、温或冷，表示信息的重要性，以及在操作过程中必须以多快的速度获取这些信息，以确保更新和处理过程顺利进行。

> 我们区分以下储存温度：
>
> 1）热（hot）。
>
> 2）温（warm）。
>
> 3）冷（cold）。

热数据通常存储在靠近中央处理器的地方。如果降低了快速访问的优先级或需求，数据可以存储在离处理器核心更远的地方。因此，存储介质也可以根据数据的访问时间，依据存储温度而改变。冷可能意味着信息被储存在一个数据带上，它不能进行快速的访问，然而，在这种媒介上的存储成本非常低。关于存储温度，我们经常提到延迟，即输入和输出之间处理数据的延迟。

图 2.1 显示了有关存储温度、成本、数据量和存储速度之间的关系。

下面我将对数据存储进行详细分类。

1. 热存储

如果在某个时间单位内，读或写的操作特别频繁，那么我们就将数据存储

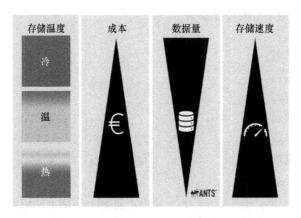

图 2.1 存储温度、成本、数据量和存储速度之间的关系
（来源：digit-ANTS GmbH）

归类为热存储。理想情况下，数据存储在主存储器（in-memory）中。您可能比较熟悉的移动设备硬件是固态硬盘（Solid-State Disk，SSD），它可以实现极快的数据访问。现今的个人计算机中，操作系统保存在 SSD 上，以确保非常快速的启动过程。在工业 4.0 领域，当传感器的某个测量值需要立即做出反应时，就会使用热存储。例如，在灌装前检查饮料瓶时，测量到的偏差要求必须排除识别出有缺陷或受污染的瓶子。如果这个结果太晚到达执行器或相应的电动机控制处，瓶子将不能及时退出循环。为了尽量减少延迟，昂贵的存储介质被用于热存储。

2. 温存储

如果在某个时间单位内，读或写的操作很频繁，但不像热存储那样频繁，那么我们就把数据存储归类为温存储。对于温存储的存储器，使用的是不太昂贵、坚固的存储介质，如典型的硬盘驱动器。它们允许在很长的使用寿命内进行大量的读写操作。

3. 冷存储

如果在某个时间单位内，读或写操作相当少，那么我们就称之为冷存储。在这里，通常也使用硬盘甚至磁带存储。冷存储中的数据已不再经常使用。实际上，这些信息通常根本不再被使用或者可能几个月、几年、甚至几十年都用不上。冷存储的例子是年度财务报表，由于金融监管规定，这些报表必须保存十年以上，但不再用于运营业务。根据图 2.1，这种环境下的数据量通常很高，存储空间的成本非常低，而且访问时间非常慢。

2.1.3 数字孪生

令我惊讶的是，与我交谈的许多人都对物联网一词不甚了解。他们更经常听到的是数字孪生（Digital Twin）这个术语。诚然，这是解释物联网和提高对该主题认识的良好基础。在第 1 章介绍信息物理系统一词时，我其实也可以一起介绍数字孪生。但它更适合本章，因为我们需要通过深入的研究技术来进行解释。

与 CPS 一样，数字孪生是其真实对应物（例如一台机器）的数字图像。但它不止于此：数字孪生由传感器数值表示。传感器信息形成数字孪生和真实孪生之间的实时连接。数字图像能够存储进一步的元数据，例如技术图纸、图像、说明和文档。设想一下，在加工工业的冷却回路中的一个恒温器，它的数字孪生体将包含实际温度、设定值、安装位置、安装系统、它自己的序列号，当然还有 IP 地址。正如现实世界信息通过传感器和状态数据进入虚拟世界一样，数字孪生体通过其物理孪生体中的伺服电动机和执行器影响物理现实。一个复杂的数字孪生体实际上是由多样东西组成的。

示例：内部物流的无人搬运车

例如，这可能是一个无人驾驶搬运系统，由许多单独的无人驾驶搬运车辆及其单独的传感器和控制单元组成。无人搬运车辆控制仓库内部的运输过程和仓储过程，为生产供应原材料、辅料和动力燃料。如果要对数字孪生进行建模，则必须分层显示各种单独的组件和相应的传感器值，用于定位、驱动单元和工作区域。通常一个模拟数字孪生的物联网应用还包括基于人工智能的仿真软件和分析工具，用数字化方式模拟机器、工厂或工艺流程。

示例：建造前的自动化仓库模拟

通常，在建造自动化高架仓库之前，或在系统构建之前，都会借助于完整系统的数字孪生体，用复杂的算法对仓库运动进行模拟。这有助于及早发现错误，或在施工前就纠正组件、货架和输送技术可能造成的昂贵间接损坏。运用所有技术的仓库大楼、过道、柱子和存储空间实际上是由数字孪生体虚拟代表的。

在图 2.2 所示的小型机器人的例子中，真实的物理孪生体通过相应的界面、图像、技术图纸、3D 模型以及当前处理数据和传感器数据在其数字图像中得到体现。在算法、控制和用户界面方面，软件或用户可以通过用户界面（根据 ISO/IEC 30141：2018 标准的人机界面）影响物理孪生体。

正如自动仓库的例子，数字孪生有助于：

1）制造过程。

2）维护。

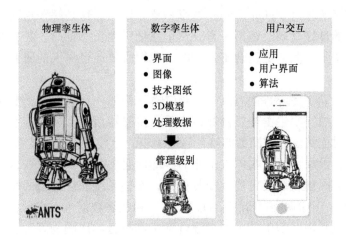

图 2.2　数字孪生：物理层面、数字管理层面以及工业 4.0 应用中的用户界面/应用层面
（来源：digit-ANTS GmbH）

3）机器和设备的状态监测。

其优势显而易见：物联网设备、整个机器、设备和生产网络可以在计划调试之前就进行详尽的测试和改进。早期阶段在虚拟环境中即可测试流程和想法，减少了后期物理流程中的错误或故障。数字孪生的使用通常可以缩短创新周期，新产品或新工艺开发的项目完成速度可以显著加快，如果开发过程中需要，可以灵活地采取新的路径。早期的测试和验证提高了成果的质量和开发过程的效率。

2.1.4　DevOps

在字典和词典中寻找 DevOps 这个词是徒劳的，因为它是 IT 运营意义上的开发（Development）和运营（Operation）两个术语的人为组合。这个人造词背后的想法既简单又巧妙：它涉及软件开发、软件管理、系统管理及质量保证的共同成长。DevOps 这个术语涵盖了这些领域之间合作的许多方法和工具。

DevOps 中这种综合思维的目标是：

1）提高软件和软件开发的质量。

2）更快的软件开发。

3）更快的软件交付。

4）优化团队之间的合作。

Scrum（迭代式增量软件开发过程）方法会使软件开发有条理，而 DevOps 则考虑得更远，因为它还考虑到了软件如何投入运行和操作。经理、程序员、测试员、管理员和用户全面参与开发、推广和运营过程。

2.2 符合 ISO/IEC 30141：2018 的特性和要求

从本节开始，本章变得非常具有技术性。我介绍了适用于每个系统的物联网系统技术基础知识。同时，我还介绍了 ISO/IEC 30141：2018《物联网　参考架构》(IoT RA)，该标准由国际标准化组织（ISO）和国际电工委员会（IEC）联合制定。物联网参考架构委员会的组成，再次表明物联网不可能仅由一门学科代表。

ISO/IEC 30141：2018 标准是一个通用指南，为物联网系统的设计、开发和架构所需的基本理解提供了基础依据。它解释了物联网系统是如何构建的，以及各个组件之间的关系。在 2.2 和 2.3 节中，我介绍了标准的相关部分，并以易于理解的方式进行了描述。该标准的第 7 节着重描述了物联网系统的要求、特性和基本功能。

在本节中，我着重介绍物联网系统的可靠性、架构和功能要求。

2.2.1 物联网系统的安全性（标准 7.2 节）

在可靠性部分，ISO/IEC 30141：2018 标准总结了物联网系统的以下要求，包括：

1）可用性。
2）保密性。
3）完整性/原创性。
4）数据保护。
5）可靠性。
6）复原力。
7）人员和设备的安全。

1. 可用性（标准 7.2.2 节）

根据不同的实例，您需要为物联网系统提供和保证必要的可用度。在决定性情况下，不可用的物联网系统，与其相对应的实例也是无用的。想象一下，您正在开发一个物联网系统，用以识别和报告流程工业中关键流程的事故，或识别生产车间的火灾或盗窃事件。如果您的物联网系统在事故、紧急情况或盗窃发生时没有准备好，那么它也无法启动应对措施或向更高级别的系统发出警报。这意味着危急情况会被忽视，会发生火灾或爆炸，窃贼也可能悄悄地把生产车间洗劫一空，甚至破坏整个系统。

您可以采取哪些措施来提高物联网系统的可用性？为系统中发生系统故障的情况做好准备，并在不同情况下实施冗余电源或设备、传感器、执行器、网关和相同的服务，以便您的物联网系统在紧急情况下继续运行。

当您考虑到以下三个层面时，您将实现高度可用性。

1）设备：必须在整个生命周期内保证设备的功能和与网络的完美连接。

2）数据：必须始终有效发送和接收请求的数据。

3）服务：必须事先定义所需的服务质量，服务永久可用。

2. 保密性（标准 7.2.3 节）

如果信息只能由特定人群访问，那么这样的信息技术就基本具有保密性。

因此，通常指定的信息和数据不应到达未经授权的第三方。即使在物联网系统中，也必须采取相应措施，保护机密数据，防止第三方获取不应获取的任何信息。

根据公司规定或实际情况，保密性分成不同级别。通常使用以下指标：

1）公开：每个人都可以访问该信息，因此信息不需要特别保护。

2）客户：该信息仅供现有客户访问。

3）内部：该信息可在公司内访问，在公司内部无须保护，但不应在公司以外分享。

4）保密：该信息只能在特定的人群中共享。

5）严格保密：该信息只能被特定人群访问，且人群范围非常小。

3. 完整性/原创性（标准 7.2.4 节）

在信息安全方面，必须确保数据、信息和测量值不被第三方不知不觉地操纵。这会破坏对物联网系统的信任。如果一个测量值或信息具有其原始内容，则被认为是真实的；如果这个信息被操纵了，则被认为是虚假的。

在物联网系统中，自动决策是在给出的测量值和其他传输信息的基础上发出的。如果传入的数据是虚假的，例如对生产系统的破坏可能是毁灭性的。因此，您必须确保输入参数不受外部参数的负面影响。这些参数不一定来自恶意行为、黑客或外部攻击，也可能由以下事件触发：

1）故障的设备。

2）未经授权的设备。

3）环境影响。

您如何确保物联网系统的完整性？您应该使用数字签名来验证信息的完整性，并拒绝未通过此项检查的信息。

示例：控制仓库的冷却

在一个用于控制冷库制冷系统的物联网系统中，可以通过中间节点的算法进行操作，提高或降低传感器测量的温度。这将意味着受控的冷却系统，在必要时会更早地提高或降低冷却能力，导致您的冷却链断裂，或必须在冷库中报废这些货物。

4. 数据保护（标准 7.2.5 节）

《通用数据保护条例》（GDPR）于 2018 年 5 月 25 日在欧盟生效。这项法律在过去和今天都存在很大的不确定性。企业主担心与客户和潜在客户的联系会受到巨大的限制。事实上，这些规定之前就已经存在。但现在，如果在法律生效后无视这些规定，那么企业将面临高额罚款。但这项法律究竟要保护什么？保护隐私、个人资料和个人数据。为什么这些法规在今天会如此重要？

国际标准 ISO/IEC 27018：2019《信息技术 安全程序——公共云服务中委托数据处理的个人数据（PII）保护指南》采纳了法律中的规定，并根据 GDPR 描述了什么是个人数据：

"个人数据是指与已识别或可识别的自然人（以下简称"数据主体"）相关的所有信息。可识别的自然人是指可以直接或间接识别的人，特别是通过参照诸如姓名、识别号码、位置数据、在线标识符，一个或多个特殊的标识符，或参照与该自然人的身体、生理、遗传、心理、经济、文化或社会身份有关的一个或多个具体因素（……）。"

与此同时，许多企业已经意识到，负责任地处理客户隐私信息，他们可以建立信任并留住客户。因此，数据保护有时也被用作营销工具。负责任的处理的证明通常是经认可的认证机构提供的认证。例如，云供应商可按照 ISO/IEC 27018：2019 进行认证，来证明他们符合当前的规范和标准。获得认可的认证机构例如：德国技术监督协会（TÜV）的认证和普华永道（PwC）的审计。

作为边缘术语的一个小定义：信息安全和数据保护经常被混为一谈，严重混杂，这是可以理解的，因为这两个主题以及它们的基本措施是密切相关的。原则上，如果企业已经符合信息安全标准（ISO/IEC 27001）并获得了相应的认证，那么该企业距离正确处理个人数据就不远了。唯一的区别是，信息安全侧重于信息、数据和系统的完整性、可用性和保密性，而数据保护侧重于将人及其隐私作为保护对象。立法者没有提供任何遵守信息安全的规定。毕竟，不披露任何属于内部、机密甚至严格保密的信息符合公司的利益。个人数据的情况有些不同，正如我们从近年来的各种数据保护事件中了解到的那样，如果立法者和数据保护机构未对违规行为处罚，造成违规的公司就不会遭受任何损失（除了可能的声誉损失，如果该事件被公开的话）。

个人数据也可以在物联网系统中处理。生产车间或仓库中的监控摄像头，也能记录在建筑物中走动的人。这意味着，在此处理的是个人数据，必须受到特别保护。

ISO/IEC 29100《信息技术 安全技术 隐私框架》规定了保护措施。针对物联网系统的措施如下：

1）同意和选择自由：物联网服务的用户必须在信息处理之前给予明确的同意。除了处理（例如可能已经记录在前面示例中的视频上）的数据之外，这也适用于您个人数据的使用和存储。物联网用户在任何时候都有权选择不同意。

2）合法性和目的：在物联网系统中使用、存储和处理个人数据，必须始终与特定目的相关，并获得用户的明确许可。

3）数据收集限制和数据最小化：在物联网系统中，只能收集功能所需要的数据，且只能在物联网用户允许的时间段内收集。

4）使用、储存和披露的限制：物联网用户的个人数据只能以使用目的所需的方式和时间来存储。

5）准确性和质量：物联网用户的个人数据保护必须是最新的，而且必须与事实相符。非最新数据必须立即删除。

6）公开、透明和通知：物联网用户必须可通过简化的方式了解其数据的处理方式。

物联网系统在处理个人数据保护时必须遵守这些规范。特别是在以下功能同其他 IT 系统和应用程序的交互中，请确认其也符合个人数据保护的法律要求。

与个人数据法律相关的敏感领域包括：

1）与其他物联网和 IT 系统的交互。

2）人员识别。

3）数据分析。

4）汇总。

如果遇到数据保护事件，个人数据保护落入未经授权的第三方手中，有必要确定所有被泄露的数据并通知相关人员和相关国家数据保护机构。

5. 可靠性和复原力（标准 7.2.6 和 7.2.7 节）

物联网系统中的单个部件或组件的故障、更改和失效，不得影响物联网系统的整体功能。系统应该在新情况下做出灵活的反应，并以相同的效率提供之前的功能。这种情况即我们所说的复原力。物联网设备和软件应用程序的连接和性能水平，都必须在出现错误时保持稳定，相应的测量值和结果必须具有可靠性。

6. 人员和设备的安全（标准 7.2.8 节）

物联网系统的故障会对人、机器和设备造成危害。这可能导致人员伤亡以及机器和设备的损坏。在工业 4.0 中，由于物联网系统主要在工业、生产和物流领域中使用，其影响、损坏、损失和伤害可能是毁灭性的。因此，在设计阶段就必须考虑到物联网系统在发生故障或故意关闭时的行为。在与工业机器人的合作中可能出现的错误，或断开装置的错误会迅速夺走人的生命。同样，在随后的重新调试中，工厂的行为和安全方面也必须早在设计阶段就得到遵守。根据不同的应用领域，无论是生产、仓储物流、运输、消费环境或楼宇自动化，您都必须遵守不同的安全要求和法律规定。

2.2.2 物联网系统架构要求（标准 7.3 节）

与其他 IT 系统一样，物联网系统有一定的架构要求，我们将在本节中进行研究。这些架构特点如下：

1）可组合性。

2）模块化。

3）异质性。

4）动态性。

5）现有组件的处理。

6）网络连接。

7）可扩展性。

8）可重用性。

9）唯一标识。

10）明确定义的组件。

在本节中，我们先介绍这些适用于物联网系统的要求，然后在第 2.2.3 节中再查看其功能要求。

1. 可组合性（标准 7.3.1 节）和模块化（标准 7.3.6 节）

在我看来，可组合性和模块化可以很好地概括为一个要点。ISO/IEC 30141：2018 将这两点做成了两个标准部分。物联网系统如果不是由许多不同的物联网组件组成，就不是系统。但是，为了使这样一个"拼凑"的系统发挥作用，我们必须做些什么？设备必须根据它们间的结合作为一个系统运行。我们必须组合组件。为了使物联网组件按照 ISO/IEC 30141：2018 标准的要求组合在一起，组件需要标准化的接口，并且可通过即插即用（Plug&Play）的方式与其他同类型的组件互换，而无须进行大量的配置工作。

这听起来很合乎逻辑。设想一下，新组件进入市场的速度，当然摩尔定律也在这里无情地发挥作用。微处理器领域的发展与物联网系统中新组件性能的提高直接相关——您当然希望从这些组件的新功能中受益，用新技术重建它，而非拆除整个系统。

如果有一天德国的政治家们真的考虑施行未来小说 *Quality Land*（《质量土

地》)中所描述的那种消费保护法，就会出现以下假设，我们将不得不从书中删除这一部分：在法律的惩罚下，禁止扩展和修复系统，始终通过消费新的设备和系统来确保经济增长。希望我们不会经历这样的事情，特别是为了我们的自然、环境和地球。

每隔几年，用现代技术替换物联网系统中的某些组件，通常是必要的。通过这种方式，系统可以在技术上维持最新。现在，乍一看，更加现代化的组件与现有的组件构造大多相似。较新的组件在安全性、速度和可扩展性方面有明显的改进。

可组合性是有意义的。让我们继续讨论模块化：特别是在工业 4.0 和物联网系统的环境下，工厂经营者要拥有高度的灵活性，并能够在不同的环境下快速组装组件。工业 4.0 的实例，就像市场环境一样，通常是非常动态和不断变化的。因此，有必要从系统中移除组件，用具有相同物理和逻辑接口的组件和模块来替换它们。如果物联网系统中的许多或所有组件，都提供这种与现接口交换和对接的选项，那么该物联网系统就具有高度模块化的属性。您可以想象，模块化的本质是各个组件的标准化接口和功能，因为没有谁想要在保证组件的基本功能和通信方面投入大量资金。更重要的是，您可以依靠组件和物联网系统的模块化，为您和您的客户设计和实施实用的方案。

示例：更换管道上的恒温器

设想以下场景：在物联网系统中，发生故障后，制造商 A 的恒温器被制造商 B 的恒温器取代。制造商 A 的组件不再可用且无法再订购。制造商 B 的恒温器与几乎所有现代恒温器一样，使用微控制器工作。制造商 A 的老式恒温器使用集成电路作为传感器。这两个组件使用完全不同的技术测量温度，但是两个恒温器对相同的输入数据做出反应。这使得它们在接口方面是相似的，因此可以模块化地互换。

2. 功能层面和管理层面的分离（标准 7.3.2 节）

您当然希望操作一个安全的物联网系统，为此，将物联网系统的功能和管理层面彼此独立地操作和分离非常重要。您可以通过保持物联网设备的功能接口和功能独立于管理接口来实现这一点。如何实现这种分工？为此，您须在不同的端点上提供相应的接口。

什么属于管理层面？

1）组件的信息、描述和用途。

2）用户角色和权限，以监测和调整职能。

3）数据类型的分类（技术专用和系统专用）。

4）系统相关数据。

什么属于功能层面？

1）计划的执行和行动。

2）应用程序、数据和信息的用户角色和权限。

3）数据类型的分类（机密、内部、公开）。

4）访问个人数据。

功能层面的风险因功能而异。因此，您须根据实例来设计相应的安全控制。在管理层面，您也应设置不同的安全级别，实施对相关员工的监控。例如，管理员拥有非常广泛的权限。因此，相比普通用户，应更密切地监控他的系统活动。

特别是在私人领域，黑客的网络攻击越来越频繁，有的被用户注意到，有的或被忽略。如果您考虑物联网系统的异质结构，那么会发现网络中众多物联网组件在某些情况下会造成危险，因为链条中的单个不安全的组件会危及整个物联网系统，提高了被攻击的概率。即使是同物联网系统无关且受良好保护的数据中心的应用程序和系统，也会因为单个连接的物联网组件而受到巨大威胁。

将管理层和功能层分开有助于您从一开始就排除许多危险。授权、认证和保护机制与物联网系统的实际功能分开运作，并帮助您确定系统中哪些设备和组件可以读取哪些信息。

3. 异质性（标准 7.3.3 节）

异质性通常也被称为多样性。这种异质性本质上是指组件的功能和连接。然而，无论组件本身的异质性如何，如果您想建立一个复杂的物联网系统，组件的相互协作是至关重要的，因为物联网系统组件间的互动和协作越好，越可用于更复杂的任务和实例。然而，这并不能改变一个事实：即这些组件在功能上及与物联网系统的整合方面是非常异质的。您必须在物联网系统中考虑到这一事实。

示例：集装箱装卸和海上对 ISO 集装箱进行状态监测

物联网系统的异质性已经可以基于这个示例来解释：一个 40ft（英尺）（1ft＝30.48cm）的智能集装箱在其运输途中将温度、地理数据、振动和湿度信息传输到更高级别的物联网系统。然而，在货运港口，集装箱到达特定码头是使用 RFID 技术预订的。集装箱还将其身份传输到港口，因此相应的物联网系统必须能够同时处理 RFID 数据和传感器网络数据。

示例：扩大生产线设备

拥有多条生产线的工厂随着销售额的增加而逐渐扩大，这增加了通信点的数量和物联网系统的异质性。

在与物联网系统相关的通信领域，有大量供应商：

1）RAPIEnet：韩国第一个实时数据传输的国际网络标准。

2）EtherCAT：基于网络的数据传输系统，用于传输机器数据（现场总线）；自动化技术。

3）EtherNet/IP：美国基于网络的高级协议。

4）PROFINET：机器人、机器和工厂建设的流程自动化。

5）POWERLINK：自动化技术流程数据传输。

6）CC-Link IE：从管理层面到生产层面的生产运营。

7）Modbus/TCP：用于安全交换流程数据的客户端-服务器协议。

8）Fieldbus Foundation：现场总线基金会，开放式架构作为设备和工厂自动化的基本网络（FieldComm Group）。

9）Profibus（Process Fieldbus，过程现场总线）：通用现场总线，西门子和Profibus 的制造、加工和楼宇自动化。

10）MTConnect：控制机床的制造技术。

11）OPC（Open Platform Communications，开放平台通信）：开放、标准化的软件接口，用于不同制造商之间的数据交换。

12）OPC-UA：作为独立于平台、面向服务架构（SOA）的数据交换标准，可以传输机器数据并以机器可读的方式描述它。

13）OMG DDS：用于动态分布式系统中以数据为中心的通信的中间件。

4. 动态性（标准 7.3.4 节）

物联网系统是一个高度动态的系统。考虑到传感器不断记录的许多变化，必须在计算单元中进行处理。伺服电动机、执行器和驱动电动机也在不断改变物理世界。设想一下，一个物联网系统可以反映出整个建筑、城市（智能城市）或全球供应链（全球供应链跟踪）。设备和它们的对象在不断改变它们的位置和状态。

> **示例：实时跟踪和追溯**
>
> 使用地理坐标追踪海外集装箱。通过实时定位系统跟踪该集装箱的运输以及该集装箱承载的货物，记录温度、湿度、加速度和振动。如果超过或未达到临界值，系统必须触发一个行动。集装箱是一个物理实体，许多集装箱在全球范围内被跟踪，并且其状态总是在不断变化。

物联网系统中的信息处理可以分散地在本地网关、强大的传感器或执行器本身，或在中央物联网云中进行。如果处理发生在设备、传感器、执行器或网关中，那么我们称之为边缘计算或雾计算。下文将更详细地介绍这些数据处理模型，因为它们在工业 4.0 中起着决定性的作用。

工业 4.0 中现代制造系统的特点是各种生产线分布在各大洲并形成网络。与此相关联，您可能听说过横向一体化。装配线可以连接到自己的工厂，也可以连接到陌生的工厂、本地供应商、物流服务提供商、销售组织和客户。显然，在如此复杂的、不断变化的网络中，综合物联网系统须考虑到各种影响因素且必须做出反应。

5. 现有组件的处理（标准 7.3.5 节）

将现有组件（遗留组件）整合到物联网架构中的原因可能有多种。即便是想建立一个符合最新技术要求和可能的物联网系统，出于商业原因（例如现有系统尚未被注销）或者出于技术原因，维护和整合某些现有组件是很必要的。

现有的组件是指服务、协议、系统、组件、技术或标准，也就是旧的或遗留的组件。如果想把它们整合到现代物联网系统中，那么必须保证现有的组件不会限制或影响新物联网系统的架构，这一点非常重要。物联网系统的风险和漏洞主要来自于对遗留组件的使用。所以要确保它们仍然符合相关的安全性、性能和功能标准。但也要牢记，今天的尖端技术明天就会成为遗产。您也不想每隔几年甚至几个月就把整个系统拆开，并不断地安装新的组件，那么在调试新系统时，必须计划好如何连接和管理遗留组件。请把一条完整的生产线想象成一个物联网系统。如果在机器与机器之间徘徊并仔细观察，那么会发现每个物联网系统都由处于最多样化生命周期中的各种组件构成。组件不同，更新和修补的时间表也会不一样。

示例：互联网协议从 IPv4（第 4 版互联网协议）**到 IPv6**（第 6 版互联网协议）**的转换**

这个话题在物联网领域尤为重要，每个独立设备都使用唯一的 IP 地址连接到互联网。正如您在第 1 章中了解的那样，连接到互联网的设备数量将在未来几年继续呈指数式增长。与 IPv4 相比，IPv6 作为一种现代协议提供了更多地址。问题在于，现有的许多标准、应用程序和设备仍然基于 IPv4 协议。由于许多不同设备及应用程序、组件和服务的各种组合，因此每个公司的这种转换都是高度个性化的，这里没有一个标准配方。

---

6. 网络连接（标准 7.3.7 节）

物联网系统的传感器、执行器和网络组件通过网络连接交换信息，可以是有线（LAN）或无线（WLAN）的。连接到多个物联网设备的物联网组件称为节点。只有联网的物联网组件才能与其他组件交换信息。物联网网络有静态和动态之分。在静态物联网网络中，每个节点都有固定数量的邻居，节点本身没有中介功能；在动态的物联网网络中，每个组件都可以通过所谓的中介整合到网络中。网络连接的一个重要参数是服务质量。

> 服务质量（quality of service，QoS）参数由延迟、数据包丢失率和数据吞吐量决定。其他对 QoS 有显著影响的因素是
>
> 1）故障安全。
>
> 2）加密。
>
> 3）身份验证。
>
> 4）授权。

如您所知，物联网系统的复杂性各不相同。某些物联网系统通过本地网络连接，并在很短的距离内连接少量组件；但在全球供应链网络领域，通过互联网连接的全球网络，连接着无数的组件和服务。

7. 可扩展性（标准 7.3.8 节）

物联网系统能够扩大规模。您可能只为一台机器或一个仓库区域配备传感器和执行器，之后再为更多机器或整个仓库群配备该技术。如果您只想根据最简化可实行产品（Minimum Viable Product，MVP）在小范围内测试和实现功能，那么这么做会很有用（参见第 8 章）。在系统获得验证后，更多的机器、仓库和地点都将配备该技术。

以下关键数字通常会受到系统延伸和扩展的影响：

1）系统中的传感器数据量。

2）要管理的设备数量。

3）服务数量。

4）使用次数。

8. 可重用性（标准 7.3.9 节）

通常情况下，在物联网系统的特定位置，组件的功能和能力并没有得到充分利用。因此，您应该检查哪些组件的哪些功能可以被多个系统使用。这些系统可以服务于完全区别于主要目的的实例。最终节省了投资成本，并使系统的利用率显著提高。

> **示例：用于控制照明和报告入室盗窃的传感器**
>
> 例如，您可以将仓库中照明控制系统的传感器和运动探测器用于防盗报警系统，从而节省传感器的费用。您也可以将生产车间供暖系统的温度传感器用作火灾报警系统的传感器。这样一来，传感器可能需要满足更高要求，但您仍可节省冗余技术的成本。

通过对物联网系统进行整体和巧妙的设计，以及对组件的再利用，可以大幅降低实施成本。

9. 唯一标识（标准 7.3.10 节）

物联网系统组件需要明确的标识，以便将它们彼此区分开来，以确保它们在异质物联网系统和全球实例中能够一起工作。独特的标识符可以隐藏物联网网关后面的组件，使它们无法受到网络攻击。

> 互联网使用了以下识别技术：
>
> 1）IPv4 地址。
>
> 2）IPv6 地址。
>
> 3）MAC 地址（媒体访问控制，Media Access Control）：网络适配器硬件地址。
>
> 4）URI（统一资源标识符）：用于识别网站、服务和电子邮件收件人。
>
> 5）FQDN（Fully Qualified Domain Name）：全称域名。

我们所知道的条形码系统标准 GS1-128（2009 年之前称为 EAN-128）或非接触式技术，例如射频识别，是对于物理对象的唯一标识，尤其应用于物流领域。使用生物特征信息（例如指纹、面部或虹膜识别）来识别人员。这种用于解锁智能手机或笔记本计算机的技术广为人知。

10. 明确定义的组件（标准 7.3.11 节）

物联网系统中明确定义的组件是物联网单元的所有功能和特性，必须对其进行描述。还有进一步的定义来更明确地称呼和保护组件：这些就是配置、它们如何与其他组件通信、安全预防措施和可靠性。

2.2.3 物联网系统的功能（标准 7.4 节）

1. 准确性（标准 7.4.1 节）

物联网系统最大化地捕捉现实世界并将其转化为数字信息。物理现实与数字世界间的转换越好，物联网系统对实际情况的反应就越好。ISO/IEC 30141：2018 中的准确性是指"测量值与这些属性的实际值之间的一致程度"。

根据应用的不同，对物联网系统准确性的要求有所不同。例如，当使用机器人生产电路板时，可以容忍几分之一毫米的误差；而从箱子中拣选零件并打包到运输箱的订单拣选机器人，对精度的要求则稍低。

准确性的定义

由于物联网系统是根据传感器输入的信息进行计算，因此输入信息的准确性对结果的准确性起决定性作用。传感器准确性的特征值是测量值与实际物理条件的偏差百分比。

执行器根据数字指令影响物理环境。准确性的特征值是预期动作和实际执行的动作之间的比率。这个值可以用百分比或与目标值的偏差的绝对值来表示。

示例：使用传感器进行自动图像处理

自动图像处理使用摄像头等传感器识别。例如识别德国高速公路上的货车车牌号，用于通行费的计算。这个程序用来在德国收取通行费。人脸识别用于确定人群中的个人身份，这也是一种应用。近年来，人脸识别在德国火车站的使用被反复讨论。这里的准确性是以百分比的形式给出的，即"命中率"。在人脸识别的例子中，准确性即：在人群中被识别的个人身份与事实相符的概率有多高？在柏林中央火车站的人脸识别案例中，不到 1% 的偏差就足以使每天数万人被错误地当成可疑之人而被报警抓捕。

示例：工业机器人在存储位置的准确放置

从最广泛的意义上讲，机械臂是一个执行器或一组相互作用的执行器总和。例如，它应该将一个物体放置在仓库中的指定位置。根据数字命令，物体相应放置的位置越精确，准确性就越高。

2. 自动配置（标准 7.4.2 节）

在与技术组件打交道的过程中，您肯定对即插即用这个词感到熟悉。这表示技术组件独立插入现有的结构，如网络。我们知道，物流和生产应用中的物联网设备是在一个网络中管理的。这些应自动集成到物联网系统中，而不需要人工干预。此外，物联网设备必须在网络中可发现，并报告它们在系统中的各自功能和作用。为了在网络中实现所有这一切，物联网设备当然必须与网络兼容，并应能够在网络中进行管理。网络中的物联网设备必须具备的属性在 ISO/IEC 30141：2018 标准的 7.4 节中进行了描述。

一个物联网系统必须自动适应外部环境，因此自动配置是必要的。想象一下，您正在操作一个全球联网的物联网系统来跟踪全球物流和运输流程。您想跟踪集装箱的旅程，为此，物联网组件必须能够自动和动态地将自己插入到您的物联网系统中，自行配置，且能再次注销。

物联网系统自动配置的属性包括：

1）自动组网。

2）自动提供服务。

3）即插即用，即直接可用性。

系统能识别设备和网络环境的添加和移除，以及条件的变化，并自动做出反应。尤为重要的是，只有经过授权的组件才会被自动配置。这是通过安全机制和认证机制实现的，这些机制必须根据特定的应用条件和要求来设计。

3. 遵守法规（标准 7.4.3 节）

工业 4.0 中的物联网系统也必须按照技术和法律法规进行设计。您可以在企业背景下的合规性一词中了解它。与物联网相关的服务、组件和应用程序必须确保合规性，遵守法律法规、标准和准则，这一点通过设备和系统的适当配置、编程和扩展来实现。

例如，以下法规可能适用于您的物联网系统：

1）兼容性。

2）协作。

3）功能与能力。

4）对功能和能力的限制。

5）共同利益与系统运营商利益之间的平衡。

根据不同的使用环境，会涉及其他法规。根据您在物流和生产中的实例，在实施之前，您应该始终密切关注所有相关的法律、法规、条例、标准和准则。随后根据适用的法律等对物联网系统进行调整，这通常会带来功能的减少、工作量的增加，甚至完全停止解决方案。可以理解的是，飞机上的物联网设备受到更多安全法规的约束。在家庭、汽车行业或医疗领域，不同的领域涉及的法规各不相同。有时候，从一开始就应该对要实施的实例以及将在哪些领域实施有一个非常详细的考虑。

例如，法规和法律对以下与物联网有关的属性进行了规范：

1）电磁辐射（频段、信号强度、无线电连接中的干扰信号）。

2）建筑法规（智能家居相关）。

3）排放（例如噪声排放）。

4. 内容意识和关系知识（标准 7.4.4 节）

在物联网系统中，不同类型的信息被记录下来，汇集并被联系在一起。当这些信息被汇集在一起时，可以获得关于流程的更多见解。在这种情况下，我们也会说到关系知识。医疗急救、灾害控制、紧急服务或全球供应链中的货物追踪等实例对及时性、安全性和数据保护提出了不同的要求。

因此，关于特定环境要求的信息提供了对所记录数据更深层次的见解和洞察力。这类信息通常被称为元数据。基于这种元数据，设备和服务有可能自动更新界面，抽象应用数据，提高信息查询的准确性，为用户提供适当的交互可能。

物联网系统的有关知识受到以下因素的影响：

1）地点。

2）数据敏感性。

3）服务质量要求。

额外特征的参与导致了物联网系统的以下功能扩展：

1）数据的丰富。

2）更快的数据提供速度，因为可以显著提高数据检索的准确性。

3）通过加密确保安全。

5. 情境意识（标准 7.4.5 节）

让我们先看一个例子：您在高速公路 A40 段（波鸿—哈姆段）向多特蒙德方向行驶。您的智能手机不断向谷歌或苹果等服务发送位置信息。智能手机报告说，由于波鸿—里姆克出口和下一个出口之间有事故，导致交通拥堵。在这种特定情况下，这一信息对您很有价值，因为您现在可以选择避开交通堵塞，寻找其他路线。在这种情况下，您不太会感兴趣的是，往巴塞尔方向的 A5 公路在沃尔多夫和沃尔多夫十字路口之间同时也出现了交通拥堵。

一个事件的发生，或一个测量值的公布情况或情境，对要实现的结果有重要影响。出于这个原因，在设计您的物联网系统时，您必须监测和解释相关环境和事件。

以下方面可以影响物联网系统中的情境：

1）地点。

2）位置变更。

3）时间点。

4）时间。

5）事件。

6）事件的顺序。

情境可以单独变化，也可以与其他传感器数据和执行器结合变化。

示例：危险品仓库

一个检测和报告紧急状况的例子将帮助您理解情境意识的价值。想象一个危险品仓库里，数千升的氯酸钠在夜间发生了泄漏。仓库入口的门锁须在未经批准的情况下为消防队打开。但由于仓库内的有毒气体，不允许其他人进入。因此，必须将以下背景情况组合作为条件：

1）仓库正处于紧急状态。

2）救援服务就在现场。

6. 数据特征（标准 7.4.6 节）

在物联网系统中，会产生和处理大量的数据。描述数据的特征有：

1）量。

2）速度。

3）真实性。

4）变化性。

5）多样性。

物联网系统中的信息通过网络连接高速发送和接收，并流入更高级别的数据流。由于复杂的物联网系统中不时地会出现干扰和传感器故障，因此应在数据源附近检查信息。有缺陷的传感器可能会提供不正确或不可信的数据。如果在使用期间数据的速度和特性发生了变化，并且这种变化超过了一定的容忍阈值，物联网系统必须在后续活动中考虑到这一点。上述数据特征通常只有组合在一起时才有足够意义，以进行汇总的进一步处理。

> **示例：来自物流的汇总数据特征**
>
> 物流服务供应商 Kampmann Logistik 使用大量数据来优化其路线和装载量。该系统实时收集和处理司机、车辆和调度软件在物流过程中生成的信息。物联网系统利用这些信息进行持续优化。

7. 可发现性（标准 7.4.7 节）

通过网络中所谓的端点，可以在网络中找到物联网设备、传感器或执行器。由端点决定的架构，将在 2.3 节中详细讨论。例如，您可以非常轻松地将用于楼宇自动化的温度传感器集成到物联网系统中，因为该传感器可在网络和楼宇的本地情境中发现。

端点可以是物联网设备、服务、应用程序，甚至是有血有肉的用户。发现服务报告端点的内容和位置，并根据特定标准允许访问：位置和服务类型。

> 诸如 Hypercat、AllJoyn、von AllSeen Alliance 和 Consul 等协议用于根据以下特征搜索设备、服务或系统通信：
>
> 1）地理位置。
>
> 2）功能。
>
> 3）接口。
>
> 4）可达性。
>
> 5）所有权。
>
> 6）安全准则。

7）运行配置。

8）无障碍设施。

8. 灵活性（标准 7.4.8 节）

物联网系统通常具有与情境相关的功能，这意味着它们可以根据服务、设备和组件，以及环境条件和背景提供不同数量的功能。物联网服务与物联网系统的动态联系创造了这种灵活性。对于某些特定的应用程序，物联网服务可以连接到各种不同的物联网系统。

物联网系统的灵活性是基于：

1）标准。

2）协议。

3）格式。

4）接口。

示例：灵活使用恒温器

物联网系统"恒温器"根据不同的使用情况，其灵活性各不相同。从温度控制和温度报告、到通过网络应用或智能手机应用进行远程控制，再到与其他智能家居设备或气象服务联网，各种扩展级别都是可能的。

---

9. 可管理性（标准 7.4.9 节）

物联网系统自主运行。然而，如果个别部件有缺陷、不稳定或校准错误，或者没有网络连接，那么必须能够远程维护系统。即使在具有复杂地理结构的全球物联网系统中，也应该随时可以进行外部访问。这确保了运行的一致性和效率。

示例：远程管理难以触及的组件

烟雾探测器安装在仓库或生产车间中难以触及的地方。这使得它们较难维护。烟雾报警器的故障意味着生命和身体的危险。如果它们失灵，企业的风险是巨大的。

在定义物联网系统和组件的目标设计时，须设计物联网系统从开发到运行整个生命周期的远程可管理性。

此外，必须确保物联网设备、服务器、固件和操作系统的相互认证。更新应该为真实性和完整性做贡献；更新必须具有数字签名；更新必须通过安全和加密的连接进行，避免引入恶意软件。

管理物联网系统时要考虑以下几个方面：

1）设备管理。

2）网络管理。

3）系统管理。

4）接口维护和警报。

10. 网络通信（标准 7.4.10 节）

没有网络连接就没有物联网系统。信息通过网络连接流向物联网系统的组件，如传感器和执行器，又从组件流回物联网系统。传输的信息量通常很小。即使是语音传输也只在网络中产生少量字节。与网络连接同样重要的是组件的电源。特别是对于那些未通过电缆连接到物联网系统的设备，供电是个问题。没有人愿意每隔几周就得在生产车间更换物联网系统中所有传感器的电池。

> **网络的类型**
>
> 物联网设备的本地连接采用短距离、低功率的局域网，通常称为周边网络。广域网将局域网连接到互联网。这些网络可以是有线或无线的。

通常，物联网系统中的设备通过不同类型的合作网络向软件服务发送和接收信息，无论它们位于何处。软件服务可以位于本地或远程站点。

11. 网络管理和运行（标准 7.4.11 节）

正如您在前面的章节中所看到的，在生产和物流环境中，物联网系统中的几乎所有内容都基于网络连接。一定要尽早确保其运行和管理。局域网通常由物联网系统专门使用，因此该网络必须作为物联网系统的一个部分进行管理。

> **示例：生产中的局域网**
>
> 尤其是与工业 4.0 相关的工厂自动化领域，生产线上的传感器和控制装置通常由工厂操作员通过本地网络进行管理，这里通常使用现场总线协议，例如 Profibus 或 Profinet。

广域网通常也被其他应用程序使用，作为一个通用网络，通常也由其他外部组织管理。例如，移动通信网络就是这种情况。通过广域网，工厂使用云服务，如可通过远程连接进行托管。通过有线或无线网络连接建立与云服务的连接。

物联网网络管理通常涵盖这两种类型的网络，将它们视为物联网系统中的一个组成部分。如果您使用第三方网络，应确保合作方提供适当的管理和操作界面，方便您的使用。

12. 实时能力（标准 7.4.12 节）

对于物联网系统来说，实时能力意味着它可以依据记录的测量值直接执行操作。来自物理世界的信息，例如温度、流量或压力和事件，不断由传感器检测记录。在某些情况下，物联网系统及时做出反应，并通过执行器作用于物理世界或调出相应的服务，是至关重要的。为此，在某些情况下，物联网系统还将先前事件数据、与先前事件数据的比较、静态数据和外部数据包括在计算中。

示例：化工行业的监测机制

这方面的一个例子是在敏感环境条件下，对生产化学产品的锅炉工艺参数进行连续监测。必须持续监测温度、压力和流入锅炉的物质的情况。如果与设定值存在偏差，则物联网系统会以调节的方式进行干预。

13. 自我描述（标准 7.4.13 节）

物联网设备和系统必须向物联网系统发送有关其自身属性的信息。如果不是单个，而是多个组件要在同一系统中协同工作，那么这尤其必要。当多个系统一起工作时，那么这对于每个单独的组件就变得更加重要。

移动组件分阶段离开物联网网络或切换到睡眠模式以节省电量，之后又重新登录网络，应该能够自我描述。这样，它们可将自己临时性地集成到物联网系统中。这就是自我描述的工作原理：组件列出它们的功能，并通知其他物联网组件和物联网系统，目的是提供有关组合、合作和动态识别的信息。

以下信息用于自我描述。

1）接口规格。

2）物联网组件的能力和功能。

3）系统中设备的类型和性质。

4）可以连接到物联网系统的设备类型。

5）物联网系统提供的服务。

6）物联网系统的现状。

当移动物联网设备通过蓝牙或无线网络连接到物联网系统时，它会提供其设备名称和支持的服务。另一边的物联网系统发送其状态和支持的服务。物联网设备可从多个网络和系统接收这些信息，并根据匹配决定连接到哪个网络。

14. 物联网服务订阅（标准 7.4.14 节）

您可能拥有智能手表，或认识有智能手表的人。这种物联网设备充满了传感器，可以测量佩戴者（即物联网用户）的生命体征和健康状况，并评估这款手表的佩戴者是否可以多做一点运动。他们建议您即使在工作时也要起来站会儿或者做做深呼吸。

这种智能手表的功能背后是一项物联网服务，它分析收集信息并为用户提供改善健身计划的建议。无论是免费还是付费，作为物联网用户，您订阅物联网服务，它友好地呼吁您实施更健康的生活方式。这些订阅由物联网服务提供商提供。订阅过程通常包括付款。

一项物联网服务可以包括以下步骤：

1）软件组件的安装和配置。

2）物联网设备的安装。

软件提供和软件规格应该由物联网服务提供商提供。

在使用物联网服务时，要确保物联网系统制造商和物联网服务提供商遵守所有的数据保护要求，如通用数据保护条例和德国联邦数据保护法（BDSG）。为了您自己的利益，应确保遵守这类要求，因为您作为参与者需要承担责任。在智能手表的案例中，物联网服务使用极其敏感的个人数据。因此，应确保数据的传输路径安全，并由服务提供商进行加密。操作、维护以及遵守操作中的规则和条例，这些取决于参与者。

考察您的物联网服务在您公司之外是否有市场。提供订阅服务，自己成为物联网服务提供商，并以多种方式受益。例如，通过出租智能服务来利用现有的结构。作为物联网服务提供商，您可以自己设置订阅模式，客户付费使用。这样一来，您就已经开发并实施了一个数字商业模式，负责物联网服务的运营和维护。作为服务提供商，制定标准、开发简单实施流程以及维护订阅，对您来说尤其重要。

物联网服务定价的经验法则

物联网服务应该如何合理定价？我建议您使用一种非常简单的方法：如果您想以订阅的方式提供数字服务，须先核算出服务的价格。有意识地计算价格，就好像您的客户一次性地购买了解决方案一样。现在将服务的购买价格除以 2.2～2.5 年间的月数，在本例中为 26.4 个月到 30 个月。所计算出来的金额就是服务成本的月费。如果客户使用该服务的时间超过 3 年，那么从第 3 年开始，您将开始赚取可观的收入。但在此之前，您也可以收取适当保证金，以保证商业模式能顺利运作。您也可根据成本收取订阅费，再加上保证金。请您始终将维护、支持和功能开发的成本考虑在内。

2.3 符合 ISO/IEC 30141：2018 标准的物联网系统架构

在 2.2 节中，我已经解释了物联网系统的要求以及物联网系统、服务和组件必须满足的相关技术标准。在本节中，我将阐明各个组件、服务和用户间如何交互。物联网参考架构在此有所帮助：它描述和定义了物联网系统的特性、相关术语和相互交互的要求，并命名了构成物联网系统的组件。物联网参考架构意味着从不同的角度、不同的细节和抽象层面对物联网系统进行定义和思考。

我们分三个阶段来认识参考架构：

1）物联网概念模型。

2）物联网参考模型。

3）物联网参考架构。

概念模型致力于通用层面的物联网系统概念，而参考模型着眼于交互元素的整体结构。我们将首先在域的层面，接着在实体层面理解这一点。在 2.3.1 节中，首先介绍了描述概念模型和最终架构的组件和参与者。

2.3.1 物联网概念模型

物联网系统有哪些组件，这些组件如何交互的？ISO/IEC 30141：2018 中在通用和抽象的层面上描述了物联网系统的概念模型。首先，了解物联网架构的各个组件之间的关系，对您来说尤其重要。我将在本节中解释这一点。

图 2.3 中的组件属于一个物联网架构。

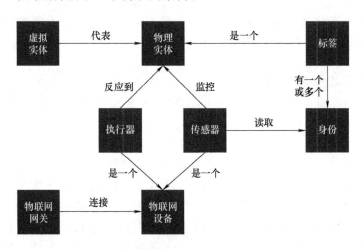

图 2.3　物流和生产中物联网系统组件间的关系（基于 ISO/IEC 30141：2018，第 39 页）

物联网架构中显示的术语定义如下：

1. 实体

无论是物理的、虚拟的还是数字的，在物联网系统中，每个组件都是一个实体。有四种不同类型的实体：

1）物理实体（"事物"）。

2）数字实体（IT 系统）。

3）物联网用户。

4）连接各组件的网络。

每个实体都有一个唯一的身份，可被物联网系统识别。

2. 物理实体

物理对象或环境、物流链、生产线、人、动物和汽车，还有商店、单个电子设备都是物理实体。一个物理实体可以包含其他实体。因此，一条生产线可包含作为实体的单个机器。物理实体由执行器控制，由传感器监测。

传感器和执行器是物联网设备。它们建立了数字世界和物理世界之间的联系，并与现实世界直接或间接接触。让我们在此详细了解一下这些组件。

3. 传感器

没有传感器，我们将无法感知外面的世界。在技术术语和 ISO 标准的语言中，传感器测量并记录物理实体的属性。它将测量值转换为数字格式，并将其发送到物联网系统。一个物联网设备可以包含多个传感器。智能手机内置一整组传感器，可以测量加速度、GPS 位置、方向、温度和振动等。

4. 执行器

执行器在控制和调节技术领域通常也被称为驱动器。它们接收数字信息并影响和改变物理实体。

5. 物联网设备

对于物联网设备，物理实体和数字实体都是根据概念模型定义的。很明显，它构成了数字世界和现实世界之间的桥梁。它扫描现实世界，并将加速度、湿度和速度等真实属性转换为数字值。它通过网络与其他实体进行通信，拥有一个或多个端点，可以进行算术运算，也可以提供和使用自己的数据存储。

6. 标签

物理实体通常都有标签。标签本身也是一个物理实体，它附着在另一个物理实体上，以标记、识别或跟踪它。如条形码是无源标签，因为它们是由阅读器光学捕获和读取的。另一方面，有源标签是 RFID 标签和用于实时定位系统的标签。它们会自动发送有关其身份的信息。标签也可通过传感器而非物理单元进行监控。

7. 数字实体

物联网系统中的数据和计算元素称为数字实体，我们也称之为虚拟实体，即数据存储设备、物联网设备和物联网网关。数字实体也可以结合其他数字实体，虚拟实体是物理实体和部分服务的数字表示（见下面的解释）。

物联网系统的用户是实体。物联网用户是物联网系统的一部分，无论用户是人还是数字用户。

8. 人类用户

人类用户是使用物联网系统的人，他们通过所谓的人机界面（Human

Machine Interface，HMI）与物联网系统通过网络和软件应用程序交互。

9. 数字用户

数字用户是使用物联网系统的数字实体。它们通过网络的虚拟接口（应用程序编程接口，Application Programming Interfaces，APIs）与物联网系统及其服务交互。

10. 网络

网络是一个实体。同时，它连接物联网系统中的数字实体。构成了数字实体相互通信的物联网基础设施，连接物联网设备和物联网网关，通过接口访问端点。

11. 端点

端点实现了实体之间的连接。它们是其他实体对接的点，因为这里存在接口。这些接口可以从其他实体那里获得，也可以被其他实体访问。端点各自有一个或多个网络接口。可以通过端点调用来自其他数字实体的操作。

12. 物联网网关

物联网网关连接不同的网络和网络类型。建立了从连接物联网设备的下游网络，到广域网从而到互联网的连接。广域网这一层可以进一步连接更多的物联网设备。物联网网关通常有本地存储。它们通过实施安全功能来保护网络中的端点免受外部攻击。

13. 服务

服务以软件形式实现，并通过定义的接口提供各种功能。一个服务可以包含其他服务。它需要一个或多个端点，通过这些端点来调用服务。服务与不同网络中的其他实体协同工作，可以，但不一定与物联网设备合作。服务根据需要使用数据存储。服务可以独立工作，也可以与其他服务一起工作。

14. 软件应用

软件是人机界面，可帮助物联网用户完成某些（IT）任务。除了人类，物联网用户还可以是数字用户。人们通过人机界面使用软件，数字用户通过应用程序接口（Application Programming Interface，API）使用软件。软件经常使用服务。

示例：进货时识别托盘（软件应用）

  一个可以用物联网软件映射任务的例子是自动化进货流程：如果物联网设备或托盘上的标签报告，它已被放置在仓库的收货区域，那么这可以启动 ERP（企业资源计划）软件中的预订流程。当托盘到达收货区域时，会自动触发收货入账，并生成叉车运输任务，用以仓储或交叉对接。

确保软件安全

在实现业务流程自动化时，请以 ISO/IEC 27034 标准（信息技术—IT 安全程序—应用程序安全—第 1 部分：概述和概念）为指导。该标准提供了一个框架，以确保软件和 IT 应用程序在整个生命周期内的安全性。

15. 接口

没有接口，物联网系统中的任何东西都无法运作，它们用于请求和提供来自其他数字实体的操作（参见"端点"部分）。同时，还描述了由接口寻址的实体行为、能力和可能的操作。

数字物联网用户使用 API 访问物联网系统的服务。API 是一个或多个计算机程序的不同部分间的接口或通信协议。API 有利于软件的实施和维护。有了 API，单一的执行可适用于基于网络的系统、操作系统、数据库系统、计算机硬件或软件库。

API 规范是对程序、数据结构、对象类别、变量或远程调用的规范。API 的文档简化了执行。API 通常在项目参与者之间使用，作为实施伙伴、供应商和客户商定的共同接口标准或合同基础。通过这种方式就能确保所有的合作伙伴功能的实现。例如，在 API 的文档中规定，请求和响应必须采用某种格式。主要云供应商的物联网平台提供通用的 API，用于在物联网的网络中创建、读取、修改和删除任何物联网设备类型。

16. 数据存储

物联网设备和物联网网关可包含数据存储，也受物联网设备或物联网网关管理。数据存储与物联网系统相关的数据。这些数据可由物联网设备直接生成和存储，也可以来自服务并作用于物联网设备。

2.3.2 物联网参考模型

现在让我们来看看物联网参考模型。这是一个抽象的模型，解释了实体在其环境中的关系（ISO/IEC 30141：2018 标准的第 9 章）。通常参考模型用于培训掌握较少或没有专业知识的人员。可通过参考模型传达基本的知识。然而，我们需要具体的标准、技术和实施细节。物联网参考模型是指实体和各个域以及域之间的关系。这些构成了物联网系统的功能组。一个实体始终是至少一个域的一部分。

1. 基于实体的模型

根据概念模型定义的物联网系统，组件构成了基于实体模型的基础。图 2.4 所示为工业 4.0 中物联网系统实体的交互。物联网用户首先通过物联网网关及其相应服务，通过从属系统级别访问物联网设备。该从属系统级别主要是软件或服务；物理实体受物联网设备的监控或影响。除无网络适配器的物理实体之外，每个实体都与其他实体或其他周围系统联网。

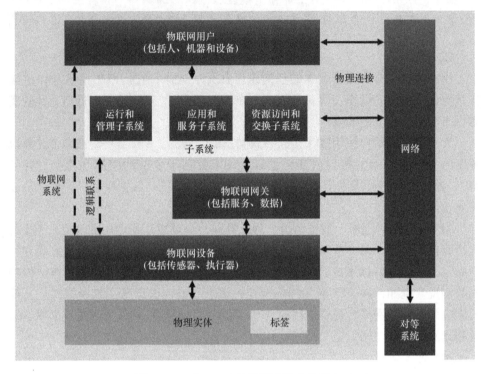

图 2.4　工业 4.0 中物联网系统实体的交互
（改编自 ISO/IEC 30141：2018，第 42 页）

除了上述实体之外，物联网系统还由各种子系统组成，这些子系统共同构成软件应用程序的实体：

1）应用和服务子系统。

2）运行和管理子系统。

3）资源访问和交换子系统。

4）用户设备，例如智能手机、个人计算机、面向人类用户的平板电脑或面向数字用户的 API 服务。

5）对等系统（其他物联网或非物联网系统、服务）。

图 2.5 所示为物流和生产中物联网系统的实体和域间的联系。域在基于域的模型中被描述。

2. 基于域的模型

通过按域进行分离，物联网系统设计者可以将物联网系统划分为不同的区

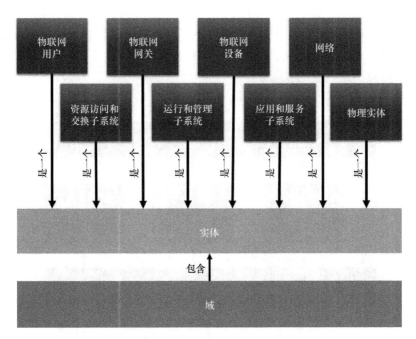

图 2.5　物流和生产中物联网系统的实体和域间的联系
（改编自 ISO/IEC 30141：2018，第 44 页）

域。这使他们能够为每个领域分配具体任务。域将物联网系统分为逻辑区域和部分物理区域。可以根据领域的不同，对责任领域和职能进行分类。

3. 物联网参考架构中的域

有不同的域：

1）用户域包括人类用户和数字用户。人类用户通过服务、移动应用或桌面应用与系统交互。数字用户使用服务接口。

2）物理实体域包含物理实体。它是物联网系统中对物理世界进行监测、感应和控制的区域。人也可以是物理领域的实体。

3）测量和控制域包括物联网设备、传感器和执行器。传感器记录在物理实体上的数值、状态、属性，以及执行器对物理实体的影响，构成了这个域。上述物理实体的域是物理世界，而测量和控制域是物理世界和虚拟世界之间的联系。

4）运行和管理域是配置、管理、监控和优化系统的功能所在。它还提供业务流程和运行支持功能，在业务和运营领域管理物联网系统。

5）资源访问和数据交换域为外部实体访问物联网系统的功能提供机制支持。主要通过用户和外围系统进行访问。物联网系统通过一个或多个服务接口提供功能。

6）应用和服务域提供用户域中的用户所消费的应用和服务。应用和服务也可以与传感器和执行器交互，以便从它们那里获得测量结果或作用于物理实体域。云服务提供这些应用和服务。

工业 4.0 中物联网系统域之间的交互如图 2.6 所示。

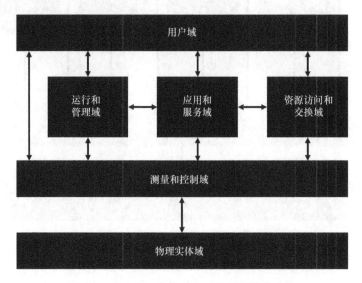

图 2.6　工业 4.0 中物联网系统域之间的交互

（改编自 ISO/IEC 30141：2018，第 44 页）

4. 基于实体和域的参考模型的合作

现在让我们把实体和域的两个模型叠加起来，从而在两个视角之间建立一种联系。实体之间的关系可以在图 2.7 的上部区域看到，实体的下面显示了域。例如，实体"物联网用户"属于用户域，应用和服务子系统属于应用和服务域，等等。

2.3.3　物联网参考架构

在设计和实施物联网系统时，物联网参考架构是一个很好的参考模板。它是评估商业物联网应用和实例的实用参考。

参考架构可以帮助您处理的工业 4.0 实例包括：

1）全球供应链。

2）全球跟踪和追溯解决方案。

3）实时定位系统（RTLS）。

4）无人搬运系统（AGVS）。

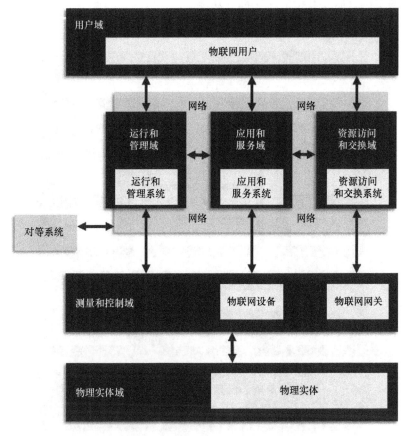

图 2.7 工业 4.0 应用中物联网架构的实体和域的交互
（改编自 ISO/IEC 30141：2018，第 46 页）

5）智能工厂系统。

物联网参考架构可以从不同的角度描述：

1）功能视图。

2）部署视图。

3）网络视图。

4）用户和角色视图。

我们现在将详细研究这些视图（ISO/IEC 30141：2018 的第 10 章）。

1. 功能视图（标准 10.2 节）

功能视图提供了类似于模型的答案，即物联网系统中需要哪些功能组件。各个组件和它们的使用之间存在什么依赖关系？图 2.8 显示了工业 4.0 物联网系统各个域的功能。在实现物联网实例时，您也许不需要这里提到的所有功能。

可能您的实例只需要其中的一小部分功能。

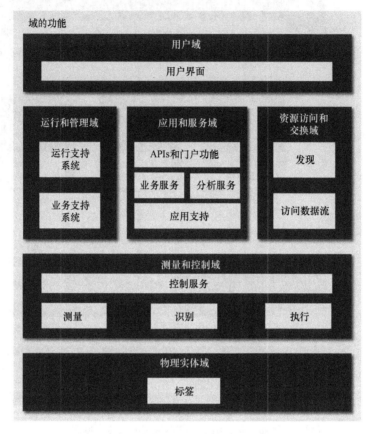

图 2.8　工业 4.0 物联网系统各个域的功能
（改编自 ISO/IEC 30141：2018，第 47 页）

现在让我们详细了解每个域的个别功能。

（1）测量和控制域的功能　通过扫描或测量（传感）从传感器中读取传感器数据的功能可以在测量和控制域中找到。其中，执行意味着将控制信号写入执行器中，这是用来控制执行器的。在实现这两个功能时，您将在硬件、固件、设备驱动和软件组件领域之间移动。控制服务提供来自传感器和其他系统的数据，作为输入参数，向执行器发出指令。

识别功能确保系统中的实体可被识别、发现和追踪。这有助于系统对实体进行区分。在识别过程中，应确保尽可能少地收集个人数据，以保护人类用户和未参与者的隐私。

（2）运行和管理域的功能　运行和管理域的功能用于：

1）物联网系统的整体管理。

2）运行支持系统（提供服务、监测、报告、政策管理、服务自动化、服务水平管理、遵守服务目录、设备注册和设备管理）。

3）业务支持系统（账户和订阅管理、账户计费和产品目录计费）。

运行支持系统和业务支持系统是该域的基本功能。

（3）应用和服务域的功能　应用和服务域的功能包括认知服务、流媒体、流程管理、验证、可视化、业务规则和控制服务，以及应用逻辑。

应用和服务域的功能包括：

1）APIs 和门户功能。

2）用于编排业务流程的业务服务。

3）为传感器数据流、系统状态和上下文感知提供分析服务，即把收集到的不同数据和特征放入一个共同的背景中。

4）应用支持（配置、扩展、计费）。

（4）资源访问和数据交换域的功能　资源访问和数据交换域，包含访问物联网系统资源或与物联网系统进行资源通信所需的所有支持功能，包括服务和数据。

用户可以通过检测功能（发现）访问物联网系统功能。访问数据流功能的组件有两个任务：

1）控制物联网用户和系统对物联网系统的访问，以及认证和授权。

2）覆盖数据传输和处理的所有流程和功能。

（5）物理实体域和用户域的功能　在物理实体域和用户域的功能中，诸如标签、振动传感器或温度传感器等组件，可以附着在物理实体上提供服务。

用户域功能实现用户对物联网系统的访问。面向用户的界面是用户界面（UI），即智能手机应用程序（手机 App）或计算机上的图标软件。

（6）跨域的功能　并非所有功能都可以且应分配给特定的域。跨域的功能（见图 2.9）应当首先确保系统的安全性和可信度等，并在物联网系统的设计阶段就应予以考虑。

图 2.9　工业 4.0 物联网应用中跨域的功能
（改编自 ISO/IEC 30141：2018，第 47 页）

2. 部署视图（标准 10.3 节）

对于部署视图，我们离开了物联网系统的功能视图，而从系统部署的角度出发。这预示着对组件的通用描述，以及从实施者的角度看各个组成部分。

这是部署视图的详细内容：

1）物联网系统的物理组件（子系统、设备、网络）。

2）物联网系统的通用实现架构和结构（组件的分布和互联）。

3）组件的技术描述，包括它们的行为和其他属性。

我们现在把部署视图的这些内容分配给不同的域（见图 2.10）。

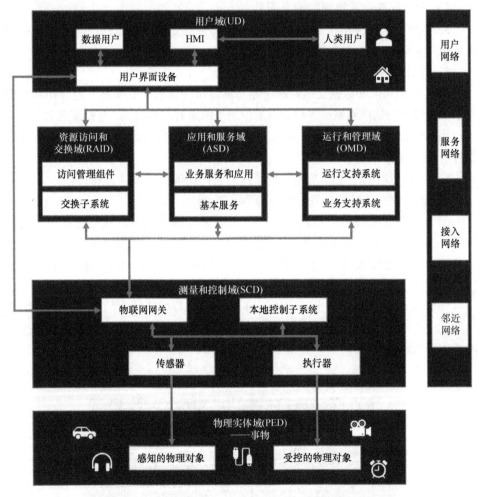

图 2.10　工业 4.0 应用中物联网系统各个域的实体和组件

（改编自 ISO/IEC 30141：2018，第 52 页）

1）物理实体域：包括传感功能控制的对象。

2）测量和控制域：物联网网关、传感器、执行器和本地控制子系统，用于没有连接到更高级别云服务的操作。

3）资源访问和数据交换域：访问管理组件和交换子系统。

4）应用和服务域：应用和服务的托管。

5）运行和管理域：运行支持系统和业务支持系统。

6）用户域：对人和技术用户以及人机界面的管理。

3. 网络视图（标准 10.4 节）

网络视图着眼于连接组件和实体，以形成物联网系统的通信网络。

四个最主要的通信网络包括：

1）邻近网络：将传感器和执行器连接到物联网系统。

2）接入网络：连接测量和控制域、应用和服务域以及运行和管理域的实体。

3）服务网络：将应用和服务域的服务，与资源访问和数据交换域及运行和管理域连接起来。

4）用户网络：将用户域与应用和服务域及运行和管理域连接起来。

4. 用户和角色视图（标准 10.5 节）

所有的技术方面都必须始终以人为核心。毕竟，最终是人在开发、测试、操作和使用物联网应用程序。标准 10.5 节专门介绍了参与物联网系统开发、设计和运行的角色。物联网架构总是对您的员工和合作伙伴的技能提出跨学科的要求。在这里，我们仔细看看谁应该在哪里扮演哪个角色。

对于用户和角色，我们将其区分为以下三个层面：

1）活动。

2）角色和次级角色。

3）服务和跨领域方面。

ISO/IEC 30141：2018 标准将物联网系统的用户分为三个主要群组。物联网服务提供商运营和管理物联网服务，并在必要时提供网络连接。

（1）服务提供者可能有以下角色

1）物联网业务经理。

2）物联网服务交付经理。

3）物联网系统运营商。

4）物联网安全分析师。

5）物联网运营分析师。

6）物联网数据科学家。

7）物联网首席隐私官（CPO）/数据保护官（DPO）。

8）物联网安全员。

（2）物联网服务开发商开发物联网系统和应用　物联网服务开发商的角色分为以下几种：

1）物联网解决方案架构师。

2）物联网 DevOps 经理。

3）物联网应用开发人员。

4）物联网设备开发人员。

5）物联网系统集成商。

6）物联网首席隐私官。

（3）在前面的各个章节中，您已经遇到了物联网用户　他们分为：

1）人类用户。

2）数字用户。

对于标准中所设想的角色，有各种培训选择，并有相应的专业人员认证。工业物联网研究所 iIoT. institute（www. iiot. institute）和数字蚂蚁有限公司 digit-ANTS GmbH（https://www. digit-ants. com/iot-zertifizierung）提供各种认证，适合物流和生产环境中的不同培训要求。

第3章 物联网平台

在前面的章节中，您了解了物联网的历史和技术基础。如您希望了解物联网的概念，这点是不可缺的。因为这是一个实用指南，而不是一个专业研讨会，所以我们现在进入实践。本章为以下问题给出了答案：作为一家企业，您如何建立一个满足未来需求的物联网平台？市场上有哪些产品？其中哪些与您的具体目标和行业相关性更高，哪些不太相关？

如果作为董事总经理或部门负责人，委派选择流程和决策，您可能会想："为什么我要更深入地寻找合适的物联网平台（更不用说它背后的技术基础了）？我有我信任的专家团队啊。"假如专家们说："这对我们来说是最好的解决方案"，那么您就会相信了。我非常理解您这种态度。鉴于此，跳过这一章实际上是合乎逻辑的，因为平台的专业知识不是您的主业务领域，作为一个忙碌的人，您主要对结果感兴趣。但您或许已经猜到了："但是"来了。但是，对许多公司来说，物联网平台的决定是一个战略性的决策。它不仅涉及详细的技术问题，还涉及跨企业的问题：构成一个特定部门的数据和流程，对企业其他部门的可访问性和可连接性如何？例如，生产、客户服务和销售之间是否有良好的网络？还是有一些无形的障碍和软件技术壁垒，导致同事们难以合作，阻碍了部门间流程的有效衔接？物联网平台不仅需要内部的透明度和效率，还需要与外部机构互动。这包括从主管机构到战略伙伴再到终端客户。更广泛地说，物联网平台支持设备、机器和传感器数据，能够用于商业应用和相互构建的业务应用程序和流程。物联网系统在受控的情况下运行，与公司内部的后台系统长期交互，如企业资源计划（ERP）系统、制造执行系统（MES）、仓库管理系统（WMS）或远程信息处理系统。

具体如何操作以及需要考虑的问题将在第4章论述。首先，我要说明的是对某一平台的选择，将在所有可能的方面影响公司的日常业务。具有实时数据的现代数据管理可以支持、促进和优化许多业务流程。物联网平台对于重新设计流程和服务，以及识别弱点和实现创新也非常重要。

那么应该选哪个物联网平台呢？您现在（或两三年后）会有很多选择。在本章中，我们看看围绕企业物联网平台的竞争市场和供应商的动态。我将为您提供一些选择标准，帮助您决定选择哪个物联网平台。我们着眼于选定的平台和关于它们的现有研究。我们了解一下所谓的超大规模者以及多云战略。我们还将关注安全问题，在物联网解决方案方面，安全问题不能被低估。我们着眼于国际背景，因为使用互联网设备联网与欧盟政策、数据保护和国际协议有很大关系。在本章结束时，希望您能做好准备，选择适合您的物联网平台。

3.1 没有互联网的物联网

特别是在工业 4.0 场景下使用的物联网应用程序中，出现了收集到的数据应该在哪里被处理和评估的问题。直接向云端上传处理信息和数据是绝对必要的吗？或者仍然在原有设备或本地网络中执行某些计算有意义吗？特别是在工业物联网领域，不断改变的物理状态产生了大量的数据。在物联网系统规划之初，就必须确定这些变化（如果有的话）可能对流程产生的影响，哪些应触发后续行动，从而确定数据处理应在哪个层面进行。

在您的云计算应用中，传感器处 0.01℃ 的温度变化可能无关紧要。当涉及机器的交互时，情况就完全不同了。在工厂车间，对新的测量值立即启动反应可能是有意义的，而不需要在云端应用中记录。也就是说，这些措施往往不是在云端实施的和启动的，而是在工厂、仓库或实验室实施的。我们称这些层面为边缘或雾。我在 3.1.1 节和 3.1.2 节解释了它们的确切定义和功能。

3.1.1 边缘计算

相应的实例决定了在物联网系统中处理信息的层面。某些信息必须在原点直接处理，并在控制和调节技术意义上直接干预机器的操控。在物联网云的解决方案中，在制造执行系统甚至在企业资源计划系统中，信息没有任何价值，因为它不涉及任何后续活动或业务流程。对于每个物联网系统，应考虑在何地处理或存储哪些信息：在云端、边缘或雾中。

通过边缘计算，在本地物联网网络中生成的信息将在本地进行处理。本地意味着信息最初在物联网设备中直接处理，然后通过网络连接传输到互联网和云端。这样做的原因很明显，因为传感器和执行器利用大部分新兴数据进行本地决策和反应。此外，这些数据与物联网网关无关，在物联网网关之外也不需要。边缘计算在原点对信息进行实时分类，在本地系统中处理后，实时删除相关信息，仅将结果转发给更高层面的云服务。通过这种方式，您可以从物联网系统中获得最大收益，并避免不必要的延时。还可以防止互联网连接中非必要的高带宽，并保护系统免受外部攻击。因此，也可以根据物联网网络安全要求做出支持边缘计算的决定。

3.1.2 雾计算

雾计算也是如此，实时数据在物联网网络中处理，只将相关信息发送到更高的数据处理层（云端、ERP、MES）。雾计算的一个特点是，信息处理靠近物联网设备、传感器和执行器，但不再是执行器、传感器或设备本身。雾计算也被称为系统层面上边缘计算的架构模式，这使它成为边缘计算的一种变体。有一些特定的网关具有先进的功能，不是像边缘计算那样直接在终端设备上处理数据，而是在网络边缘的可编程自动化控制器（Programmable Automation Controllers，PAC）上处理数据。这些设备的大小与树莓派（Raspberry Pi）这样的微型计算机差不多。它们为一个或多个物联网端点处理数据。

说到雾计算，我们是着眼于物联网系统在雾中摸索，我们几乎无法对 PAC 的可用性、性能和利用率做出陈述。如果您在物联网架构中遵循这个概念，那么您应该计划在本地网络内增加硬件和维护成本，以提供一定的缓冲，您还需要为额外的组件提供额外的保护措施。

如果没有工业物联网中的边缘计算和雾计算——一个完全网络化的供应链，那么您将很难管理所有进来的数据。它应该去哪里？我们是否需要将资产生成的所有数据通过互联网发送到云端？即使是单个飞机的涡轮机也会在飞行过程中的 30min 内生成 10TB 的数据，包括空气质量、燃油数量、燃油质量、发动机上不同位置的温度等。将所有这些信息直接发送到云端是没有意义的。很明显，如果我们不仔细考虑我们在云中真正需要哪些数据用于评估目的，那么，这会导致已经大量使用的云数据中心的连接崩溃，云将失败，延迟时间将增加到令人难以忍受的程度。

3.2 云计算

云计算是一种 IT 基础设施，通过互联网使用一台或多台计算机的网络来提供，不需要在计算机或智能设备上进行本地安装就可以使用。这些基础设施上提供的服务可以是存储空间、计算能力或应用软件。这些服务完全通过技术接口和协议提供，如网络浏览器和移动应用程序等。这些服务涵盖了整个信息技术领域：软件、基础设施和平台。

3.2.1 软件即服务（SaaS）

软件即服务（Software as a Service，SaaS）是云计算的一个组成部分，其中软件和 IT 基础设施由外部服务供应商运营，并作为一项服务被用户购买。所提供的服务和软件可以通过联网的计算机、平板电脑或智能手机使用网络浏览器或移动应用程序进行访问。在传统的软件许可中，用户获得了在本地使用软件的权利，而且通常是永久性的。而在云软件中，用户作为服务接受者，通常需要为临时使用支付使用费。

价格指标可以在以下基础上进行设计：

1）每个用户按月收费。

2）取决于功能范围和软件模块。

3）取决于用户交易的次数。

4）免费使用。

对于用户来说，SaaS 模式的优势在于没有购置和运营成本。服务供应商接管完整的 IT 管理和其他服务，例如维护工作和软件更新。

3.2.2 基础设施即服务（IaaS）

如果服务器不在用户本地，而是迁移到云端，那么我们称之为基础设施即服务（Infrastructure as a Service，IaaS）。云供应商提供虚拟化的计算机、网络和存储。用户在云中使用这些资源，并在那里安装和运行他的软件。与 SaaS 模型相反，用户自己负责应用程序的运行，因为他只租用了基础设施。用户享有的优势是，他不再需要购买自己的 IT 基础设施，而只是根据需要租用，并且可以随时归还他不再需要的资源。

IaaS 具有以下优势：

1）高度灵活性，因为它使得一次性的应用变得负担得起。

2）拦截负载峰值和功率峰值。

3）通过增加资源轻松扩展和缩放容量。

4）未使用的容量可以立即释放。

5）可以通过虚拟化不同的平台来进行简单的软件测试。

3.2.3 平台即服务（PaaS）

平台即服务（Platform as a Service，PaaS）和 SaaS 这两种模式经常被混为一谈、相提并论。但是我们必须区分这两种方法。看一下这两个产品的目标群体有助于我们做到这一点。SaaS 应用程序关注最终用户，他们使用云中提供的软件。SaaS 应用是基于 PaaS 和 IaaS 的产品。PaaS 产品的目标群体是开发人员。如果您想为客户建立一个物联网应用和物联网系统，那么您需要一个平台来开发应用程序。

PaaS 提供了以下内容：

1）工作台和开发环境。

2）为您的应用提供容器。

3）中间件服务。

程序员和软件开发人员在 PaaS 环境中创建他们的应用程序，使用 PaaS 供应商提供和运营的工具。在这里，中间件（Middleware）服务同样也是通过 API 访问的。

3.3 物联网——一个不断增长的市场

物联网正在不断发展壮大。相应地，物联网服务和供应商的数量多年来一直在稳步增长。寻找一个合适的物联网平台就像一次丛林探险，最好不要在没有向导的情况下进行。由于仍相对年轻的物联网市场正在迅速变化，因此很难对整个市场保持概览并始终了解最新动向。但我仍想做点尝试，本节中，我为您汇编了相关的最重要的报告、研究报表和数据。

思科系统公司（简称思科）的研究和趋势报告是总体发展的良好指标。这家美国电信公司成立于 20 世纪 80 年代。从一开始，路由器就是该公司最重要的产品之一。因此，硬件和软件的结合，以及互联网和网络的主题实际上是该公司历史的一部分。随着时间的推移，WebEx（思科网讯）成为它的一个子公司。您可能在视频会议方面接触过 WebEx。思科定期发布关于各种 IT 主题的报告和市场研究，例如网络安全或数据保护。关于我们的主题，特别有趣的是 "2020 Global Networking Trends Report"（"2020 年全球网络趋势报告"），它调查了来自十多个国家的 500 多名 IT 专家和大约 1500 名所谓的网络战略家。这一趋势分析的 "关键要点" 包括以下内容：

"IDC 估计，到 2023 年，全球将有 489 亿台联网设备在使用，2018 年思科完整的 VNI（可视化网络指数）预测显示，整个网络的平均数据消耗量将达到每台个人计算机每月近 60GB。"[⊖]

如果我计算正确，估计到 2023 年地球上每人将拥有六台联网设备。最早到 2022 年，物联网设备的数量将远超地球上的人口。如果您查看图 3.1 中序列中的第三个数字，那么届时将有超过 140 亿台物联网设备在流通。理论上，这些物联网设备都可以以某种方式相互通信。

其他预测也令人振奋。这些数据涉及安全性、移动性和其他未来技术的发展，如虚拟现实和大数据。第 5 章将更详细地讨论这些现象和其他现象与物联网之间的相互作用。

特别是关于物联网网络，"2020 年全球网络趋势报告" 指出：

"在这个要求越来越高的环境中，IT 领导者迫切需要迁移到一种全新的网络

⊖ *Cisco*：2020 Global Networking Trends Report，S. 5

全球商业趋势和技术趋势塑造物联网市场

| 到2021年，有700M边缘托管容器 | 到2021年，50%的工作负载在企业数据中心之外 | 2017—2022年，商业移动流量年增长42% | 53%的网络安全攻击造成超过US$500000美元的损失 | 到2022年，AR/VR(增强现实/虚拟现实)流量增加12倍 |

图 3.1　影响物联网的市场趋势

（来源：Cisco，2020 Global Networking Trends Report）

方法上。对于一个在数字经济中蓬勃发展的组织，网络需要能够快速适应不断变化的业务需求。网络需要支持日益多样化和快速变化的用户、设备、应用程序和服务集……它还需要确保快速安全地访问工作负载，无论它们驻留在何处。……为了使网络发挥最佳功能，所有这一切都需要在每个网络域中的用户、设备、应用程序和服务之间端到端实现，例如校园、分支机构、远程/家庭、广域网、服务提供商、手机、数据中心、混合云和多云。"⊖

　　从传统的 IT 企业到在这里描述的现代物联网平台间的过渡正在全面展开，这种过渡应该是复杂和强大的，但也是开放和可连接的。但许多公司目前仍然处于起步阶段。

> 　　在考虑物联网平台之前，尤其是在整合企业现有的软件架构方面，很多企业仍有许多工作要做。毕竟，这些弱点最迟在实施新的物联网平台的流程时就会显现出来。负责流程的人员很快注意到物联网平台无法连接到拼凑的解决方案。通常情况下，现有的软件架构在此时也会被提升到新的水平，以便各系统能够相互"对话"。

　　其他值得一读的物联网出版物来自 Gartner，这是一家美国公司，自称是"世界领先的研究和咨询公司"，专注于市场研究和 IT 咨询。您可能曾经接触过 Gartner 的成熟度曲线（Hype Cycle）或魔力象限（Magic Quadrant）。在上面引用的趋势报告的"关键要点"中，提到的 IDC 是另一个关于物联网的数据和背景信息的地址：国际数据公司（International Data Corporation），是 IT 分析市场的另一个大玩家，拥有"Computerworld"（"计算机世界"）和"Macworld"（"Mac 世界"）等品牌和网站，有 1000 多名分析师在"分析未来"的主张下研究物联网等。值得注意的是，各种市场分析很少以完全相同的方式进行，例如在商业伙伴的选择（行业、最低销售额等）或所考察的市场（包含或不包含亚洲市场等）方面。

　　⊖　*Cisco*：2020 Global Networking Trends Report，S. 16

如果我们远离大型国际报告，将市场分析范围缩小到德国作为企业所在地，那么仍然有很多相关出版物可供仔细研究。其中之一是题为 "Internet of Things 2019"（《物联网 2019》）的研究报告，由 IT 专业报道记者于尔根·毛勒（Jürgen Mauerer）领导的一个作者团队撰写。这项研究是由 IDG（国际数据集团）研究服务部与 *Computerbild*（《计算机图片报》）杂志、西班牙电信集团和其他合作伙伴合作委托的（这是一项所谓的多客户研究）。它基于从 2018 年 9 月开始的 500 多次访谈。采访对象是"德语区域（即德国、奥地利和瑞士德语区）公司的高层（IT）管理人员：C 级领域和专业部门（LoBs）的战略（IT）决策者、IT 领域的决策者和 IT 专家"。部门分布相当广泛，最大的三个领域是企业服务、机械和设备工程以及金属生产和加工行业（各占总数的 15%以下）。

从对这些人进行的评估访谈中，我有一个有趣的发现：

"在 55%的公司中，物联网平台被认为是物联网的最重要技术。各种规模的公司都同意这一点。实际上，只有不到 1/3（32%）的公司在使用物联网平台，大公司也只有 38%。不过，与上一年相比，这一数值增加了十个百分点。"⊖

关于新物联网平台实施的数据也很有启示：一般来说，接受访谈的公司需要大约一年半的时间来设计和实施其第一个适销对路的物联网解决方案。除了实例的定义和技术分析与构思外，这些步骤还包括选择合适的物联网平台。

另一份分析报告侧重于德国的物联网，题为 "Das Internet der Dinge im deutschen Mittelstand：Bedeutung，Anwendungsfelder und Stand der Umsetzung"（"德国中小企业的物联网：意义、应用领域和实施状况"），旨在作为一项趋势研究。它是由首席分析师阿诺德·沃格特（Arnold Vogt）领导的团队编写的。该报告于 2019 年春季发布，由 PAC GmbH 公司和 Teknowlogy Group 集团支持，它们委托德国电信，电话采访了 161 位拥有"物联网项目或其他数字化倡议决策权"的专家。受访者是高级 IT 经理和其他部门经理，例如销售经理或采购经理。目标群体包括德国拥有 10 名或以上员工的中小企业，且来自不同的行业和领域。

在回答"在未来 12 个月内，为了实施物联网项目，您会对以下哪种物联网技术进行大量投资、部分投资或根本不投资？"答案如下：在"物联网平台作为设备管理和物联网数据收集的枢纽"方面，17%的人希望大量投资，42%的人希望部分投资。在回答与即将到来的物联网项目有关的问题："在未来 12 个月内，您计划在以下哪些领域使用外包服务？"时，55%的人选择了"物联网应用和平台的开发、实施和运营"。

对于作为一个物联网国家的德国，最后，但并非最不重要的是，总部位于汉堡的物联网分析有限公司（IoT Analytics GmbH）定期发布的分析报告。这家

⊖ *Mauerer*，*Jürgen et al.*：Internet of Things 2019. Studie. S. 19

公司的报告并不便宜，却很有帮助。这家德国公司专门从事有关物联网、M2M
通信和工业 4.0 主题的研究和市场概述。付费项目包括，如长达 184 页的"IoT
Platforms End User Satisfaction Report 2019"（"2019 年物联网平台终端用户满意
度报告"）。此外，该公司还发布了所谓的愿景：即通过视觉冲击对物联网市场
进行分析。最近一份 2020 年的此类报告，提到了 620 个可供选择的物联网平台。

在 3.3.1 节中，我们将仔细研究物联网供应商之间的竞争，然后在 3.4 节中
转向物联网平台的选择标准。选择的纠结也会带来积极的一面：可以从许多好
的选择中提炼出特别适合自己公司和市场精准定位的最佳选择。

3.3.1 竞争中的物联网供应商

"IoT Platforms Competitive Landscape & Database 2020"（"物联网平台竞争格
局与 2020 年数据库"）报告显示了两个方面：首先，自 2015 年以来，物联网平
台的数量逐年增加（见图 3.2）；其次，除了阿里巴巴集团控股有限公司（简称
阿里巴巴）、亚马逊公司等国际巨头外，西门子股份公司（简称西门子）、博世
集团（简称博世）等德国巨头以及不知名的新兴企业也涉足这个市场。

环顾四周，寻找适合企业和物流需求的物联网平台，会发现许多优惠政策。
在进入 3.4 节的选择标准前，我想借此机会摘录一些供应商宣传自己及其解决
方案的文案。这并非广告或推荐，而只是为了深入了解论点以及选择标准，我
们将在下面更详细地介绍。

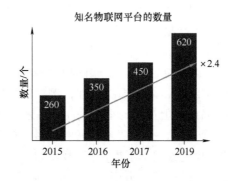

图 3.2　2015—2019 年物联网平台的增长情况

（来源：IoT Analytics GmbH，IoT Platforms Competitive Landscape & Database 2020）

我们从两个较小的供应商说起，第一个是位于柏林的 IoT connctd GmbH，它
试图在 2020 年 7 月随 *Handelsblatt*（《商报》）⊖附送的一份特别出版物中说服人

⊖　*Handelsblatt*：IoT-Plattformen-Vergleich：Berliner Anbieter punktet mit Interoperabilität. 01. 07. 2020.
　　https：//unternehmen. handelsblatt. com/iot-plattformen-vergleich. html

们相信其优点，内容如下：

1. 问题

"……不仅物联网平台市场在扩大，对传感器和执行器的使用要求也越来越高。尽管有各种各样的产品，但很难找到能够跨技术和跨制造商的、在互联网上对设备的属性和功能进行云表示的解决方案。同样，通常也缺乏对象及其信息的语义描述。REST-API 和 Graph-API 等界面也常常无法使用。"

2. 建议的解决方案

位于柏林的供应商 IoT connctd GmbH 的平台以创新的方式应对这些挑战，在人群中脱颖而出。与其他解决方案相比，IoT connctd GmbH 的平台的特别之处在于：设备和数据的相互可操作性。为了实现这一目标，该供应商运营着一个开放的、可扩展的语义物联网平台，并在不断开发中。协议和基础设施之间的技术界限被消除了。该平台为服务开发者提供了读取（传感器）和控制（执行器）设备的可能性。

为此，该平台允许模块化的设备描述，与 W3C 数据模型的新兴标准相兼容。语境描述（单元模型）也可实现。这对于理解和分类来自设备的数据很重要。使用这种方法，设备一方面成为机器可读，另一方面易于客户理解。这不仅包括机器数据，还包括元数据、操作环境描述、背景信息及类似信息等。作为物联网领域为数不多的供应商之一，IoT connctd GmbH 还依赖于创新的图形技术，与 REST API 相比，它为开发人员提供了容易设计广泛的和嵌套的查询的可能性……总之，通过物联网平台间的比较，可清楚地表明，IoT connctd GmbH 的解决方案在很多方面是令人信服的，特别是其开放性、安全性、稳定性、可扩展性和效率都值得一提。

第二个较小的供应商是 In-集成信息系统有限公司（In-integrierte Informations systeme GmbH），该公司总部位于康斯坦茨，自 1989 年成立以来一直专注于集成业务流程。解决方案包括物联网平台 Sphinx 在线开放，在"物联网 2019"多客户研究合作伙伴的广告栏中进行宣传等。广告里把该产品说得很暖心："随着 Sphinx 在线开放，一个强大的物联网平台自 2011 年上线以来一直在使用并不断扩展。结合机器学习流程，复杂的系统通过主动干预得到优化，无论是在智能工厂、车间、智能设备还是智能服务中：复杂性变得可控，决策得到优化支持，流程得到优化和自动化。该平台在全球范围内被用于生产控制技术、能源管理、电动交通、安全、物流等领域。"⊖

除了这两条"小鱼"，让我们来看看推动物联网平台竞争的两条"大鱼"：SAP 和甲骨文公司（Oracle）。如果您想为您的平台选择 SAP，我想向您（或您

⊖ *Mauerer*，*Jürgen et al.*：Internet of Things 2019. Studie

的专家）推荐 *IoT with SAP*（《和 SAP 一起物联网》，ISBN 978-3-8362-7472-2）一书，这是我与玛蒂娜·莫尔（Martina Mohr）和迈克尔·斯托尔伯格（Michael Stollberg）共同撰写的。我们详细介绍了各种 SAP 平台和 SAP 产品。在软件和 IT 方面，该集团当然是旗舰，拥有巴斯夫集团、大众汽车、巴伐利亚发动机制造厂股份有限公司（简称宝马）、梅赛德斯-奔驰集团公司（戴姆勒股份公司）或瑞士联邦铁路公司等优质客户。此外，当涉及动态市场和颠覆性技术时，经验绝对是一个可以使用的标准。在这本由莱茵出版社（SAP PRESS）出版的图书的前言中，首席执行官克里斯蒂安·克莱因（Christian Klein）是这样说的："SAP 于 1972 年成立以来，我们一直致力于业务流程的自动化……从一开始，我们独特的销售主张就是能够无缝映射整个价值链的业务流程。"另一方面，这本书不是一本 SAP 书籍，而是一本独立于平台的物流和生产的物联网实用指南。这么说吧：对于一些人来说，SAP 将是最有说服力的工具和 IT 手段。但话也两说，竞争永无止境，也许其他书可能更适合您。

也许您会选择甲骨文公司，这是我的第四个也是最后一个供应商示例。在该公司与英特尔合作发布的在线文本⊖中，大数据战略师保罗·桑德雷格（Paul Sonderegger）写道："即使是服务供应商也无法轻易摆脱物联网带来的竞争问题。银行很担心，因为手表、戒指，甚至内置有适当电子设备的夹克都参与了支付交易。健康保险正在努力对付可穿戴的健康传感器。它们都在想如何处理竞争问题。第一个答案是云技术，例如，甲骨文公司的物联网云服务可以与这些设备建立安全的双向连接（直接或通过门户），实时分析来自这些设备的数据，并将它们链接到公司应用程序，用它做一些事情。但并不止于此：甲骨文公司的物联网云服务还使用甲骨文公司的数据库 Exadata 云服务，将提取的设备数据与运营仓储相关联。另一个重要连接是与甲骨文公司的大数据发现云服务（Oracle Big Data Discovery Cloud Service）间的关联：这有利于在评估客户、客户服务或某些业务流程数据的同时，更轻松地检查设备数据——这揭示了新的相互联系和模式。"

简单地收集一些以上宣传促销优惠中遇到的关键词：包括开放性、安全性、稳定性、性能、可扩展性和效率等长处。由此可见，我们的目标是能够在整个价值链上无缝映射业务流程。是关于设备和数据的互操作性，关于在传感器的帮助下读取设备并通过执行器操作设备的可能性。接下来还将讨论设备描述的特殊性、与机器学习过程和云技术的交互作用。您对此有需求吗？有没有您特别注重的方面？我们希望能通过以下章节内容给出问题的答案。正如我所说，

⊖ *Sonderegger，Paul*：Big Data und IoT. Wie IoT und Big Data zusammen immense Chance eröffnen. *https：//www. oracle. com/de/big-data/features/bigdata-and-iot*

没有人能够垄断完美的物联网平台。竞争很激烈，市场仍然在变动。物流 4.0 和工业 4.0 是这里的驱动力。

3.3.2　物联网作为一个单独的细分市场

工业物联网一词已在 1.2.3 节中介绍过了。下面，我想更详细地解释一下工业物联网的特点。工业物联网与一般物联网的不同之处在于，工业物联网技术是专为资产多、环境特殊的资产密集型行业而设计的。工业物联网中的部署要求很复杂，而且经常受到监管。工业物联网解决方案还必须考虑所谓的操作系统，例如工业控制系统（ICS）、过程控制系统或 SCADA（Supervisory Control and Data Acquisition，监督控制和数据采集）系统。工业物联网平台应与这些 OT 和公司的 IT 应用程序兼容。可靠性和复原力是大多数工业物联网解决方案的核心，主要是因为还可能存在受监管的安全因素。工业物联网传感器生成的数据通常对终端设备的运行至关重要。它们还会影响公司内部以及公司以外的安全。对关键设备和服务的监控和管理要求最基本的持续可用性。与商业和面向消费者的物联网解决方案（有时可对数百万个端点）相比，工业物联网解决方案的端点数量明显要少得多。但是，端点产生的数据量，以及数据的频率通常非常高和速度非常快，传感器通常以毫秒为间隔传输数据。因此，工业物联网解决方案被认为是轻设备、但数据密集型的。

随着一般物联网市场的扩大，工业物联网市场作为一个重要的细分市场也在扩大。在前面提到的物联网研究的受访企业中，1/4 的企业已经在使用工业物联网，超过 1/3 的公司将工业物联网归类为"不可或缺的技术"。Gartner 在 2019 年夏季发布的"Magic Quadrant for Industrial IoT Platforms"（"工业物联网平台魔力象限"）中指出，物联网平台在工业中的使用将在 2019—2023 年期间翻倍：

"到 2023 年，30% 的工业企业将在企业内部全面部署工业物联网平台，高于 2019 年的 15%。"⊖

德国的工业物联网和工业 4.0 市场认为是世界上最大的市场之一。由互联网经济协会（eco-Verband der Internetwirtschaft e. V.）和市场研究公司阿瑟·D·利特尔咨询公司（Arthur D. Little）共同资助的"Der deutsche Industrial-IoT-Markt 2017—2022：Zahlen und Fakten"（"2017—2022 年德国工业物联网市场：事实与数据"）研究报告预测，到 2022 年，德国工业物联网市场的年收入预计将增长到 168 亿欧元左右。与 2017 年相比，这将是一个超过两倍的增长。考虑到我们在欧洲拥有相当高的机器人密度，强大的汽车工业以及在机械制造和设备

⊖　*Gartner*：Magic Quadrant for Industrial IoT Platforms. 2019

工程方面的全球重要角色，这个预测是很合理的。然而，对于这些，当然还有这里引用的所有其他预测和趋势报告来说，以下情况是适用的：没有人能够预料，在 2020 年如此毫无准备的情况下，新型冠状病毒袭击了我们、我们的经济和我们的生活。我们必须冷静地再次验证和重新评估一切，因此，这里引用的所有数字应适当谨慎对待。

无论如何，来自物联网分析有限公司（IoT Analytics GmbH）的分析师克努特·拉斯·鲁斯（Knut Lasse Lueth）最近将物联网平台的市场发展（参见图 3.2）分类为这样一种方式，即可以观察到进一步的碎片化而不是市场整合。然而，也存在一种集中的情况：前十大供应商的市场份额加起来几乎达到 60%。根据克努特·拉斯·鲁斯的说法，一半接受调查的物联网平台供应商专注于"制造业"和物联网在工业环境中的使用，即工业物联网。能源和交通也是很大的细分市场。典型实例涵盖了状态监测、能源管理和质量控制等领域。同样重要的是预测性维护，我将在人工智能方面更详细地介绍它。

如果您问我个人，我的意见如下：德国继续在机械工程领域发挥主导作用。我们现在只需要对工业物联网支持的不同技术组合而产生的新商业模式和机会持开放态度。

3.4 物联网平台的选择标准

正如您所看到的，市场上有各种各样的物联网平台。这也包括为物流 4.0 和工业 4.0 量身定制的工业物联网产品，该产品正在持续增长。当然，这些解决方案在价格上有所不同，如果您问我，价格永远是最终做决定时的一个决定性标准。但正如我指出的，在许多情况下，选择某一特定平台是一种战略决定。既然是战略决定，那么就不太可能轻率地做出决定，也不可能在预算上吝啬，无论当时的限制条件是什么。平台的功能可以为特定行业量身定制，也可以多行业通用。有的平台特别安全，有的则特别灵活且个性化。在供应商方面，正如您所看到的，不仅有成熟的软件供应商，如 IBM、SAP、微软、亚马逊网络服务或思科，也有提供特殊物联网产品的初创企业。此外，转型的传统公司，如博世和西门子正在形成竞争。

在我的书《和 SAP 一起物联网》中，您会在第 134 页找到一个小型标准目录，其中有以下三个指导性原则：场景、硬件、流程和 IT 系统。关于场景，您可以问自己，例如，物联网应该用于哪个应用领域（尤其是在生产领域，或者说是在工厂管理领域）。数据评估应该与流程控制的 IT 系统相联系，还是单独呈现物联网数据的结果就足够了？关于硬件，一个问题是集成传感器系统或独立的物联网硬件，我在 3.4.2 节中讨论了这个问题。另一个问题是：我们是否需要边缘计算（见第 1 章和第 2 章）来达到我们的目的？第三个指导性原则是指诸如以下的标准：物联网场景包括哪些业务流程，哪些 IT 系统与这些流程相关？

作者扬·罗迪格（Jan Rodig）也很熟悉这个问题，他在 2018 年底的一篇网络文章○中总结了十个主题（这里略微缩短），可以用来做一个比较：

1）嵌入式软件开发工具包（SDK）：SDK 支持哪些设备和网关的执行？

2）云连接：如何在现场设备上更新证书和固件？

3）扩展：解决方案是否会自动扩展，在多大程度上会这样做？

4）与物联网设备的服务器端交互：物联网设备是否主动发出线上和线下事件的信号？

5）IT 安全和数据保护：用户数据和操作数据是否可以分开存储？

6）供应商锁定：在更换供应商时，需要进行哪些更改？费用多高？

7）物联网设备生产：设备标识符如何生成？

8）行政管理：如何将某些行政管理职能有效地整合到公司现有的行政管理应用程序中，如 ERP 或 CRM（客户关系管理）？

9）托管：物联网供应商是否支持地理上的分布式推广？

10）支持和服务水平协议 SLAs：物联网服务供应商支持服务的响应和恢复时间是否合适？

在 3.4.1 节中，我想更详细地介绍弗劳恩霍夫（Fraunhofer）的一项研究，这是一个很好的初始点，阐明了在比较不同物联网平台时要关注哪些功能和标准。与趋势和动态市场的情况一样，在众多优秀的供应商中偶尔会混入一些竞争对手，他们并不完全提供您在 2021 年所设想的物联网平台。因此，即使您不使用标准目录或研究，也要注意，是不是有人把 M2M 连接或基础设施即服务解决方案也标榜为物联网平台，尽管它们根本没有这些功能。

除了概述研究及其比较标准之外，我还将在 3.4.2 节中查看集成传感器和独立传感器之间的区别，因为：毕竟并非所有物联网设备都相同。在 3.4.3 节中，我将浅谈与物联网平台相关的数据和 IT 安全，因为该话题变得越来越重要。在 3.5 节中，您将发现关于多云策略主题的一个题外话，这与前面提到的托管和供应商锁定有关。

3.4.1 弗劳恩霍夫研究作为决策辅助工具

2017 年夏天，位于斯图加特的弗劳恩霍夫劳动经济与组织研究所（简称

○ *Rodig，Jan：Welche IoT-Plattform ist die richtige? Kriterien für die Auswahl. 18. 12. 2018. https：// www. channelpartner. de/ a/ welche-iot-plattform-ist-die-richtige，3332900*

IAO）出版了 *IT-Plattformen für das Internet der Dinge （IoT）. Basis intelligenter Produkte und Services*（《物联网的 IT 平台：智能产品和服务的基础》）。由六位作者托比亚斯·克劳斯（Tobias Krause）、奥利弗·施特劳斯（Oliver Strauss）、加布里埃尔·舍弗勒（Gabriele Scheffler）、霍尔格·凯特（Holger Kett）、克里斯蒂安·莱曼（Kristian Lehmann）和托马斯·雷纳（Thomas Renner）联手撰写。这项研究的目的是让企业"尽可能客观地了解德语市场上最重要的物联网平台，并在具体功能的基础上对其进行比较"。该研究旨在作为"寻找合适的物联网平台以开发个性化、智能化产品和服务的选择工具"。

这项研究最大的缺点可能是：它完成于 2017 年，因此已经部分过时了。相应地，一些供应商是缺失的。例如 2017 年成立的 IOTech 和 Adamos，这是一个开放式制造平台，拥有超过 20 家机器和设备制造商以及 10 家支持软件公司。阿里巴巴也没有被提及，这家中国网络巨头最近也开始涉足物联网和云平台市场。另外，上述研究所没有更多最新的后续研究（截至 2020 年秋季）。不过，该分析的优势很可能抵消这些缺点：由于弗劳恩霍夫研究所是发起人，是相对客观的，并在一定程度上是供应商中立的，至少可能比思科、SAP 或 IBM 在同类出版物中更加中立。所考察的供应商的一个选择标准是，他们在德国有大量的销售和支持。作者用于比较的方法是基于一种易于理解的模式，您可以采用这种模式进行自我评估，也可以修改和补充。该出版物是通过弗劳恩霍夫购买的花费不到 100 欧元。可以在网上订购：https://shop. iao. fraunhofer. de/publikationen/it-plattformen-fr-das-internet-der-dinge-iot. html。当然，如果访问 Funkschau. de 等 IT 站点，您也可以在网上免费找到该研究报告。

如果我们看看所分析的平台和平台供应商的名称，整个事情在 2021 年看起来仍然是最热门的，尤其是因为大多数解决方案——至少在它们的第一个版本中——已经在 2015 年之前上市，像 SAP、甲骨文、微软和博世等制造商每隔几年就会进行一次营销整顿，并将其名称调整为更易于市场理解且支持其定位的内容。除了弗劳恩霍夫开放通信系统研究所（FOKUS）的 OpenIoTFog 之外，还详细评估了以下平台：

1）Iot Cloud Service（物联网云服务，甲骨文）

2）ThingWorx（Parametric Technology，PTC，美国参数技术公司）

3）edbic，edpem（eurodata tec GmbH）

4）S/4HANA（SAP）

5）Bosch IoT Suite（博世物联网套件，Bosch Software Innovation，博世软件创新公司）

6）FIWARE-Open Source Future Internet Ware（开源的未来互联网工具，Smart Labs，智能实验室）

7）用于移动通信、卫星通信和低功率无线网络的 M2M 和物联网通信解决方案（Arkessa GmbH）

8）IBM Watson 物联网平台（IBM）

9）HPE 通用物联网平台（德国惠普公司）

10）elastic. io 集成平台（elastic. io GmbH）

11）Pivotal Cloud Foundry 即服务（Virtustream Deutschland GmbH，Virtustream 德国有限公司）

12）MES HYDRA（MPDV Mikrolab GmbH）

13）MindSphere（西门子）

14）CENTERSIGHT 物联网平台（Device Insight GmbH）

15）PULSE（Agheera）

16）BEDM 工业 4.0 框架（BEDM GmbH）

17）BEDM 能源监控（BEDM GmbH）

18）ITAC. MES. Suite（iTAC Software AG）

19）AXPERIENCE（Axiros GmbH）

20）People System Things（物联人员系统，PST，M2MGO）

21）Cloud of Things（物联云，德国电信）

22）Software AG 物联网平台服务和边缘服务（Software AG）

使用参考模型对这些供应商和解决方案进行特征化和相互比较——用一种类似于您在第 2 章中了解到的方法，只是此情况只是针对平台而非整体的物联网架构，该模型将八个核心领域以及作为横截面的业务流程和商业模式考虑在内（见图 3.3）。

主要通过概览表对产品进行了评估，显示了解决方案中包含的内容和不包含的内容。这样的对比清单，多多少少会让人想起 Stiftung Warentest⊖，即使缺少引人注目的说明，也在行业覆盖面、基础设施和托管、分析和开发服务，以及安全性等方面有对比分析。

这些分析还着眼于所包括的服务是否是公司内部服务的一部分，或者是否增加了来自第三方供应商的功能和接口。例如，对于数据中心和 3.3 节中讨论的国际数据协议来说，这一点就很有意义。虽然这些表格有助于快速比较，但您可以在产品简介中找到更多喜欢的优惠信息。

正如我所说：如果那些您最感兴趣的供应商没有出现在研究中，那么单单是方法论可能对您来说兴趣不大，也不值得您投入太多时间。但作为市场研究

⊖ Stiftung Warentest 是一家 1964 年 12 月成立于德国的商品和服务测评机构，法律上属于独立的民事机构，总部设在德国柏林，号称德国质检"大神"。——译者注

的介绍，也作为对具体解决方案的专家判断，这项弗劳恩霍夫的研究绝对有价值。

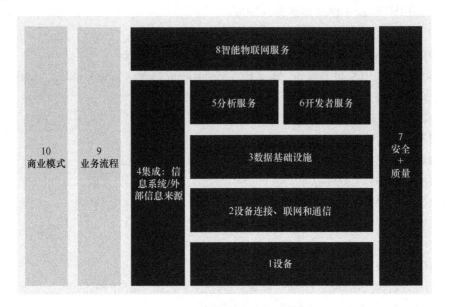

图 3.3　平台分类研究的参考模型

（来源：Krause，Tobias et al.：*IT-Plattformen für das Internet der Dinge*（*IoT*）.
Basis intelligenter Produkte und Services. Fraunhofer Verlag，Stuttgart 2017）

3.4.2　集成传感器与独立传感器

　　物联网网络和工业物联网平台的一个重要区别涉及物理事物、传感器和数据的交互。一般来说，我们可以区分两组物联网硬件：集成传感器系统已经内置，它们已经存在于机器或工业工厂中。独立传感器系统是在事后附加在设备和机器或特殊设备上的。

　　如今，大多数工业工厂和机器都有控制系统和软件，不仅可以控制流程，还可以传递数据。普遍应用的系统是可编程逻辑控制（PLC）以及监督控制和数据采集（SCADA）。如果数据从这些系统流入物联网网络，那么连接到平台的物联网应用也可以访问它们感兴趣的信息。在大多数情况下，只有部分被记录的状态数据和控制数据与应用程序相关，这就是选择和数据过滤不断发展的原因。一种方法是依赖边缘计算的服务（见第1章）：例如，仅仅是为了传递温度或报告位置的情况下，网关可以提前稀释数据。毕竟系统不应该被垃圾数据所堵塞，而只报告异常情况和限制违规行为或某些后续行动的触发因素即可。乘用车和货车的远程信息处理系统，例如记录位置、加速度和油耗，通常也属于集成传感器系统的范畴。这些数据是物流人员和交通管理者都感兴趣的，可以通过适配器记录到车辆的内部网络。车载诊断（On-Board Diagnostics，OBD）标准通常用于这一目的。

独立的传感器系统的典型应用，一方面，是用于改造旧的系统、设备和机器。出于经济和实际的原因，对公司来说这种改造往往比用新系列和新产品完全取代旧型号更有意义。另一方面，独立的系统也可以使相当"硬"的硬件，如欧式托盘或集装箱更加智能。基本上，任何加装在机器或设备上以收集实时信息并使其可用于业务流程的技术都属于这一类别。这包括从仓库中托盘上的小型全球定位系统（GPS）跟踪器到全球物流过程中用于无缝监控集装箱的复杂传感器系统。数据传输通过无线局域网、蓝牙、无线电信号、全球定位系统或移动网络进行。为了使物联网平台中的传感器和算法能够相互理解，它们必须使用相同的语言。前面已经简要提到的协议，例如 http（超文本传输协议）或 OPC（对象连接和嵌入技术在过程控制方面的应用），对此尤为重要。因为许多硬件制造商提供任意形式的软件解决方案，独立的传感器可以连接到这些解决方案。重要的是，物联网平台可以整合第三方供应商的解决方案，并确保没有数据丢失。在数字世界中，集装箱上的物联网设备必须能够与相关的物流或运输过程相关联。这个过程通常被称为配对。例如，当一件商品已经到达供应链的末端，解除产品 X 和物联网事物 Y 的配对是合适的，这就会发挥作用。此外，这些独立的系统还必须在物理世界中发挥作用，也许它们需要抵御水、风、污染或温度的波动。另外，电池和蓄电池的运行时间应符合要求。这些要点涉及物流，通常也涉及终端客户的使用行为。

3.4.3　数据安全和 IT 安全

一方面在计算机技术领域，IT 公司和软件公司之间的竞争；另一方面是黑客和网络罪犯与 IT 安全、数据安全、计算机安全、手机安全等供应商之间的竞争。有犯罪意图的人利用安全漏洞，可以给私人计算机和互联网用户带来不愉快的后果。然而，公司的风险当然要大得多，如果它们涉及在物理或数字世界中的关键基础设施（CRITIS），就更要加以注意。政府发起的网络安全联盟（本人也是此联盟成员）对 1000 多家公司（组织）的 IT 安全经理进行了调研，在"Cyber-Sicherheit 2018"（"2018 年网络安全"）的研究中，有如下表述：在有记录的 IT 攻击中，其中 53% 的程序被渗透到企业 IT 中进行恶意操作。超过 80% 的受影响者因此而遭受业务中断和失败。

前面提到的"物联网"研究，市场研究人员还询问了企业的恐惧和安全顾虑。结果是："与 2018 年一样，企业最害怕黑客攻击和 DDoS 攻击……"如果您想知道 DDoS 是什么意思：它代表分布式拒绝服务（Distributed Denial of Service），在德国意味着故意（由犯罪或出于政治动机的黑客攻击）或无意（由过度需求引起）造成服务器故障和过载。其结果是直接导致网站瘫痪，而这在如今可能会造成相当多的问题，尤其是因为消费者对在线事故变得越来越不耐烦，而不是容忍。

正如消费者在访问网站、加入网络和使用应用程序时关注安全一样，当公司选择物联网平台和相关服务时，IT 和数据安全也越来越成为一个决定性因素。从 IT 长期可靠运行的意义上来说，这不仅是指对中断和故障的保护，还包括数据安全：内部业务数据应受到保护，防止未经授权的访问；终端客户数据的收集和处理方式应该是有利于公司，同时不损害客户利益。特别是在数据保护这些方面，云计算解决方案的安全性发挥着重要作用，除了技术细节之外，还涉及法律问题。

一方面，我们可以通过配套的安全措施来提高安全性：附加的软件组件、VPN（虚拟专用网络）服务、防病毒程序和防火墙。我们还可以设置和监测考虑到人为风险因素的规则，以控制自己员工对云组件的访问。另一方面，作为一个企业，您可以在选择供应商和合作伙伴时，确保其他企业和个人企业家认真对待安全和设计隐私及默认隐私等概念。这可以通过适当的证书和成功的灯塔项目来证明。特定于云的安全标准也对我们有所帮助，云安全联盟（Cloud Security Alliance，CSA）已经为云供应商开发了安全、信任和保证注册（Security，Trust and Assurance Registry，STAR）证书。物联网云供应商在通过专门设计的测试后会获得这个证书，此测试基于 ISO 信息安全标准（ISO/IEC 27001）的要求。CSA 开发了一个所谓的云控制矩阵（Cloud Control Matrix），可分析多个流程，并将其与经过验证的成熟解决方案进行了比较。其他针对云解决方案和物联网的安全标准是：开放的信息安全管理成熟度模式（Open Information Security Management Maturity Mode，O-ISM3）、标准信息安全论坛（Standard Information Security Forum，ISF）和信息及相关技术的控制目标（Control Objectives for Information and Related Technology，COBIT）标准。

联邦印刷局是一家德意志联邦共和国所有的有限责任公司，也在寻求最安全的云解决方案。因此，它可以像其竞争对手一样做广告⊖。例如，它在 *IT Mittelstand*（《IT 中小企业》）等专业杂志上做广告。在警告"没有服务器是不可攻击的"之后，杂志上有一则题为"为什么数据在云中最安全"的广告，宣传 bdrive 解决方案，这是一种特别安全的云服务。联邦印刷局声称，它只与来自德国的 ISO 认证云服务供应商合作，质量标志"德国制造"（Made in Germany）已

⊖ Advertorial：Warum Daten ausgerechnet in der Cloud am sichersten liegen，IT Mittelstand，11/2019，S. 9

成为"德国托管"（Hosted in Germany）。这一本地品牌在未来可能会相当重要。联邦印刷局使用的第二种技巧是一种名为 Cloudraid 的特殊加密技术，它不仅可以对文件进行加密，还可以将它们拆分为多个部分，分散而不是集中存储。背后的意图：黑客最多可以窃取文件的片段，但只有授权用户，拥有访问整个文件所需的所有元数据和解密元素。端到端加密算法与去中心化的云和身份管理相结合，旨在确保云中的最大安全性。政府拥有的"德国托管"与 Nextcloud 的产品竞争，后者已经赢得了来自多个欧盟国家的政府机构的信任。这两种云服务当然也与微软、Dropbox、谷歌等几乎遍布全球的解决方案展开了全球竞争。

3.5 多云战略

当然，您不希望在物联网中的所有应用、平台和服务都依赖单一的供应商。多云的概念主要是针对这一点，不要被一个供应商锁定在云中，并最大限度地减少依赖性。与此相反的是，企业 IT 部门希望尽可能地减少管理联系人和供应商。

多云架构在异构架构中为应用程序、软件和服务提供多种云计算和存储服务。所用的产品来自不同的云主机供应商。多云架构可以由两个或多个公有云以及多个私有云组成。

公有云通过公共互联网为大量的用户提供云服务。私有云专门为特定组织提供私有服务。与混合云（公有云和私有云的混合体）不同，不同的交付模式（公共、私有、传统）在多云中并不重要。一个典型的多云战略是同时使用多个云供应商的 IaaS、PaaS 和 SaaS 产品。

赞成多云战略的论点包括：

1）降低云服务的成本。

2）通过更多的选择实现高度的灵活性。

3）促进当地的合规性（在一个地区或国家内）。

4）在地理上将处理要求分配给物理上较近的云单位。

5）最大限度地减少延时。

6）减灾。

您可能已经猜到了：任何更深入地参与（工业）物联网平台的人都无法回避云计算和云安全的话题。基于云的应用程序正越来越多地取代过去耗时费力的内部 IT 运营，面向服务的采购模式是市场数字化转型的一个重要组成部分，无论是 B2B 还是 B2C（企业卖家到个人买家，Business to Customer）市场。您只需要回忆一下，在您的私人生活和日常工作中，需要频繁地与亚马逊网络服务（Amazon Web Services）、谷歌在线云存储（Google Drive）和谷歌一号应用程序

（Google One）、微软团队（Microsoft Teams）和微软云 Azure，或苹果的云服务打交道。在这种情况下，超大尺度（hyperscaling）或超大规模（hyperscaler）的说法一再出现，这意味着大型互联网公司需要最大的服务器群、最强大的数据中心和最强大的计算能力来实现自己的商业模式，从而创造一个市场地位，使他们能够为终端客户提供特别经济和高效的解决方案。只要您愿意，可扩展性和规模经济效益可以满足计算和在线业务的需求。

多云一词代表了避免对单一云供应商的依赖。这可能有多种原因。从技术角度来看，节点和平台组件的地理分布位置和方式可能与此相关。云供应商的组合可以减少可能的延迟。出于安全考虑，数据集中可能是不可取的，因为会给黑客和病毒太多的权力。

还有就是对 IT 安全和数据安全的政治要求。例如，这严重影响了与美国公司的数据往来，而这些公司是云计算市场的核心。

GDPR 经过几年的准备，于 2016 年更新了第一批法律，并自 2018 年 5 月起在整个欧盟全面生效。GDPR 给企业带来了新的挑战，包括中小型企业和个人公司。即使是没有 IT 基础设施和信息安全预算的非营利协会，现在也必须遵守法律。这在某些情况下会导致非常敏感的措施。例如，体育俱乐部工作人员获得会员的联系方式受到各种各样的限制，这有时会使俱乐部的生活变得非常复杂。

事实上，立法应该考虑到职业和经济活动，一些法律段落涉及通过应用程序、软件和网站产生的数据流量，涉及数据保护官员、证据和价值数百万欧元的制裁，这增加了系统解决数据保护和数据安全问题的压力。由于《通用数据保护条例》也涉及软件的使用，因此，似乎对市场上的每种解决方案都存在着争论。在新冠肺炎疫情时代，这主要影响了 Zoom 的视频会议产品。但即使是微软 365（Microsoft 365）或谷歌分析（Google Analytics）等公司的畅销产品，如果对其进行严格解释的话，那么按照欧盟的数据保护要求，它们也被认为是存在问题的。

而美国的《澄清境外合法使用数据法案》（CLOUDA）则是在 2018 年 GDPR 全面生效前几周颁布的。这项法律旨在规范美国政府对互联网上存储数据的访问，也影响到其他国家/地区的公司，它要求美国的互联网公司和 IT 服务供应商授予美国政府访问存储数据的权利，无论这些数据是存储在美国境内还是境外。这项要求听起来非常无害，但请想想美国中情局（CIA）、美国国家安全局（NSA）和爱德华·斯诺登（Edward Snowden），我们可能会坐立不安了。如果云或通信解决方案的供应商必须披露其客户数据，那么这也可能包括来自德国的企业。但如果这些企业反过来认真对待 GDPR，那么事实上这些企业是不允许传递其数据的。现状很复杂，自 2020 年 7 月起，情况变得更加复杂。在安全港协议失败后，欧盟现在不得不取消与美国的后续协议，即新美欧数据条约，所谓的"Privacy Shield"("隐私盾"),因为欧洲法院认为欧盟公民的数据安全没有得到美国方面的充分保护。我注意到,越来越多的谨慎公司正在欧盟内部寻找开发和供应商,以求替代谷歌、微软等。比如个别软件领域的日历工具,以及适用于从办公软件到物联网平台的大型软件包。因此,在数据保护讨论的推动下,我看到了欧洲软件供应商和云供应商的新机会。鉴于上述情况,中期内,在使用来自美国的服务时,可能会对某些领域和某些问题给予非常高的关注和谨慎措施。因此,GDPR 可作为欧洲软件市场一个有意义的保护措施,需要欧盟设法在美国公司在欧盟设立服务器群之前,在欧盟成功提供可扩展的解决方案,从而符合欧洲数据保护的要求。

多云架构应该是异构的,这意味着您应该为应用程序使用不同的云计算服务和存储服务,而不仅使用来自单一来源的软件和服务。一种策略是同时使用多个云供应商提供 IaaS、PaaS 和 SaaS 产品。作为提示:SaaS、IaaS 和平台即服务 PaaS 的概念已在 3.2 节中有介绍。多云架构也可以由多个公有云和私有云组成。快速回顾一下:公有云通过公共互联网提供云服务,方便尽可能多的用户可公开访问它们。私有云限制访问,保护专有或与安全相关的数据和信息。例如,SAP 通过与美国巨头亚马逊网络服务、微软云 Azure、谷歌云平台以及阿里云建立合作伙伴关系,为自己及其在超大规模时代的多云战略解决了这个问题。您还可以找到其他公司的类似合作。正如市场目前的发展和变化一样,未来几年可能会形成更多的伙伴关系和合作。

在本章的最后,我想再提及"物联网 2019"研究,其中还询问了企业关于云应用和多云战略的作用。几乎每两个接受调研的企业(48.1%)都已经在使用云应用程序。云服务在投资计划中名列前茅(38.8%)。当被问及"云平台的哪些功能对您来说是必不可少的?"时,1/4 的公司员工提到了"多云能力(基础设施的联网)"这一标准,仅次于安全和数据存储功能这一标准。第 4 章将讨论基础设施联网,我们会研究物联网平台以及典型的企业软件形式如何交互和(希望)和睦相处。我希望,在阅读本章之后,您对物联网平台的选择至少可以做到心里有数了。

第4章 物联网和企业软件

企业 IT、企业软件和 IT 基础设施对竞争优势的贡献越来越大，但对某些人来说也是不利的。除了高科技、云应用和移动应用之外，这尤其影响到企业核心及其经典的企业软件组件。SAP 使用数字核心（Digital Core）这个词已经有好几年了，我觉得这个词也非常适合整个企业内部的软件世界。核心的形象是有意义的，因为企业作为一个商业组织有一定的核心流程，尽管有数字化转型，但这些流程并没有明显的变化。公司必须制定资产负债表、开具发票、进行采购、处理销售、进行报价等。这些流程影响企业的核心。

在与服务供应商、合作伙伴、供货商、客户、机器和事物进行交互时，公司面向外部世界，需要想办法将其核心流程与外部世界相结合。如果希望在 5G 时代连接到物联网，除了连接性和速度之外，还要考虑硬件和软件的安全标准，你需要物联网系统和经典的企业软件。物联网系统、联网设备和机器结合到公司内部的后台系统，如企业资源计划系统、制造执行系统、仓库管理系统或运输管理系统（Transport Management System，TMS）。这就要求新一代的企业软件能够操作现代的、最新的协议和界面，同时还能符合现代安全标准。

今天的 IT 经理们在更新或采购企业软件时，会遇到一些基本问题和战略挑战。通常，这不仅仅是将单一服务简单地适应调整到现有的软件环境中。这里越来越追求的艺术是：以一种可持续的方式将所有东西结合在一起，创造一个敏捷的工作环境，使工作量和流程能够灵活地变化和转换。例如，把您的 ERP 系统从其前身 SAP ERP ECC 转换为当前的产品版本 SAP S/4HANA，那么作为多云战略的一部分，考虑基础设施供应商、平台供应商和软件供应商的兼容产品将是明智之举（另请参见第 3 章）。或者以客户关系管理（Customer Relationship Management，CRM）领域为例：CRM 软件支持您管理客户关系，并支持结构化和部分自动化的客户联系数据收集。通过这样的软件，我们可以计划组织客户活动，如邮件和宣传活动。它会自动提醒我们与客户相关的事件。通常情况下，这些服务可作为云中可用的 SaaS 解决方案获得。但也有各种企业内部提供的软件产品，甚至是免费版本。您可以预订某些套餐——从报价生成和销售渠道，再到管理登录页面和自动接收简报等。新的 CRM 软件应该有意义地整合到现有的 ERP 系统中，除此之外，应该使主数据都保持在一个干净的状态。因此，与马略卡岛度假者年复一年地只去这一地度假的情况正好相反，我们实际需要的解决方案是多样化的：没有孤岛解决方案！

说到这里，需要澄清一个关于企业资源计划系统和商业智能（Business Intelligence，BI）软件的误解，ERP 系统整合了企业的核心功能。它有助于仅通过其架构和中央数据结构来打破孤岛。ERP 系统收集、存储和管理有关业务活动的数据，可以节省流程成本并使其透明化。BI 软件和 ERP 系统在流程和数据技术方面交织得非常紧密，因此经常混为一谈。然而，BI 软件和 ERP 系统是完全不同的应用程序。当 ERP 系统收集和计算公司事件数据时，BI 软件会分析这些数据，在仪表板上显示结果，并通过某些界面与其他系统共享结果。BI 软件的目标是以易于理解和访问的方式呈现数据。通过对结果明确和简洁的介绍，公司管理人员可以获得做出战略决策所需的信息、分析、趋势和预测。

在下文中，我们将仔细研究企业资源计划系统、制造执行系统、仓库管理系统和运输管理系统等软件领域。因为在物联网背景下，我们感兴趣的正是这些解决方案，这些解决方案通常管理的是在现实世界中实际移动的物体，而且会影响到整个业务管理流程。一方面，解释软件各自的作用，告诉您如何找到最适合您公司的报价；另一方面，我们将讨论物联网和这些软件系统之间的交互。

4.1 软件购买的一般提示

在物流环境中进行了无数次的软件招标，并在某世界最大软件制造商工作多年，我可以给您一些关于采购和引进公司软件的建议和帮助。这些建议和帮助基本上适用于所有花大价钱购买和引进的软件解决方案：企业资源计划系统、仓库管理系统、运输管理系统、制造执行系统、远程信息处理系统或客户关系管理。

必须考虑以下几个方面：

1）要求：分析、描述和记录您的要求。这在企业内部对您有帮助，可以向软件制造商表明，您有具体的想法，而不想要随便的某个软件。本人在分析和记录过程中坚持采用标准化的程序，这样就能非常快速地扫描和评估市场上的软件报价。经验表明，这里的投入可以节省之后的工作：创建规范、蓝图、解决方案概念、解决方案设计和规格参数。这些都是来自瀑布模型的传统术语，但相信我，在描述需求方面做足功课可以更轻松地完成敏捷软件的实施。

2）共创：尽可能地让您的员工参与选择、决策和实施。毕竟这是他们以后的工作软件，如果他们不喜欢此软件，那么满意度就会下降，这对团队精神和生产力产生会带来负面影响。定期会议、演示和邮件可以帮助他们了解有关项目和选择过程。

3）领导：为您的软件项目找到完美的项目经理。无论是在企业内部或外部，您都应该 100% 信任这个人。项目组是来自相关领域的重量级代表一起工作的地方，如果您以敏捷的方式施行您的项目，找到一个产品负责人和一个敏捷专家，那么他们会拉着同事一起工作，并很好地沟通和传达。

4）预算：计划一个合适的项目预算，并留有适当的缓冲空间。如果有必要，请进行粗略的项目成本评估。一旦有了预算和缓冲，就在此基础上再增加 20%。

5）独立性：如果您决定从单一来源购买完整软件包，包括软件实施、支持和购买方案，那么这确实很方便，但它可能导致对这一个合作伙伴的强烈依赖〔关键词：锁定效应，供应商锁定（Vendor Lock-in）〕。例如在价格方面：如果供应商在提供咨询和支持的同时，决定将每日的支持和咨询费率提高 20%，那么您就没有什么回旋余地了。有些软件供应商为伙伴提供良好的合作网络，负责软件的维护，并在现场做咨询，这是一种更为灵活的合作方式。

在供应商方面，您应该仔细检查以下几点：

1）供应商简介：在选择供应商时，好好看看他们近年来的发展情况。这些公司的产品路线图如何？能看出它们的发展策略吗？这意味着：软件供应商是否计划在未来几年进行创新，从而使您的公司受益？制造商在过去是否真的实施了产品路线图上的议题，或者大多还只是愿景，在要被纳入产品时就像肥皂泡一样破灭了？

2）支持：注意软件生产商的支持结构。出现问题的话，是否有一个遍布全球的员工网络来处理您的软件问题？没有人希望仓库管理系统出现故障，无法向仓库进出货物。同样不可低估的是生产控制软件的故障，会导致不再生产任何东西。

3）云解决方案：制造商与云解决方案的关系也很有趣。例如，它是否为最初作为内部部署解决方案推出和销售的传统程序提供了云中的替代方案？是否有某些混合模型更适合您的需求？

4）基础技术：软件制造商所使用的基础技术是否是面向未来的？一些您可以用来管理企业的解决方案，假如它们赖以开发的技术基础不再被支持或维护，例如界面和 API 已经过时，那么请远离它们。

5）用户友好：软件供应商是否提供移动设备的应用程序？员工能否通过浏览器登录企业软件系统？员工日常工作的用户界面、屏幕保护做得如何？习惯使用应用程序和计算机的员工是否应该在每个工作日都变得怀旧，因为用户界面的设计和用户流程让他们想起了 2000 年代初？最好不要。一个更现代、更直观的用户体验显得更专业，缩短了熟悉时间，增加了使用软件的乐趣。

6）定制：检查该系统能在多大程度上适应您的具体业务要求。在系统设置中对流程的定制越多，以后在个别编程上的花费就越少。个别编程总是有风险的，而且比使用标准功能要昂贵得多。

我曾经历过一些项目，其中公司软件的实施很仓促。回头来看，这些项目只能被不幸地总结为：做得不好，花钱还多。一旦非常复杂的业务流程，在很短的时间内被实施到 ERP 系统中，没有使用合理的标准功能，例如用于销售渠道的分离。其结果是，为了拥有分离的销售渠道，之后不得不花大价钱对界面进行广泛复杂的编程。我宁愿花足够的时间开展实施，并对工作人员进行培训。在购买时，我也不会急于求成，只有在 100% 确定的情况下才会购买。我为什么要提这个？这不是理所当然的吗？我经常遇到这样的情况，我的客户为了获得更高的折扣，一次性从一个厂家购买了多个软件解决方案。这样做导致他们购买了不需要的软件，或者购买了太多最终不需要的软件许可证。剩余的许可证和不需要的软件/软件包组件通常只能以恶劣的条件退货，这就是为什么它们经常被称为货架灰尘收集器，但仍然产生维护或订阅的费用。因此，在购买时最好有点犹豫。根据经验，只要还没有签署合同，通常可以从软件商那里得到相对较好的支持，有句话是对的：潜在的新客户为王。但如果卖家把已经签署的合同放在口袋里，事情很快就会变得不一样。

4.2 企业资源计划（ERP）系统

资源这个词可以代表很多东西：它可以是关于您有没有钱，关于原材料和能源生产，甚至关于不同的人带来的技能。如果问我的孩子们，看到这个词的时候，他们可能会联想到青年气候主义运动（Fridays for Future，FFF），因为这样他们就可以堂而皇之地不去上周五的课了。他们可不会联想到是经济模型或是他们有时相当奇怪的父亲不时处理的 ERP 系统。企业资源计划已经成为一个表述企业任务的术语，指的是根据企业的宗旨，按照需求，及时规划、控制和管理资本、人员、设备、材料和技术等资源。换句话说，资源规划是企业活动的一部分，就像素食咖喱香肠必须搭配鲁尔地区的薯条一样。由于计算机可以比人类更快、更可靠地进行计算，专业公司依赖软件进行计算已经有很长时间了。很明显，企业管理与数字有很大关系：一方面是人员成本、材料成本、租金、税收和其他费用；另一方面是收入、销售额、利润，包括已公布的和计划的利润；然后是交货件数，数量，每小时、每天和每周的计划，以及交货间隔。

谁会自愿地计算这一切，而不借助于辅助手段呢？您会吗？您就这么喜欢算术吗？

猜猜看，1972 年克劳斯·韦伦路德（Claus Wellenreuther）、汉斯-维尔纳·赫克托（Hans-Werner Hector）、克劳斯·齐拉（Klaus Tschira）、迪特玛·霍普（Dietmar Hopp）和哈索·普拉特纳（Hasso Plattner）在成立 SAP 公司（系统分析和程序开发）时，首先开发了哪些程序。第一批程序接手了工资核算和会计工作。您将在今天的每个 ERP 系统中找到这些功能，并带有其他附加的资源管理功能。在 ERP 系统中组织和执行商业管理流程是必不可少的：财务、控制、采购、库存管理、分销、销售、人事管理和税收。您可以在一个 ERP 软件中以数字方式映射所有这些领域。与 ERP 密切相关的是材料资源计划（Material Resource Planning，MRP）模块。为了根据客户订单或需求购买未来几个月的材料进行生产，我必须考虑到销售的情况。我必须考虑与我的产品和服务相关的因素：例如天气——也许我是生产雪铲或太阳伞的。MRP 也是服装行业的一个重要领域。为了正确估计材料数量和制定采购计划，我需要一个客户订单的概览。

ERP 系统不仅仅是会计软件，也不仅仅是用于库存管理。该软件功能更加全面，专注于企业的所有数字和流程。这就是企业内部和外部交互能力如此重要的原因：与中央物联网平台（如果有的话）、设备以及您自己和其他公司的其他软件的交互。对于这种围绕资源计划的数字企业核心，您自然希望拥有一个良好并且可靠的系统。对于公司来说，一旦公司在其细分市场中保持了一段时间的地位并有所发展之后，那么首次引入这样的系统可能是一个里程碑。对过时的 ERP 系统进行可持续的现代化改造，也是一个挑战。前段时间我在专业期刊《IT 中小企业》上读到了以下内容："引进一个新的 ERP 系统，通常在每个中小企业 IT 经理的职业生涯中只有一次，因为一旦成功引进，其使用寿命为 15年、20 年或更长时间。"[一]另一方面，一些企业领导人，如首席信息官（Chief Information Officer，CIO）、首席财务官（Chief Finance Officer，CFO）甚至许多首席执行官（Chief Execution Officer，CEO）在 ERP、WMS 或 TMS 实施的混乱中结束了他们的职业生涯。

鉴于 IT 的快速发展和动态的软件市场，我认为 15~20 年是一个陡峭的命题，但这句话的核心是正确的。在 4.2 节中，我将更详细地介绍 ERP 系统。其中包括在《IT 中小企业》[二]中对两位专家的采访，我从中选择了一个有趣的段落，谈到了对 ERP 进行现代化改造的合适时机。编辑团队采访了时任 Asseco So-

---

[一] IT Mittelstand，Ausgabe 12/2019，S. 28

[二] *Wesseler*，*Berthold*：Intelligente ERP-Systeme für den nächsten Schritt. Aus der Rubrik,, Drei Fragen an... ". In：IT Mittelstand，Ausgabe 12/2019. *https：//www.it-zoom.de/it-mittelstand/e/intelligente-erp-systeme-fuer-dennaechsten-schritt-24986*

lutions AG 公司董事会成员的拉尔夫·巴赫塔勒（Ralf Bachthaler），他公司的网站上有一个咖啡计数器，并自称是 ERP 的先驱；以及 PSI 汽车与工业有限公司（PSI Automotive & Industry GmbH）的业务发展经理卡尔·特罗格（Karl Tröger），他们公司的标志中有一个核桃形状，提供 ERP 系统以及 MES。采访提出的问题很有意义：什么时候应该对一个成熟的 ERP 系统进行现代化改造，以实现数字化转型？什么时候必须更换年限已久的软件？两位专家是这样说的：

"ERP 系统仍然代表着公司的中央信息枢纽。在工业 4.0 和数字化的过程中，网络化的生产数据现在也在不断增加。……相应地，解决方案的架构方式必须可以轻松地整合外部数据源，例如来自机器或第三方应用程序的数据。如果不是这样，或者只能以高成本实现，那么在我看来，除了用现代的、面向未来的 ERP 解决方案取代传统系统之外，别无选择。"——拉尔夫·巴赫塔勒

"……对生产系统中的每一个参与者来说，最重要的要求是整合能力。这同样适用于机器和软件。今天的现代 ERP 系统通常——并不总是——具有必要的连接性，并提供描述的 API 来访问 ERP 系统的对象和方法。但是，在某些情况下可能无法使用其全部功能。在这种情况下，重要的是确定 a）给定的功能是否足够和/或 b）是否可以扩展。如果……成功的关键因素不能得到充分考虑，公司很可能无法避免重新定位……。"——卡尔·特罗格

特罗格还补充说，"对您来说很珍贵的系统"可以是非常现代的，但您不应该过于依赖它们，以至于对新竞品的有意义的创新视而不见。

我认为，在物联网时代，为了尽可能合理地使用 ERP 软件，在设置和更新时，一个基本的问题是：哪些信息和数据是关系到企业永久利益的，哪些是宁缺毋滥的？为了更好地理解，让我们举一个实际的例子：在生产车间里，传感器用于记录电动机的温度曲线，同时还记录电动机的电流强度。需求增加可能表明电动机在满负荷运行，甚至可能出现故障，或者电动机驱动的传送带可能出现故障。经验表明，电动机不能长时间承受这种负载，因为在机器设计中不是这样安排的。在 ERP 系统中是否需要考虑到这些情况？您可能会争辩说：维护需要花钱，预防可以避免昂贵的维修。但这是资源规划。软件难道不应使用这样的传感器数据，将其纳入模型计算，并从商业管理角度对其进行评估？这样我们就有了决策依据，可以计划部署维修技术人员，并订购在这种维修中需要定期更换的零部件。

正如您将在第 5 章中看到的，根据日历进行的定期维护，在未来将面临来自预测性分析和维护的竞争，即物联网与人工智能和算法相结合使用，以实现自动状态控制和设备监测。如果现代的 ERP 系统能够以某种方式整合这些传感器数据，那就非常理想了。让我们采取怀疑一切的态度，顺便为所有从未与设计思维有任何关系的人做一个小型练习（更多的内容见第 6 章）。所以怀疑论者

反驳说：这些数据会使软件超载，而不是帮助它。它们每毫秒都会流入全局规划软件，这没有任何直接的商业管理信息价值。整个软件基础设施将达到极限。冒着这样的风险，只是为了让自己拥有有用的维修方案，那是没有意义的。希望这个虚构的讨论没有让您想起太多现实生活中的争端和冲突。它只是为了说明问题。要澄清在哪一点上信息变得与企业软件有关，实属不易。企业每个环节的所有信息并非都是有用的，这在大数据时代比以往任何时候都更真实（见第 5 章）。

如今，物联网可以为一家工业公司提供数以百万计的传感器数据。然而，仅仅收集和评估这些信息是不够的。为了真正从这些数据海洋中获益，无论涉及的是维护计划、物流还是产品，这种知识都要转化为行动，用于改进业务流程。来自工业 4.0 环境的物联网数据应通过 ERP 系统以有意义的方式进行操作。这就把我们带回到第 3 章介绍的 ERP 软件和物联网平台之间的交互：如果 ERP 工具被整合到一个 IT 架构中，允许传感器数据和其他物联网信息被收集、存储和过滤，那么海量的数据可以被有意义地压缩并传递给 ERP 系统。如果软件在"现场"运行，即直接在工厂或生产设施中运行，那么一台小型计算机可能足以吸收和处理这些信息。如果出现异常情况，就可以在适当的位置采取有针对性的对策。假如发动机超过了相关数值，出现热运行情况，就需要尽快维修。然而，产品开发部门、财务会计部门或管理层都不会直接参与这种维护。因此，ERP 工具最好不要有这样的技术细节。为了能够有效地进行计划和管理，您只想找到与整体生产运行相关的数据。

如果您已经对 ERP 有了一些深入的了解，或者经常处理流程的自动化，那么您可能已经遇到了机器人流程自动化（Robotic Process Automation，RPA）的话题，即 ERP 系统的替代方案。我想在这里简要地做个讨论，总结一下 RPA 应用的优点和缺点。简单地说，它是众多机器人的一种。如果所处的行业非常注重流程自动化和数字化，但是公司的 ERP 系统已经过时陈旧到"积灰"了，增加新的功能可能很困难，而切换到现代软件又超出了预算。"RPA 提供了一个摆脱这种困境的方法。因为该技术模拟了人与软件系统用户界面的交互，从而取代了编程界面。"Gus Deutschland GmbH 公司管理层发言人德克·宾格勒（Dirk Bingler）在一次关于 RPA 和 ERP 互动的采访⊖中是这样说的。正如他解释的：RPA 技术可以用来加速和自动化流程，而不必干预现有的 ERP 系统。他认为可以应用于：主数据维护、材料管理、辞职处理、会计流程和价格比较研究。还可以用于添加休假申请或入职申请者初选。宾格勒这样说："原则上，RPA 在任何地方都是有意义的，因为它可遵循重复的规则，完成简单结构化的任务，比

⊖ IT Mittelstand，11/2019，S. 40

人更快、更精确。"这是因为 RPA 应用程序速度快，全天候可用，不会犯任何粗心大意的错误，并完整记录所有工作步骤。考虑到人工智能的发展（见第 5 章），宾格勒假设所谓的认知型 RPA "在未来也将成为中小企业的必备品，无论是作为 ERP 系统的一个集成组件还是作为一个独立的解决方案。" SAP 最近收购了法国 RPA 供应商智能机器人自动化公司 Contextor（更多关于 SAP 在 ERP 市场上的作用见 4.2 节），这一事实表明，持有这种观点的不只他一人。

但也有警告声音：RPA 只是多年来系统世界中的一根拐杖，它不可能成为永久的解决方案。比如，您可以在一篇关于 RPA 解决方案的专家文章⊖中找到某些内容，标题为"Über das Provisorium zum Ziel"（"目标的临时解决方案"），其中几位专家对机器人流程自动化提出了相当严厉的批评。如果 RPA 用户不能很好地和透明地协调，那么可能会导致前端混乱，不再能被理解。此外，数据的质量有时还有待提高，因为 RPA 机器人存在数据重复或主数据不一致的问题。批评者认为，具有合规准则的增值流程和具有多个审批和决策层的流程也不建议作为 RPA 的游乐场。最后：一些供应商宣传在这种环境中使用人工智能。在您被现代流行语蒙蔽之前，一定要透过现象看本质。几乎在所有情形下，您都不会在这些解决方案中找到人工智能。这里涉及的仅是加工处理过程中的流程自动化、工作流以及或多或少的复杂算法。最后，供应商如何称呼该技术并不重要。在您做出投资决定之前，请确保解决方案符合您的期望，并通过小微项目的概念验证（Proof of Concept，POC）证明。Digit-ANTS 和 IN3-Group 公司通常以 Sprint 0 的名义提供这种 POC 证明。

关于 RPA 就谈这么多。让我们回到 ERP 系统上来。用 ERP 系统进行资源规划的另一个挑战是要在技术上清理数据流。如您在第 3 章中了解的，当两个平台开始对话时——比如一个购买的物联网平台和公司内部的 ERP 解决方案，我们需要万无一失的程序来交换和储存数据。如果一个工件离开了某个区域，即地理边界或定义的生产区域，就会向 ERP 系统发送信号，该系统就会启动："请注意预订该工件的新订单"。在一切正常的运行下，该系统应能识别材料的来源和去向。系统由此得出逻辑结论，并根据编程的规则采取相应的行动。

删除概念和例行程序以及归档对 ERP 也起着重要作用，根据数据库技术，目前存储空间几乎不花钱。但在某些时候，如果产生了大量数据，它确实变得昂贵。因为它们必须经过筛选、评估、确保安全并加以利用。这需要时间，也需要能力。即使存储本身不花很多钱，但是需要评估的数据越多，评估时间就越长。像 SAP HANA 这样的数据库解决方案，它不再基于行梳理数据，而是基

⊖ *Hoffmann*，*Daniela*：Über das Provisorium zum Ziel. In：IT Director，Ausgabe 11/2019，S. 42 ff. *https://www.it-zoom.de/it-director/e/ueber-das-provisorium-zum-ziel-24513*

于列梳理数据并将其保存在主内存中，这会快速提升可用性。但这又是一项投资，因为不太复杂的数据库解决方案成本也较低。

数据收集的狂热可能是企业迷失了方向的一个指标。因此，IT 顾问和软件顾问经常会提供数据盘点的报价。摆脱多余的数据负荷对公司来说是一个自身清洁的过程。现在，欢迎您向整理达人近藤麻理惠（Marie Kondō）自我介绍，如果您认识她的话，想象她正在清理一个已经走火入魔的美国家庭。然而，为数字垃圾房和计算机的乱七八糟进行减肥，应该是公司老板的事。

正如我在一般提示中提到的那样，即使不采取这种一次性的措施，也应该清楚地说明在公司里谁来负责 ERP 的问题。维护系统和决定软件中的评估内容是一个持续的过程。作为一项规则，我们需要至少由两个人组成的跨学科团队负责此事。至少有一人应精通 IT 领域，了解数据是如何生成和存储的。大多数情况下，还需要来自控制部门的专业人员，以便我们知道，为了进行有意义的经济推导，需要哪些 ERP 中的信息。

在 ERP 系统中汇聚的是业务相关、有时是敏感的数据，所以，明智地规范访问授权是很重要的。哪些员工有使用系统的合法利益，哪些没有？举个例子：一个务实的员工想为一个新的供应商创建一个数据记录，可以同时登记货物收据并确认发票，在他看来，这是一个高效、合理的单个步骤的组合。但这种看似无害的过程可能会成为一种安全风险：如果供应商的详细账户数据被储存起来，具有犯罪细胞的人可能会觉得：您这是在邀请我来转移资金么？当大数据和精明的黑客相遇时，未经授权的资金流可以从几分钱迅速变成数百万。关于这一点，您可以参考联邦信息安全办公室的年度 IT 安全报告。在写本书时，我接触的此类最新报告是 2019 年份的，里面介绍了一些令人不安的内容：每天有超过 30 万个新的恶意软件变体进入流通领域，在德国，每天有多达 11 万个机器人受到这种来自网络数据世界的黑暗阴谋的危害。联邦信息安全办公室认为"网络犯罪分子拥有高水平的专业知识和创新"[⊖]。正如我在 3.2.3 节中提到的，恶意软件经常被引入企业的 IT 系统并进行有害操作，导致运行的中断和失败。假如我说：在大数据和物联网时代，数据保护发挥着非常重要的作用。我想您不会反对我的观点。物联网时代的广泛联网导致企业的保护措施面临新的挑战。理论上，每一个连接到互联网的部分都可以被黑客攻击和接管。在工业领域，当我们谈论工业物联网时，您还须考虑到，不仅是新的，包括改造过的设备和机器都在使用中，并且向 ERP 发送数据。物联网下游的安全性已经不再可靠。更好的座右铭是"从头开始"，您可能已经以"设计安全"或"默认安全"或

⊖ *Bundesamt für Sicherheit in der Informationstechnik（BSI）*：Die Lage der IT-Sicherheit in Deutschland 2019. S. 27

"设计/默认隐私"标签的形式明确接触到了数据安全。

就 ERP 解决方案在云中的作用而言，许多专家赞同 ERP 供应商 IFS Deutschland GmbH &Co. KG 公司员工的以下评价：

"从中期来看，就整体 IT 格局而言，ERP 系统本身将越来越多地迁移到云端；然而，私有云模式在德国将占主导地位。与美国相比，在德国、奥地利和瑞士，公司在关键业务数据公开和外包给公有云时，将更加谨慎。"⊖

ERP 供应商

ERP 市场与第 3 章介绍的物联网平台市场一样，充满了活力：市场领导者 SAP、微软和甲骨文正在与年轻的创新型企业或成熟的 IT 公司竞争，这些公司正通过自己的 ERP 产品闻名于世。在前面提到的《IT 中小企业》⊖杂志的 ERP 焦点中，它是这样表述的："现在，即使是高度专业化的工业企业也有 ERP 平台，然而 20 年前，这些公司在 ERP 市场上完全找不到合适的产品，因此不得不创建自己的解决方案。"而今天，选择范围很广。从完整的软件包到单独的解决方案，有许多来自专业供应商的解决方案。据接受采访的专家、来自 Ams. solution AG 公司的马丁·辛里奇斯（Martin Hinrichs）介绍，这些针对特定行业的方案，目前实现了 90% 以上的流程覆盖率。因此，我们又一次面临痛苦的选择。不用担心：再次承诺我的服务理念，挑选了明智的来源，供您了解和比较。第三阶段咨询集团（Third Stage Consulting Group）的首席执行官埃里克·金伯林（Eric Kimberling）于 2019 年秋季在油管（YouTube）上发布了一段视频，介绍了他的专家团队评出的 2020 年的十个最佳 ERP 系统。虽然第三阶段咨询集团也是规模较小的公司、在某些地区或行业提出了具体的建议，但这个前十名的名单是最普遍的排名，因此非常适合作为全球概览。排名情况如下：

1）Oracle Netsuite。

2）Microsoft Dynamics 365。

3）Oracle ERP Cloud。

4）IFS。

5）Sage。

6）SAP S/4HANA。

7）Salesforce。

8）Infor。

9）Workday。

⊖ *Issing，Stefan/Schulz，Peter*：ERP-Systeme in IoT-Plattformen aus der Cloud integrieren. *https：//line-of. biz/industrie-4-0-und-iot/erp-systeme-in-iot-plattformen-aus-der-cloud-integrieren*

⊖ IT Mittelstand，Ausgabe 12/2019，S. 31

10）Service Now。

懂行的人已经可以从名单中看出，这里代表了以财务和控制为基础的经典 ERP 系统，也有更多以人员或以服务为中心的解决方案。Oracle Netsuite 和 Microsoft Dynamics 365 去年也位居咨询公司排行榜的银牌和金牌位置，同时，在目前的名单中出现了几个新的名字。尽管如此，不太懂行的人会注意到排名并没有反映 1∶1 的市场份额，否则 Salesforce，尤其是 SAP 的排名应该更靠前。不过，定义这个排名主要的标准是，例如灵活性、互操作性、复杂性、用户友好性、成熟度和迄今为止成功的实施。这一排名以及 Oracle Netsuite 在其他地方的同样出色表现再次说明了，云解决方案在物联网时代的重要性。埃里克·金伯林在他的分析视频中是这样说的：

"如果回顾一下它的历史……，在云计算和 SaaS 还没有流行起来的时候，它就已经是一个云计算 SaaS 解决方案了。因此，出于这个原因，他们的产品比其他一些较新进入云和 SaaS 领域的产品要成熟得多。即使是更成熟的 ERP 供应商，如 SAP 和微软，还没有完全赶上 Netsuite，只是因为 Netsuite 有这样一个大的先机。"[⊖]

如您英语够好，可以参考这个视频和与之相关的市场分析，这是非常值得一看的。另外，还有一个免费的德语比较网站 *erpkompass. de*，根据它自己的声明，该网站对各制造商而言是中立的。

在欧洲，SAP 和微软比甲骨文更具有代表性。IFS 公司可以算作来自我们这个时代的隐形冠军之一。在德语地区（德国、奥地利和瑞士德语区），该公司在埃尔兰根、多特蒙德、曼海姆和诺伊斯以及苏黎世都有分公司。尽管该供应商并不特别出名，但根据其自身的信息，IFS 通过当地分公司、合资企业和不断增长的合作伙伴网络，在大约 50 个国家有代表处。产品开发主要在斯里兰卡和瑞典的研发中心开展，支持在北美和南美、EMEA（欧洲、中东和非洲）和 APJ（亚洲、太平洋和日本）三个主要地区和国家的业务开展。此外，还有许多小型供应商，我在这里不能为您更详细地一一介绍。仅以位于柏林的波茨坦广场的 TH Data 公司举例，他们的解决方案 INPAC 是一款针对中小型生产企业的 ERP 系统，以流程为导向的工作流可实现高功能性和简单操作。有适用于金属和钣金加工、电子生产和食品生产部门的版本。

在前面的章节中，我已经引用了一篇文章[⊖]，是由 ERP 供应商 IFS 的员工撰写。其中作者建议，除其他事项外，在工业 4.0 中使用的 ERP 系统应具备以下功能：

⊖ Top ERP Systems for 2021: Best ERP Software, Ranking of ERP Systems, Top ERP Vendors. *https://youtu. be/saqmQhVALnM*

⊖ *Issing, Stefan/Schulz, Peter*: ERP-Systeme in IoT-Plattformen aus der Cloud integrieren. *https://line-of. biz/industrie-4-0-und-iot/erp-systeme-in-iot-plattformen-aus-der-cloud-integrieren*

1）它可以通过配置而不是修改，灵活地适应变化了的框架条件。

2）它可以处理由传感器和设备产生的各种数据类型。

3）为了与生产中的资源进行通信，它可以通过即插即用的开放接口连接不同的生产控制系统。

4）强大的多站点和跨站点功能确保控制所有地点（包括国际地点）的扩展信息流。

5）它提供开放和易于配置的 EDI（电子数据交换）界面以及特殊的 B2B 门户网站，以快速连接新的合作伙伴。

在此向大家简单介绍一下，大企业 IT 部门和大公司在选择软件和服务供应商时，会从哪些方面寻找灵感。

美国咨询公司 Gartner 经常被引用与"技术成熟度曲线"（Hype Cycle）和所谓的"魔力象限"（Magic Quandrant）的有关内容。技术成熟度曲线旨在绘制每年技术和创新的成熟度。魔力象限显示了 Gartner 认为某些软件制造商或咨询公司与其他公司相比应处的位置。Gartner 在这里区分了利基供应商、挑战者、远见者和领导者。我想在这里指出，Gartner 做出的这种尝试，绝对是一个很好的参考。然而，请注意以下几点：

1）Gartner 肯定无法在一般的象限中描述您对公司的个性需求。因此，任何情况下，您都应该对您的软件进行单独的搜索和招标，如有必要，在这里寻求专业帮助。

2）根据不同的分析家和关注点，排名看起来非常不同。因此，一定要多看一些意见和评价，只有在详细的市场和需求分析之后，才能决定邀请哪些公司参与竞争。

为了完整起见，我在此再次提及 Gartner 在 2019 年 5 月对 ERP 市场的总体分析中所看到的供应商名称（云计算和内部部署）。

（1）领导者

1）Oracle ERP-Cloud（美国）。

2）Workday（美国）。

3）Oracle NetSuite（美国）。

（2）远见者

1）Sage Intacct（美国）。

2）SAP（德国）。

3）Mircosoft（美国）。

4）Acumatica（美国）。

（3）利基供应商

1）FinancialForce（美国）。

2) Unit4（荷兰）。

3) Ramco Systems（印度）。

可以看到，来自斯坦福的美国咨询公司 Gartner 在其排名中列出了更多来自美国的软件公司。在任何情况下，重要的是，您要考虑如何建立您的支持结构。如果您在印度或美国为您的 ERP 选择了一个总部在欧洲的利基供应商，您应该仔细考察该供应商在您所在地区是否有良好的服务结构和支持结构，否则 ERP 的实施对您来说可能是一场噩梦。

4.3　仓库管理系统（WMS）

仓库管理系统有助于绘制完整的内部物流图，从而执行企业内部的所有实物和货物的移动。从 4.2 节来看，也可以这样表述：虽然 ERP 系统更多关注企业中的价值流动，但我们通过 WMS 看到的是实物的流动。首先，谈谈术语的问题，我在这里使用仓库管理系统和仓库管理软件这两个术语。但您还会发现类似仓库物流软件和仓库物流系统这样的术语。它们本质上都是一样的。最终，最重要的还是功能：简单的系统仅限于管理功能，更复杂的系统工具也涉及独立控制和优化全自动化的仓库流程，直至控制完整的自动化仓库和无人搬运车辆。

如果您对仓库管理所涉及的最新流程不了解，我有以下阅读建议：建立仓库管理系统的标准，即 VDI 3601 指南。我想向工作压力很大的经理推荐这篇文章，他们因为担心工作而无法入睡：只要这一页纸，您就会像婴儿一样入睡。好了，不开玩笑了：该指南可以为仓库管理软件的要求提供指导。该指南提高了对仓库管理关键术语的理解。它帮助我们了解 WMS 是如何支持相关领域，并实现自动化和优化流程的。任何计划招标的人都应该研究这个标准，或者向我寻求帮助。我开发了一个标准化的精益流程，通过招标和实施仓库管理软件巧妙地管理客户。当然，本书中，您了解下面的概述就足够了。假如您有更多需求，您可以联系我。

WMS 是做什么的？从根本来讲主要是管理数量和存储位置，控制传送带和安排处理。此外，它还提供控制机制和方法。例如，仓库管理监视器确定状态、状况、进度和关键数字，并显示这些信息。通常情况下，现代仓库管理系统支持各种各样的运行操作和优化策略。

这听起来可能有点不起眼。但想想看，从几十万个包裹中，一个包裹是如何从货车上倾倒在分拣中心的传送带上，然后分发到配送和分拣中心内的车辆上，最终到达您家门口的。与此同时，在全自动分拣中心的传送带上，这样的包裹需要传送数公里，经过一遍又一遍的挡光板和扫描仪，引导它到达正确的轨道。

如果存在触发仓库活动，从而触发仓库管理软件的系统，通常被称为 ERP 系统。例如，ERP 系统处理一个销售订单，需要从仓库中分拣货物。为此，ERP 软件将仓库和交货的相关信息发送到仓库管理系统。在许多情况下，物料流控制计算机被整合到仓库管理系统中，直接与 PLC 进行通信，而 PLC 又控制传送带、闸门、大门和货架车。但仓库自动化也可以由隶属于 WMS 的其他系统来进行。

在具有中等复杂程度的仓库中，叉车仍然由人控制，但是，如今的叉车司机通常无须自己做决定，他们只在叉车终端或带有图形用户界面的移动扫描仪上，根据指令执行操作。事实上，智能机器可以访问仓库中的零件和物品，控制它们并从中获取信息，这具有更高效率或更高的可用性的优势。但它也带来了新的挑战，涉及不同的安全级别及对数据和软件的智能使用。司机的工作是确保人、货架或叉车不受到损害。我想我们都经历过这样的情形：因为存在明显的错误或故障，我们否决或忽略了一项技术。但在企业环境中，还有一个在私人领域不太突出的问题：仓库工作人员应该如何防止网络犯罪分子从他或她的工作场所入侵企业的网络？理论上，如果任何人都可以从全球任何角落访问机器和设备，只要他或她知道如何滥用自动化仓库技术，那么现代软件必须提供相应的安全和保护措施，自动抵御攻击或至少以某种方式警告或帮助工作人员。

欧图集团（Otto Group）旗下的子公司——赫马纳仕物流公司每年发布两次"赫马纳仕晴雨表"（Hermes Barometer），其中介绍了对约 200 名物流专家进行就各自关心的关键议题电话采访的结果。目前公布的 12 个晴雨表中的第 7 个，涉及供应链中的信息技术和数据安全问题。在当时的调查中，3/4 的受访者人认为自己有足够能力"将对 IT 系统的威胁限制在一个可控的水平"。同时可以察觉到，他们对物联网的网络化所带来的新安全风险也非常关注。

随着供应链越来越多地采用跨公司的信息架构——供应链管理系统、仓库管理软件、ERP 云等，出现了一些新的安全问题。超过一半的受访物流公司预计未来会受到来自客户、合作伙伴或供应商的信息安全事件的影响。即便是在网络建设在许多情况下已经比较先进的大型企业，也有 3/4 的受访者这么认为。有趣的是："这一评估也让人更加深信，近 1/3 的企业拥有其合作伙伴 IT 安全系统的全面信息。"关于物流业信息技术和数据安全的调查结果如图 4.1 所示，人们普遍认为，企业需要花更多的钱来确保其供应链的长期安全。

第二个挑战，现在人们很难单独掌握：如何将数据垃圾与重要信息分开？举一个我最喜欢的例子：智能托盘。这是一个相对典型的内部物流情况：针对跟踪解决方案，仓库中的所有托盘和叉车都配备了标签。它们是带有唯一识别

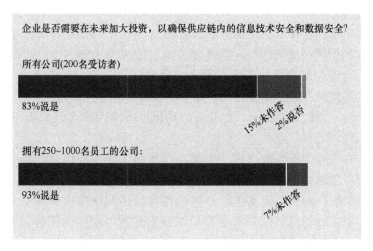

图 4.1　关于物流业信息技术和数据安全的调查结果

（来源：Hermes Barometer Nr.7，Herbst 2017）

号码的小型发射器，它们可以准确显示托盘 X 或叉车 11b 在仓库中的位置，精确到厘米。托盘上的标签全天候报告它们的位置。由于材料在不断地流转，这些流转产生了大量的数据。那么，这些数据在何种程度上与您的业务软件或控制物流和生产的程序相关呢？哪些数据应该永久纳入仓库管理软件，哪些不应该？假设 A 机器应继续加工某种材料，当这种材料对应的存储单元到达此台机器时，从逻辑上讲这种材料在仓库的库存中应是缺货的状态。最好能对物料流转或其位置进行记录，这样公司就可以跟踪仓库中的库存，并重新订购所需的资源。一旦库存存储单位到达了在系统中定位为生产供应的区域，仓库管理系统即可触发相应的运输订单，进行实时预订，然后登记并确认运输订单。这也会被 ERP 或 WMS 记录。

在生产过程中使用不同的机器对不同的材料进行加工处理，而这些材料又必须通过运输或库存订单来交付。当材料在生产过程中被 A 机器完全加工，并被发送到 B 机器上时，这个过程不断重复。一旦上游机器完成其工作，就会生成下一个订单。一旦材料达到新的生产供应区域的定义极限：地理围栏，即虚拟终点线，就会产生并确认一个新的运输订单。每当工件离开某个区域并到达一个新的区域时，它就会发出信号并触发各种自动化流程和预订程序。这里描述的智能托盘每秒都会向企业的物联网系统发送其位置数据，无论这里的系统是云解决方案还是其他平台（参见第 3 章）。这些信息对于可视化当然非常有用。然而，在 ERP 或 WMS 中，这种实时信息没有任何附加价值，因为只要对象没有达到 ERP 或 WMS 中与订购有关的定义，它就不会触发生成订单。因此，在 ERP 或 WMS 中绘制所有的流转是完全多余的。将其同相关信号、触发器关联上就足够了，这些信号在物联网云和 ERP 或 WMS 之间交换，以执行具体业务相关的流程或预订。

如果处理得当，物联网是物流和运输过程的宝贵数据来源。物联网数据可以从各种来源流入智能、联网的供应链：

1）直接来自实际产品。

2）来自用于运输的容器和集装箱。

3）来自运输货物的汽车、轮船、火车或飞机。

4）来自（临时）储存货物的建筑物。

5）来自条形码扫描仪或与货物交互的其他设备。

2018 年春季，赫马纳仕的第 8 个晴雨表研究了供应链管理的趋势和企业数字化的状况。向决策人和管理者提出的问题之一涉及技术的发展。图 4.2 所示为物流中物联网重要性的调查结果，显示了专家们如何回答这个问题。

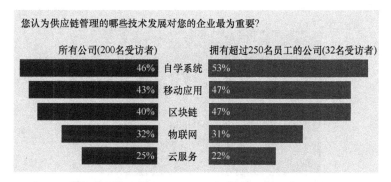

图 4.2　关于物流中物联网重要性的调查结果

（来源：Hermes Barometer Nr. 8, Frühjahr 2018）

2018 年春季，接受访问的人中，约 1/3 的人将物联网、1/4 的人将云服务评价为非常重要的技术。在晴雨表文本中，是这么表述的："数字化和相关的新技术应用尚未广泛用于实践。企业都意识到了将供应链流程数字化的必要性，大多数企业越来越重视这一点。目前缺少的是企业可以作为指导的经验值和最佳实践案例。因此，还存在太多的不确定性，云服务或物联网等有前途的技术仍然扮演着从属的角色。"

正如已经提到的，这项调查是从 2018 年初启动的，从那时起，企业当然不会闲着，尤其是当时只有 200 人接受了访问。作为以智能方式将物联网和仓库管理结合在一起的许多尝试之一，我想借此机会向您介绍一个案例：柯尔柏公司（Körber AG）的无人机项目，关于这个项目，您可以在该公司的 2019 年年度报告中找到更多信息。一家法国内衣制造商想要一种无人机，能够检测到仓库中的单件衣物，即使这些衣物仍包装在纸箱中。为了实现这一目标，柯尔柏供应链的专家与初创企业 doks. innovation GmbH 合作，该公司于 2017 年在弗劳恩霍夫物流研究院周边成立（更多关于与物联网项目初创企业的合作关系，请参见第 8 章）。doks. innovation GmbH 的开发人员研发了无人机解决方案 InventAIRy，该解决方案使电磁波也可以读取 RFID 标签。通过这种方式，可在整个供应链中跟踪单个产品。在仓库中的试飞表明，如果盒子里有 100 件衬衫叠在一起，那么无人机就会显示信号重叠的问题，但 96% 的正确率使怀疑论者哑口无言。任何了解在这种大型仓库中花费多少人力和时间寻找货物的人，都会立即意识到这种创新的潜力。但在软件技术方面，该项目还面临着挑战：毕竟，来自无人机的数据最终应自动流入仓库管理系统，以便客户随时了解情况；在物联网方面：无人机没有足够的电池续航，可支撑其在仓库周围飞行一整天，它们从地面上的自走式充电站获得支持。自走式充电站（见图 4.3）的设计能够在必要时给它充电，而无须人为干预。

图 4.3　自走式充电站与中途着陆的无人机
（来源：doks. innovation GmbH）

　　仓库管理软件一方面要与 ERP 解决方案兼容，提供标准接口，另一方面需要有效且安全的控制自动化流程。下一节中您将了解到，如何以及在哪里找到这样的软件。您将在第 7 章中找到更多的使用案例。

WMS 供应商

假设您将通过招标为您的仓库管理和实施寻找新的软件技术支持。而我是您这次的招标顾问，那么，我不仅应该询问您目前的要求，还应该与您一起探讨公司在未来十年的发展方向。最终的仓库管理系统也应在贵公司的未来发展中发挥作用。我深知购买广泛使用且价格合理的解决方案是最便捷的，这也符合一句格言：适合许多其他人的东西也适合我们。但假设几年后它不再适用，更换和实施新解决方案的成本可能比在购买之前额外开几天的研讨会，从而获得专业建议产生的费用要高得多。

您可能不想盲目依赖顾问和其他建议，而是想亲自了解市场上的 WMS 解决方案。这样做的最佳方法是什么？当然，谷歌阿姨和必应叔叔会帮得上忙。假如在线研究，您可以访问网站 *trusted. de*。负责该网站的 Trusted GmbH 称其为德国领先的商业工具和商业软件的比较和评估门户："最初是从 2010 年对比云存储开始的，现在我们测评和比较与商业有关的一切——从项目管理到人力资源，从会计到客户关怀。"因此，测试人员已经和用于仓库管理的软件打过交道了。网站上区分了三种类型的软件⊖，见表 4.1。

表 4.1　三种类型的软件对比

类型	特征	每月价格
个人仓储软件	中小型仓库集中管理，自动化程度低	10 欧元起
软件套件中的仓库软件	部分功能受限，但补充了针对特定行业的附加软件	15 欧元起
复杂和个性化的 WMS	大型仓库和物流中心的广泛自动化	自行商定

供应商的种类并不像 ERP 系统那样多，但也不少。根据他们自己的信息，受信任的测试人员比较了图 4.4 所示的供应商。

编辑团队确定了以下前九名：

1）Logcontrol。

2）Megaventory。

3）E+P LFS。

4）Odoo。

5）orgaMAX。

6）AJE Consulting。

7）Storelogix。

8）JDA LVS。

9）CIN7。

⊖　*https://trusted. de/lagerverwaltung*

图 4.4　Trusted GmbH 测试人员所比较的供应商
（来源：*https：//trusted. de/lagerverwaltung*）

　　不要问我为什么没有前十名的名单。不幸的是，我还没有找到对此的相应的解释。您可以在线阅读前 1~9 名的简介。

　　现在我想增加一个来自英语世界的排名。*theecommmanager. com* 网站在 2020年 9 月发表了一篇对比文章，并创建了自己的年度最佳仓库管理软件前十名名单。正如我所说：不幸的是，每个人都是选择性地使用这些术语，这就是我建议您使用所有的术语来研究合适的软件（WMS、仓储物流软件和其他类似名词）的原因。在 The Ecomm Manager 中的排名[⊖]是这样的：

　　1）mobe3 WMS。

　　2）SphereWMS。

　　3）Infoplus。

　　4）Odoo。

　　5）SkuVault。

　　6）IRMS360。

[⊖]　*https：//theecommmanager. com/warehouse-management-systems-software*

7）HighJump。

8）Bluelink。

9）Manhattan。

10）Infor。

德国有一些传统的专业供应商，如 ProLogistik 或德国永恒力（Jungheinrich），显然，它们没有征服这里提及的测评者。对于来自英语世界的前十排名，还有一个扩展的供应商名单，其中除了 Oracle Netsuite 的 WMS 版本之外，还宣传了以下 11 个系统：Fishbowl Warehouse、3PL Warehouse Manager、Shipedge、Iptor、Zoho Inventory、Agiliron、Clear Spider、TradeGecko、Channel Advisor、Tecsys 和 SnapFulfil。

您可能已经注意到了：SAP 在这两份名单中都没有出现。为什么？嗯，正如您在 4.2 节中已经看到的，在评价中看到的东西总是取决于谁做了这个评价。因此，我将用咨询公司 Gartner 的另一项市场分析做个完善总结，并将评估结果作为魔力象限转载于此。请注意，Gartner 非常关注 ERP 在大公司和企业中的整合或嵌入，因此，美国的评价看起来非常不同。在仓库管理系统领域的领导者中，我们发现 SAP 公司的 WMS 解决方案与以下竞争对手并驾齐驱：

1）Manhattan Associates。

2）Blue Younder（原 JDA）。

3）Körber（原 HighJump）。

4）Oracle。

5）Infor。

现在您对 WMS 市场有了更多的了解。至于您会不会根据这三个排名去购买软件，我表示怀疑。上面提到的弗劳恩霍夫物流研究院（IML）在 20 年前成立了一个"仓储物流团队"，其任务是：根据要求将 WMS 的客户和供应商聚集在一起，并以顾问的身份支持选择和引入 WMS 的整个流程。2020 年 10 月，您可以在 https://www.warehouse-logistics.com/de/wms-online-auswahl.html 看到，该团队的数据库列出了 89 家企业，以及他们在每个案例中使用的软件。这个概述可能有助于您更好地了解自己行业的概况。顺便说一下，SAP 在这里出现的频率相对较高。

如果您想更深入地研究 SAP 扩展仓库管理（SAP Extended Warehouse Management，SAP EWM）、SAP 库存管理（SAP Stock Room Management）、SAP 仓库管理（SAP Warehouse Management）、SAP 仓库管理的工业特征、SAP WMS 决策支持、SAP 运输管理（SAP Transportation Management，SAP TM）和 SAP 堆场物流（SAP Yard Logistics）等解决方案，我建议您阅读专门的文献。我目前正在编写这样的一本书。

弗劳恩霍夫门户网站的另一个加分点是出版物，其中包括一些有用的指南和论文。例如，*WMS und ERP-Funktionale Abgrenzung*（《WMS 和 ERP——功能区分》）[⊖]，涉及 WMS 或 ERP 系统并不简单的功能区分。

尽管数据库和书籍很有帮助，但您必须在实际的日常业务中从理论转向实践。因此，我强烈建议您，让供应商在现场测试中演示您感兴趣的软件。可靠、专业的供应商应该能够为您提供支持。在特定情况下，与软件供应商一起在演示系统中实时运行某些仓库的流程也是有意义的。

4.4 运输管理系统（TMS）

在德国货运与物流协会（DSLV）2019 年春季发表的 "Im Innovationsradar Digitalisierung der Logistik"（"创新雷达：物流数字化"）中写道：

"内部流程的优化、货运合同的在线预订或数字运输管理系统的使用今天已经成为标准……来自工业和贸易的托运人、物流和运输公司之间的持续联系为额外的网络效应创造了先决条件，可以使所用技术的经济效益倍增。因此，物流的数字化形成了工业和贸易整个价值链中的一个基本连接元素。"[⊖]

一方面，企业自有的货运部门和物流部门相对于新的数字竞争者更有优势，因为它们已经从头到尾掌握了运输、订单拣选、存储、转运或清关等流程，这些流程一时半会不会发生结构性的变化。物流流程可以通过"数字骨干"进行扩展，但反过来，软件不能完全取代以前的重要职能。另一方面，根据批判性评估，许多企业仍然缺乏正确的数字化转型意识和更大规模的反思。它们数字化的主要目的通常是为了降低成本，而不是在物联网的帮助下改善自己的商业模式。要知道，商业模式领域才是一个企业未来的生存保障。

今天，运输管理系统可以且应该做什么？TMS 帮助您的调度员和承运人优化运输。它向您显示车辆的状况和位置，并通过提供已完成的、当前的和待完成的运输概况，明确您车队的利用情况。该软件有助于减少空驶，进行分组运输，优化利用车辆、铁路和航空运力（关键词：实时路线规划）。运输管理系统旨在为特定要求寻找和安排合适的车辆。当然，这也给我们带来了人员规划，同样也可以用 TMS 来进行设计。

⊖ *Fraunhofer-Institut für Materialfluss und Logistik*（IML）：WMS und ERP-Funktionale Abgrenzung. Whitepaper. *http://www.warehouse-logistics.com/152/1/veroeffentlichungen.html*

⊖ *Bundesverband Spedition und Logistik e. V.*（DSLV）：Innovationsradar,, Digitalisierung der Logistik ". April 2019. S. 4. *https://www.dslv.org/dslv/web.nsf/id/li_fdihbctkgj.html*

第 1 章着重讲述了物联网的历史，在过去的 30 年中，物联网与运输物流有许多交集。早在 20 世纪 80 年代，在 RFID 和条形码的帮助下，货物的追踪就发挥了作用。随着时间的推移，供应链上逐渐涌现各种基于蓝牙、NFC（近场通信）或 RFID 的应用。第一个远程信息处理系统出现在 20 世纪 90 年代。今天已经很难找到远程信息处理系统和车载移动设备不发生交互的运输管理软件。货车远程信息处理系统对车辆进行实时定位，并与车队中所有其他车辆一起将信息发送到 TMS。它能够读取驾驶员信息卡、行车记录仪和车辆数据，从而对驾驶员进行评估。车载信息服务系统配备了 GPS 接收器和 SIM 卡，将车辆的信息发送到车队管理部门，从而将车辆纳入了物联网。

今天的物联网，在供应链的许多点上都配有传感器和网络，增加了新的可能性，如持续监测货物的状况，并考虑到天气等外部因素。还面临新的挑战：只要问问您喜欢的物流供应商，他们的圣诞节愿望清单上，是不是正好就有"完全透明和绝对安全的供应链"这一项。

道路（以及水路和航空）上的物联网设备，就像仓库里的无人机和无人搬运车一样，都是自主数据源，是我们无法忽视的未来物流设备。它们不断生成我们想要的数据，我们从中获取控制指令和物流行动。对于车队管理和运输管理来说当然也是非常有价值的，这样就能通过物联网直接控制资产，而人们不必去实地测量或读取。车辆的远程信息处理系统，记录位置、加速度和油耗，通常属于整合的传感器系统组。这些数据是物流专家和交通管理者都感兴趣的，可以通过适配器记录到车辆的内部网络。车载诊断标准通常用于这一目的。这些数据通过车辆上的 IT 设备到达互联网、服务器和运输软件。相反，信息也可以通过 TMS 从计划人员流向车辆，例如，驾驶员在他的办公桌或仪表板上自动看到运输公司对运输计划的修改。

TMS 的常见功能包括：

1）在远程信息学的帮助下进行运输控制和路线监测。

2）路线规划和调度。

3）运输订单的管理。

4）成本计算。

5）发货跟踪。

然而不得不说，TMS 解决方案彼此之间差异很大，这主要是由于承运商与托运公司有不同的要求。来自汉堡大学的 initions AG 公司创始人斯特凡·安舒茨（Stefan Anschütz）在一篇在线文章中对此进行了很好的总结：

"对于承运商来说，承接运输是其公司创造价值的核心。对他来说，几乎所有的流程都围绕着这个核心。因此在软件支持方面，如果可能的话，承运商要求尽可能在一个唯一的单体系统中映射所有的公司流程。为了满足这一要求，自

20 世纪 80 年代末以来，已经开发了所谓的'货物运输代理（货代）软件系统'。最初，他们专注于运输公司的销售和商业要求。之后系统往往增加了用于调度和路线规划以及实施监控的简单功能。随着 TMS 术语的出现，这些货代软件系统随后也贴上运输管理系统的标签出售。"[1]

他认为，今天的运输管理系统代表了传统货代软件进一步发展的观点，是可以理解的，但也有点过于单一。毕竟，对于托运人的运输管理来说，客户管理、报价单、开具发票，或者更普遍的行政、商业和销售任务，通常会由 ERP 系统而不是 TMS 来映射。对于托运人的运输管理软件来说，运输计划、运输优化和监控，以及运输公司的选择和数据连接功能更为重要。

下一节将为您在搜索和查找运输管理软件方面提供帮助。

TMS 供应商

正如我前面提到的，TMS 这个软件标签目前可以代表不同的功能和实例。因此，选择带有"TMS"或类似标签的解决方案的时候，请总是尽可能仔细地了解这些解决方案。

一个用于软件搜索的德语在线地址是 https://www.speditionssoftware-vergleich.de。在这里，您可能不会找到一个百分之百客观和制造商中立的评估，因为它的背后是位于慕尼黑的 SCC 中心（Supply Chain Competence Center Groß & Partner，供应链能力中心）和 Trovarit AG，即两个私营部门的参与者。他们的联合平台自 2019 年以来一直活跃在市场上。其工作原理是：您注册并使用您的数据而非金钱付款。之后，借助一个搜索工具，您可以通过对标准和服务进行优先排序，来自动搜索合适的软件。最后，您获得一份报告，上面有符合您要求的前 20 名供应商，至少网站制作者是这么承诺的。

我建议在英语世界进行更多的研究，在涉及软件的方面尤其应该这样做。例如，您会看到美国 InTek 货运和物流公司的创始人兼首席执行官里克·拉戈尔（Rick LaGore）的一篇对比的博客文章[2]。他认为目前排名前 13 位的 TMS 解决方案（截至 2020 年 2 月）如下：

1）3Gtms。
2）BluJay。
3）Cloud Logistics。
4）Descartes。
5）JDA。

---

[1] *Anschütz*, *Stefan*: Was ist eigentlich ein Transport Management System, und worin unterscheidet sich Speditionssoftware? Onlinebeitrag: *https://www.initions.com/transport-digital/was-ist-eigentlich-ein-transport-management-system-tms*

[2] *https://blog.intekfreight-logistics.com/best-transportation-management-software-tms*

6) Kuebix。

7) Manhattan。

8) MercuryGate。

9) Oracle。

10) SAP。

11) TMC。

12) TMW。

13) Transplace。

软件是按字母顺序排列的，而不是按照价格或技术标准。因此，至少您已经有了一个专家的预选，可以进一步更详细地进行比较。

这同样适用于网站 CompareCamp 的排名⊖，该网站将自己称为 SaaS 软件的领先比较网站。目前，他们认为 TMS 解决方案的前十名（截至 2020 年 5 月）如下：

1) Cloud Logistics。

2) Kuebix。

3) 3Gtms。

4) SAP Transportation Management。

5) FreightDATA。

6) Cario TMS。

7) Transport Pro。

8) MyRouteOnline。

9) LogistaaS。

10) WEBFLEET。

为了完整起见，我还想在此提及 Gartner 对 TMS 市场的评估。因此，我们最终又回到了魔力象限，了解到这家美国咨询公司做出了以下分类：在 2020 年 2 月的评估中，Gartner 认为 SAP、甲骨文、Blue Yonder 和曼哈特软件（Manhattan Associates）是运输管理解决方案的领导者。根据 Gartner 的说法，在这个领域，没有什么能预见未来的企业。

4.5 制造执行系统（MES）

现在让我们来谈谈制造执行系统。制造执行系统是常见的术语，但也有生产控制系统和制造软件以及不太明确的生产数据采集等术语被广泛使用。

⊖ *https://comparecamp.com/tms-software/#2*

制造业的工业 4.0 意味着，生产正在从枯燥的完成任务转变为一个现代灵活的服务中心。当然，为了实现这一目标，我们必须能够更灵活地控制和执行我们的生产步骤。这是在数据的基础上进行的，最好是实时数据。在数据的帮助下，我们可以立即对流程进行干预，以达到最佳效果。如您对 ERP 系统较熟悉，且认为 ERP 系统的生产模块现在已经很好地涵盖了这一点，那么这基本上是正确的。但 ERP 系统更倾向于中长期的优化，利用它，我们明显地以一种更粗略的方式来看待工厂的流程。例如在 ERP 中，我们有订单数据和有关材料供应的信息。在工艺流程方面处于 MES 上游的 ERP 可以将订单分配给各班次，但不会显示准确的操作时间。它也许会分配机器组，但不会将个别资源与个别机器详细地联系起来。虽然我们通过 ERP 系统反馈了部件生产的开始和完成情况，但缺乏有关加工、机器启动时间和机器运行时长的数据。这种信息以及由此产生的工厂控制和过程控制，可以在制造管理系统中找到。一些 ERP 系统甚至支持详细计划，可将订单分割成不同的操作程序，在小范围内为生产间隔分配机器和人员。但实时监控仍是 MES 解决方案的强项，假如一个员工筋疲力尽地倒下了、一台机器报废了或者工具损坏了，这些都不会反映在 ERP 中。

说到这里，我想为企业经理、生产经理、供应链经理和程序员推荐一些文献。《VDI 5600 指南》对如何设计 MES 以及在哪些领域使用 MES 给出了非常好的注意事项和建议。

根据德国工程师协会的《VDI 5600 指南》，MES 具有以下功能：

1）规划和控制制造过程。

2）创建流程的透明度。

3）映射物料流和信息流。

我认为，需要注意的是，专注于生产和其相关信息技术的 MES，基本上都是为了确保生产安全而设计的。这是至关重要的，因为您不希望出现不受控制的操作，导致中断、故障甚至事故。另外，它带来的后果是物理世界和软件之间的交互更加直接。在特定情况下，ERP 系统即使终止一段时间，也不会对生产有影响。但如果 MES 出现故障，仓库和工厂的工作就会中断。想象一下，处理生产过程（或是仓库流程）和机器控制的软件出现故障，这时您的生产陷入了停滞状态，无法再从仓库向客户或合作伙伴交付货物。

如果我们对德国的中小企业进行考察，自然会发现，并不是所有的公司都使用现代的 MES 解决方案。虽然今天满世界都在谈论工业物联网和智能工厂，但是这些中小企业的开发者并没有与时俱进，并没有将它们考虑进去。通常情况下，企业内部开发会接管这些任务，这些任务多年来经过不断地扩展，以满足新的要求。如果来自其他公司的软件以及企业内部的 ERP 系统无法正确连接此架构和接口，那么这可能会导致问题。我记得，曾经有一个客户面临着是否将 MES 解决方案推广到国外新工厂的决定，我们当时给予了否定的建议，原因有两个：

1）该解决方案来自于一个开发环境，该环境的年限越来越长，这种软件是人们最应避免使用的：软件制造商和操作系统制造商已经多年没有进一步开发，并且已经没有维护能力了。缺少支持、没有最新的接口和 API 的软件，不是一个面向未来的公司的基础。

2）该解决方案背后的 MES 供应商在德国有着良好的定位。原则上，它也有足够的顾问和支持人员。但在国外，没有熟悉该软件的资源。这是另一个淘汰的标准。

如果您也觉得在生产控制和制造软件方面需要做些什么，那么您将在下一节中找到一些有关寻找供应商的提示。

生产控制系统的 MES 供应商

基本上，在选择、招标、扩展和引进 MES 之前，您应该准确地、非常严谨地考虑您的需求。您在哪种地理环境中工作？目标架构是什么样子的？该解决方案如何整合到现有系统的其他解决方案中？如何整合到您未来希望在公司中映射的世界？与所有其他企业软件解决方案一样，您应该考虑并牢记 4.1 节中的要点，因为它们始终适用。

这是一个利基供应商的好案例：伯默与魏斯系统技术有限公司（Böhme und Weihs Systemtechnik GmbH & Co. KG）专门从事质量和生产管理方面的软件解决方案。该公司于 1985 年在伍珀塔尔成立，目前在法国和俄罗斯设有办事处，它对 2020 年代初什么才是好的制造执行软件进行了考察。您可以在 *https://www.boehme-weihs. de/q-blog/mes-wissen/mes-manufacturing execution-system* 找到完整的博客文章，当然这其中宣传了自己公司的解决方案 MESQ-it，但也包含实用的对一般制造执行系统的评估。

基本上，建议注意以下标准：

1）标准化：符合《VDI 5600 指南》和 VDMA 标准表等标准，确保 MES 能够满足生产管理系统的要求。这也包括使用标准化的技术，如 OPC-UA 用于标准化的机器通信。

2）基于网络：通过网络浏览器的访问，MES 可以从不同的终端设备和地点灵活地操作。

3）基于云：一个具有云功能的系统，提供了与全球任何工厂所属任何机器联网的选择，从而形成了迈向工业 4.0 的重要一步。

4）高度透明：数据采集和处理应在几秒钟内完成，以便真正实时记录生产步骤。

5）直观：直观和简单的操作确保培训时间短、员工易接受，并在日常生产中迅速获取信息。

在可操作性方面，您可能会问自己，您和您的员工是否需要一个英文用户界面。该博客文章还强调，MES 和计算机辅助质量保证（Computer-Aided Quality Assurance，CAQ）之间的良好交互是有益的。如果它们协调得好，人们就会对过程和生产质量有一个整体全面的看法。此外，从单一来源购买 CAQ 和 MES 可以节省资金，因为这样就省去了通过个别接口或类似方式将系统联网的额外花费。通常，较小的利基供应商正是企业的正确选择，但一定要始终考虑您的发展方向，以及软件是否限制了您的发展计划。

除了 MESQ-it，还有其他的吗？当然了，SAP 也涉足生产控制系统的市场。例如，SAP ME（SAP Manufacturing Execution，SAP 制造执行）代表了一个用于离散制造的完全可配置的 MES。SAP MII（SAP Manufacturing Integration and Intelligence，SAP 制造整合和智能）被设计为流程工业的解决方案。更适合工业 4.0 要求的是"启动包"（Jumpstart Package）和"加速包"（Accelerator Package），通过它们可以规划和监控联网的系统和生产流程，其中相对广泛的分析和维护也是功能的一部分。SAP 分布式制造（SAP Distributed Manufacturing）还能服务于增材制造（3D 打印）。随着新的"高级包"（Advanced Packages）的推出，公司未来应该会从更多的核心优势中受益。这包括用于机器学习功能和用于质量保证和维护的分析应用。

现在我介绍了一个相当不为人知的软件和 SAP 产品组合。那么还有什么其他软件可供选择的吗？对于当前的市场概况，您可以参考 Gartner 同行洞察力（Gartner Peer Insights）⊖，它通常提供了一个很好的软件体验指南，明显比亚马逊上的客户评论更可靠。2020 年 10 月，我在那里点击了 40 多个 MES 选项的评论。这些产品包括来自 SAP、甲骨文、三星、剑维软件（Aveva）和西门子的产品。标签"客户的选择"一眼就能看出哪些产品在同行中特别受欢迎。例如，Parsec 的 Honeywell Connected Plant 和 TrakSYS，以及 Lighthouse Systems 的 Shop-floor-Online。

我为 MES 开发了一套标准化程序，该程序可在 MES 的需求评估、招标、选择和实施过程中陪伴客户。多年来，我也一直为客户组织提供研讨会。在这里，除了学习与供应商的选择和谈判标准外，学员们还学会了通过有针对性地使用 MES 和物联网，从 ERP 支持的被动行动转向生产中的战略主导地位。

⊖ *https：//www.gartner.com/reviews/market/manufacturing-execution-systems*

第5章　物联网与其他技术的交互

当我们说物联网可以帮助我们保护地球，使整个人类的生活更加宜居时，那么，我们实际上根本不是在谈论一种未来的技术。相反，我们谈论的是几种未来技术的平行共存，它们可以相互结合、互相补充。如果您孤立地看待它们，则不太符合现实：大数据战略的所有数据从何而来？如果没有网络连接，VR 眼镜有什么用？算法将设备中可分析的相机图像或可计算的传感器数据以一种可以理解的方式与世界分享，假如人工智能无法访问设备中的这些数据，那么它又能多智能呢？或者让我们以增强现实技术为例：使用这种技术的可视化可以帮助工程师规划，或帮助公司车间的工人组装部件，但这需要适当的 IT 基础设施，需要数字化和相互联网的设备。要真正实现 3D 打印机的全部潜力，不能把物理世界和虚拟世界看成是两个毫无关系的平行世界。相反，您必须把它们结合在一起看待。这是物联网的一个核心方面。

回忆一下 1.1 节中的信息物理系统概念。对于物联网平台的概念，也就是第 3 章和第 4 章的主题，目前正考虑纳入人工智能等未来技术。下面，我将向您展示三张具有代表性的图来说明我的意思（见图 5.1~图 5.3）。图 5.1 是 SAP 公司在 2018 年提出的智能公司的战略模型。图 5.2 和图 5.3 来自思科（Cisco）最新的 IT 网络趋势报告——"2020 Global Networking Trend Report"（"2020 年全球联网趋势报告"）。

从图 5.1 可以看出，"智能技术"在这里发挥着重要作用。人工智能、机器学习（Machine Learning，ML）、物联网、增强现实和虚拟现实被点名提及。术语"分析"一词包括大数据和评估方法，如数据挖掘；还包括用于去中心化数据管理的区块链方法。

尽管思科"2020 年全球联网趋势报告"的结构有些不同，因为它涉及的是新的 IT 网络，而不是像 SAP 那样的产品系列，但其权衡是相似的。在图 5.2 中，右侧的技术趋势与左侧的工作和社会领域的"其他"趋势所占空间一样大。在图 5.3 中，除了物联网和云之外，还提到了 AR/VR 和人工智能，标题显示这些技术是驱动性的或决定性的。

没有物联网，未来许多大门将对我们关闭。同时，诸如气候变化和养活未来 100 亿世界人口等问题显然需要新的方式和创新的解决方案。近年来，我们听

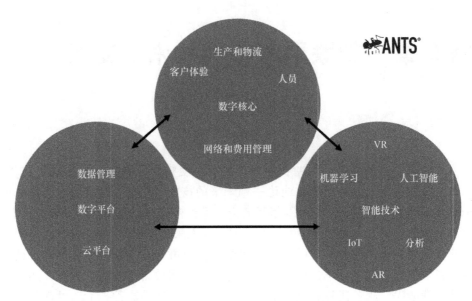

图 5.1　SAP 模型中的物联网和智能技术

（来源：Holtschulte，Andreas/Mohr，Martina/Stollberg，

Micheal：IoT mit SAP. Rheinwerk Verlag 2020. S. 102）

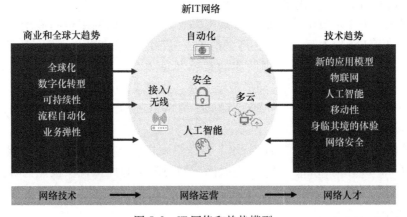

图 5.2　IT 网络和趋势模型

（来源：Cisco：2020 Global Networking Trend Report，S. 8）

到和读到的数字化，特别是数字化转型，都离不开互联网，因此也离不开物联网。这适用于我刚才提到的人类的重大问题，也适用于物流和工业的具体应用。

　　我们假设，一个物流服务供应商直到最近还在中央仓库通过纸张打印出公司的拣货清单，并需要手工划掉所拣选的清单物品，那么他将这些工作步骤数字化，并转向移动数据收集，这些信息将开始以数字化方式记录。由于实现了

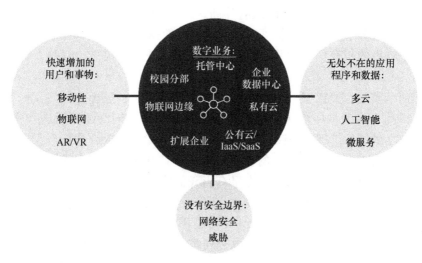

图 5.3 技术作为驱动因素

（来源：Cisco：2020 Global Networking Trend Report，S. 15）

现代化，仓库管理部门现在可以实时查看仓库任务的状态。公司还可将这些信息提供给合作伙伴和客户，这样他们就可以了解到预计的交货时间。仓库活动的数据可以被整合到其他流程中，如运输和销售。还可被纳入客户的软件和个人应用程序中。想想我们用来检查我们的包裹是否以及何时到达预期目的地的典型货运跟踪系统。这种形式的物体检测，更广泛地说，移动世界中的跟踪和追溯，同样需要大数据和物联网。即使扫描仪不再是 21 世纪的技术发明，但也很可能是物联网意义上的另一种技术，它可以记录和处理包裹、托盘、存储单元或包装单元的位置和状态变化。

尽管收集了所有的数据，但如果包裹在旅途中不断产生位置数据，而客户无法用他的技术将其转化为可理解的信息，那么这将毫无用处。信息不能不准确，也不能太延迟，数据交换也不能让客户的技术超载，例如会让他的智能手机处理器超载或导致应用程序崩溃。

下面的章节将讨论物联网和未来技术之间的互动，如大数据、人工智能、增强现实、虚拟现实和 3D 打印：这些技术是如何工作的？我们已经在多大程度上使用它们？它们将如何改变我们未来的生活和经济？它们与物联网技术是如何相互作用的？

5.1　大数据

我们生活在一个数据几乎在世界各处一秒一秒流动的时代。数据流向一个巨大的数据海，或者更贴切地描述，流向一个巨大的数据湖泊景观，其中湖泊之间仍由河流和小溪相连。您可能已经听说过数据湖（Data Lake）这个词。它指的是您收集的所有信息的收集点，包括内部和外部的信息。有些人也称之为数据山。

然而事实是，大数据一词不允许有一个过于狭隘、选择性的定义——它有时会显得乱七八糟，尽管从它流传的年限来看，这个词已经逐渐进入青春期。另外，英文的"big"最初只是大的意思，而一些专家认为，我们今天流通的数据流不再局限于数据量的多少的特性，还在于其复杂性、详细程度、数据传输速度以及数据流之间的关系。因为只有当我们将信息相互关联时，才会产生智能。您可能已经多次遇到"信息高速公路"这个词。有些人只将大数据用于数据集本身，而另一些人在使用这个术语时也用它来描述数据管理的方法和工具。例如，一个大数据战略家，在不同的公司都有这个或类似的称号，他的任务不是生产尽可能多的数据集。相反，这个人的存在是为了使数据在公司内可用，将其相互结合，通常喜欢用来自竞争对手或市场研究的外部数据来充实本公司数据集，以使公司更好地了解自身，了解自身产品或服务的未来。

即使明确的定义并不容易，但以下内容是毋庸置疑的：在全球互联网世界中，人们通过所有连接互联网的设备而产生的数据比以往任何时候都多。在某些情况下，数据自动流动，不需要任何人工干预。这让我们不禁会问，在这些数据身上到底会发生什么？强大的高速计算机不再是精英阶层的特权。当然，NASA（美国国家航空航天局）、CIA、NSA、BND（德国联邦情报局）、军事机构甚至粒子加速器周围的团队，都比你我有更多的计算能力和更好的硬件可以支配。如果不是这样，那就太奇怪了。但即使是普通的智能手机也能实时管理大量的数据，并计算出合理的复杂模拟。让我们意识到，我们在联网手机上使用的操作系统、软件和所有应用程序都不是静态的信息集合，像过去的《布罗克豪斯百科全书》那样。相反，数据流是动态的东西。新的数据不断被收集和转发，接收和处理。让我们回到数据湖的画面：冷水和暖水层在不断交换，化学过程正在发生。俗话说，人永远不可能两次踏入同一条河流，这也适用于物联网中数据的持续流动。

单独的、特定于设备的数据移动可确保信息高速公路上的持续输入和持续流量。由于现在几乎每个人都使用智能手机，巨大的数据流迅速汇集并流经全网络。我们生活和工作在一个数据驱动的时代，这一事实在回顾中也很容易看到，即通过查看我们的数据载体和存储介质的历史。人们一直对数据和信息感兴趣，但大多数时候，人类不得不凑合，因为那会儿还没有缩小到 U 盘大小的图书馆，更别提完全虚拟的云存储了。就在 20 世纪 60 年代人类登月之前，打孔卡仍在流通。从今天的角度来看，它可以容纳微不足道的 80 Byte 的数据。当我

1983 年出生时，录音带和录像带是标配，在计算机领域，我们主要使用软盘和磁带（如果需要有更多的内存）。我还记得我的康懋达 16（Commodore 16）。是的，没错，不是后来很多青少年用来赌博的康懋达 64（Commodore 64），而是它的前身，它从磁带上读取每个程序和游戏。在程序或游戏加载过程中，在这场数字冒险开始之前，您可以为自己泡一杯茶或上个厕所，时间足够了。

今天，普通的青少年可以很容易地买到一个存储容量为 64GB 的 U 盘。因为在物理世界中把数据从 A 地运到 B 地其实是比较不方便的，数字世界则不同，您可以依靠邮件和传输服务，依靠共享和云平台为您提供舒适的数字化服务：通过 Instagram 或脸书（Facebook）与世界分享照片，点击按钮赠送音乐和有声读物，在云端共同完成学校或大学的小组作业，大家同时在看同一份文件、实时看到同学正在第 16 页上乱涂鸦的内容——所有这些在今天都很常见。适用于日常生活和休闲时间的东西也适用于工作世界和公司的日常互动。

除了无处不在的智能手机，其他设备也在随着我们的每一次呼吸而增加数据流量：家庭中与互联网连接的电视和音响，公园里的无人机和健身追踪器，以及工厂、工业设备、冷却系统和运输货车中的传感器。名称中带有"智能"的术语数量不断增加，它们所指的规模也在增加，这并非巧合：从智能手机到智能家居，从智能家居到智能城市。接下来是什么？智能星球还是智能银河？我们不只是在谈论简单的信号，如 0 代表关闭，1 代表开启。在油管（YouTube）和 Instagram 的时代，照片和视频的图像传输在数据流中占有很高的份额。除此之外，还有音轨。从技术上讲，每一次语音聊天、每一次在线会议都可以被记录和评估，尽管考虑到成本、收益和效率以及数据保护，我们自然不会这样做。但在远程维护领域，您将在关于人工智能的 5.2 节中进一步了解，音频诊断已经成为现实。

就像一个人无法阅读所有曾经写过的书一样，一个人也无法理解通过一切网络流通的所有数据。无论您如何转述它：其中大部分是而且仍然是数据垃圾。但另一方面，也有一个巨大的数据宝库在等着我们去挖掘。今天，大规模的数据收集和分析已经成为可能：正如我所说，存储空间已经成为一种大众商品。我们仍然需要考虑电源，为此我们仍然要把真实的建筑和线路放到物理世界中。但是与模拟图书馆相比，一个管理良好的数字图书馆，可以智能搜索和链接的文件和文档，其优势对每个人来说都应该是显而易见的。人们不需要变成图书馆管理员或数据科学家也能做到这一点。如果是公开资源，对于公民或科学家都开放的数据源，得益于互联网、LTE 和 5G，现在有比以往任何时候都多得多的人可以同时访问这些知识，并同时使用这些数据工作。如果数据来自竞争中的市场导向型公司，或者甚至是所谓的关键基础设施中安全相关的参与者，则必须保护他们的数据库，避免被操纵和黑客攻击，那么访问通常会受到限制。

　　谷歌、脸书、Instagram 和网飞（Netflix）等公司的成功表明，您可以通过基于数据的商业模式赚到很多钱，接触到很多人，并取得很多成就。社交媒体和流媒体已成为我们社会不可或缺的一个组成部分。当我在手机上搜索宜家或亚马逊，一键订购几件心仪的产品时，这也是部分基于大数据和设备联网的机制。

　　在交通规划领域，技术发展之间的互动尤为激烈。想想最早和今日的导航设备，十年前的路线规划和谷歌地图等地图服务，道路上的传感器，数字交通标志和显示板，对自动驾驶汽车甚至是空中出租车的愿景。许多不同的交通或网络参与者之间的长期互动，可通过物联网的方式进行映射，从而向公众提供非常准确且反映当前状态的信息。这也实现了实时监测和远程控制，如果没有数字数据流，这是不可能实现的。

　　让我再举两个例子，以说明数据如何具有可用于社会或企业的附加价值。我们在电视上观看一场足球比赛，会被数字和统计数据所淹没：控球率、传球情况、两队之间过去 20 场比赛的结果等。这些信息究竟从何而来，解说员如何在比赛中现场获取所有这些数据？在这一切的背后是 Sportcast GmbH 这样的专业公司，它们利用侦察和跟踪方法系统地收集足球比赛的元数据。董事总经理亚历山大·冈瑟（Alexander Günther）曾经谈到过数据对其公司商业模式的重要性："我们很快意识到，我们必须把收集的内容以及追溯的对这些内容的描述作为我们服务和制作任务的一部分。这意味着：只有当一方面有了完成的词条，另一方面原材料被填上相应的关键词时，一个订单才算完成。"⊖

　　对于第二个例子，让我们回到物流部门的数字化，这在本章开始时已简要讨论过。在内部物流中，叉车司机和订单拣选员在仓库内的移动数据可以显示何处还有潜力剩余空间。如果要评估一个物流服务供应商过去三四年的情况，那么我们可能会看到所有拣选过程、库存转移、补货和放货的 500 万～1500 万条数据记录。数据评估可以显示叉车司机行驶多少距离。他是走的正确的路线，还是能在某个地方走捷径？转移物品有意义吗？通过 ABC 分析法（Activity Based Classification），访问时间可以与拣货频率相关联：从长远来看，高频物品和不太受欢迎的分类组件的定位是否有意义？或者说流程是否还可以继续优化？

　　海量数据之所以仍然是可以处理的，是因为计算机硬件和软件继续与数据量并行发展。今天的计算能力允许实时进行复杂的数据计算以及对未来决策有价值的预测和模拟。如果您的办公室里有超级计算机或量子计算机，那么我会感到非常惊讶，不过，只要谷歌公司在研究未来的计算机，传统的台式计算机和智能移动设备就完全足以推进您的数据管理。

　　⊖ Unfold Magazin，Ausgabe 1，2019/2020，S. 75

我们应该把大数据和物联网放在一起考虑，因为与数据流和移动性有关的一切也与网络质量有关，与宽带连接和 5G 网络有关，与智能手机和其他互联网设备之间的机器通信有关。在统计学家、科学家、记者、分析师，或者您新招聘的数据科学家能够从数据中得出结论，并为了公司（或组织或国家）的利益对其进行审视之前，数据必须首先流向他们。这是通过物联网完成的，我们可以从各种地方接入物联网，获取我们要找的数据，而不需要烦琐的翻译和解码。智能手机、健身追踪器、汽车、叉车、货车、集装箱或船舶中的传感器，将它们过滤和读取信息的物理世界翻译成另一端可以读取和理解的数据语言。这些设备和它们的网络联合起来形成了物联网，其中有大量的数据来回流动。通常情况下，通过物联网的联网产生了复杂的算法或自学程序所需的数据，以形成 5.2 节的主题——人工智能。因为不仅是人能够汇编信息、评估数据、进行比较、得出结论、计算变化和概率以及推导出逻辑结果，计算机也能做到这一点。而且它们现在可以做得比我们人类好得多。您知道大数定律吗？我研究的案例越多，得出的结果越多，得出的解释或解决方案就越有可能与现实相符，可以作为模型使用。因此，这就是我们收集越来越多的数据并对其进行评估的原因。大量的数据及其评估使结果更加可靠。

算法、内存技术和处理器技术已经迅速发展。算法有助于根据任何标准并以令人难以置信的速度、甚至在复杂的条件下处理数据，将天气、股价、库存或销售等信息纳入计算。这就是物联网、大数据和人工智能结合的地方。欢迎来到数字化转型的时代！

5.2　人工智能（AI）

尽管人工智能一词在 20 世纪 50 年代才被提出，但人工智能的概念已经存在很久了。像列奥纳多·达·芬奇（Leonardo da Vinci）这样的发明家和创意工匠已经反复思考过创新，也许可以与今天和未来的自动驾驶汽车相比。在历史上，我们一次又一次地遇到了机械生物，从简单的老虎机到钟表匠的复杂机器人助手，再到 18 世纪的神秘"国际象棋土耳其人"。设计者是一位名叫沃尔夫冈·冯·肯普伦（Wolfgang von Kempelen）的法院官员，一个技术狂人，观众的印象是他的设备可以自己下棋。但在这个设备里坐着一个操作它的人类棋手——很像木偶戏中的木偶师。早期的机械工程和面向未来的工艺并不是智能非人类的唯一来源。毕竟，我们作为创造文化的生物有着惊人的想象力，而不仅仅是在互联网时代。以弗兰肯斯坦（Frankenstein）这个人物为例，他在实验室中创造了一个人造人。虽然这只是书中和电影形式的娱乐，但在围绕弗兰肯斯坦故事的惊悚和恐怖中，我认为也有一点对类似人类的机器的恐惧：这样的创新难道不违背世界的秩序吗？我们到底能不能控制这种机器？如果智能机器现在成为现实，那么我和我的工作会变得怎样？另一个有趣的人物是傀儡（Golems）：中世纪的学者们用黏土或其他材料创造了一种神奇的助手，他自己虽然不能说话或思考，但可以执行命令。从今天的视角来看，创造一个傀儡，本质上也是关于人工智能的。

但人工智能在 2021 年意味着什么？请允许我引用德国物理学会一篇文章中的一个简洁的解释，我发现它相当贴切：

"一般来说，人工智能关注的是使机器具备类似于智能（人类）行为的能力：在学习、计划或解决任务方面。这是在明确规定和编程的规则帮助下或通过机器学习实现的。应该强调的是，不存在所谓的一种人工智能；它是一个广泛的方法、程序和技术，已被研究多年。这些包括，例如，自然语言处理（Natural Language Processing）、知识的呈现（符号和亚符号人工智能）或智能软件代理。这些是能够执行特定、独立和自我动态（自主）行为的计算机程序。目前，不同的智能方法被结合在一起（所谓的混合系统 Hybride Systeme）。"[⊖]

就像可以把人训练成数据专家一样，您也可以使计算机在处理数据集时尽可能地聪明。这被称为机器学习。意味着对处理信息和数据的计算机进行特殊的培训：为它们配备正确的算法，并向它们提供足够长的数据，使它们能够识别文本或图像中的模式、规律和准则。这意味着机器能够将以后的数据输入在其专业领域分类为已知或未知，并将其与迄今为止获得的"知识"进行比较。机器学习的一个特殊领域以及与之相关的模式识别就是所谓的深度学习。这里使用的是人工神经网络，它大致上是基于人脑的神经结构。同人类的潜意识相似，人工智能需要接受训练。随着时间的推移，系统会不断自我优化。通过不断的训练，所使用的算法会变得更准确、更有目的性、更可靠和更高效。这个过程可以人为控制，也可以自行运行。为此，通常使用监督学习和无监督学习这样的分类。在这里，我们再次处理人工智能和大数据之间的交互，因为算法能够访问的数据量越大，学习过程就越能得到优化。我们每天坐在计算机前或上网时都会遇到机器学习的原理。例如，像亚马逊这样的销售平台的个性化推荐。您已经了解了：买了闪闪发光的独角兽的顾客，也会觉得羊驼风格的亮片背包很有趣。开车时的最快路线推荐也是基于"聪明"算法，照片软件的人脸识别和各种自动图像处理步骤也是如此，供应商 Instagram 在移动设备上使用算法自动过滤和切换图像。

谈及"聪明"的算法。如果您仔细观察，目前所使用的人工智能并不是特别

⊖ *Deutsche Physikalische Gesellschaft*（*Hrsg.*）：Künstliche Intelligenz für die Zukunft Europas. Physikkonkret Nr. 47，Physik und Information：Sonderausgabe zum Jubiläum 175 Jahre DPG，August 2020. *https：//www. dpg-physik. de/veroeffentlichungen/publikationen/physikkonkret/physikkonkret-47*

聪明。专家们用"弱人工智能"或相当于英语的"狭义人工智能"（Narrow AI）一词来描述这一点。在它们被编程和训练的特殊领域，计算机大脑现在越来越多地超过人类，但当涉及联想，以有意义的方式将来自最不同领域的知识进行关联和链接时，这种所谓的天才很快又变成了单纯的机器。我个人喜欢"聪明的白痴"这个词。

目前，我几乎每天都能听到关于人工智能的新发展、新应用和可能的用途。并非所有这些都是有用的。其中一些可以帮助个别公司定位和赚钱，但它们并没有给整个人类带来任何特别的附加价值。然而，我坚信，巧妙地结合人工智能、大数据和物联网的可持续应用，可以帮助建立一个更美好的世界。

让我们来看一些案例，了解一下人工智能的事实可能性。我们先看看过去几年的一些亮点：

1）早在 2014 年，中国香港深度知识创投公司（Deep Knowledge Ventures）因在其董事会中增加了一个算法而成为头条新闻。被称为 VITAL（Validating Investment Tool for Advancing Life Sciences，推进生命科学的验证投资工具）的算法本应评估生命科学公司的数据库并寻找融资趋势和投资机会。虽然 VITAL 已经完成了自己的工作，但人工智能用于投资的话题还没有结束。例如，有一个名为 ODDO BHF 的人工智能基金。2020 年初，其背后的公司自豪地宣传说，这支基金自 2018 年底推出以来，实现了 27%的超平均净值增长。

2）2017 年，日本人寿保险巨头富国人寿保险公司（Fukoku Mutual Life Insurance）完全依靠名为 Watson 的 IBM 软件来提高医疗鉴定和计算的效率。从根本上说，日本在机器人和其技术方面比德国更精通。然而，这个案例一直留在我的脑海中，因为当时一家小规模保险公司想要裁减 34 个工作岗位，也就是说要裁掉负责部门的近 30%的员工。

3）2020 年夏天，卡尔斯鲁厄理工学院（KIT）宣布，它已成为欧洲第一个将最先进的 NVIDIA DGX A100 AI 系统投入运行的地点。这些计算机系统是高性能服务器。八个加速器共同提供了 5 AI-PetaFLOP/s 的计算能力，即每秒 5 万亿次的计算操作。这家隶属于亥姆霍兹联合会的研究机构不仅宣布了所获得的技术，还宣布了研究的目的和相关研究人员的动机：着眼于新冠肺炎疫情大流行，KIT 的新人工智能系统可以用来对抗它——例如加快发现感染热点、预测传播模式、减轻医务人员在分析 X 光片方面的负担。

4）我一会儿还会谈到 X 光片。请允许我在这里提到另一个应用⊖，即新冠肺炎疫情大流行期间，许多其他人工智能项目的代表。一位土耳其程序员为摄像头开发了控制软件，用于测量路人之间的距离〔关键词：社交距离（Social

---

⊖ *https://github.com/KubraTurker/Social_Distancing-CV*

Distancing）；其他标签是深度学习和 Python〕。如果距离是安全的，人们就会被框上一个绿色的方块，否则就是黄色或红色，类似于交通指示灯的显示。监视当然是一个微妙的问题。但在我看来，如果我们仅仅因为一些人将其用于可疑的目的，就在原则上将一项具有监控潜力的技术妖魔化，是不正确的。工具首先只是工具，即使它们经常可以变成武器。希望下面的例子能说明如何更平和地使用它们，且仍然获利。

5）与我交谈的许多人听到人工智能时，首先想到的是像 Alexa 和 Siri 这样的语音助手。这也难怪，直到最近，这些价格合理且量产的产品，才刚刚实现用于日常生活。当我说："Alexa，开灯。"就像施了魔法一样，灯亮了起来。我问："Siri，英文的杂草怎么说？"然后机器就会为我翻译。如果您是那些对语音助手的力量嗤之以鼻的人，请考虑一下：对于一台机器来说，读取人类通过说话产生的声波并将其翻译成"嘿"这样的词并不是一件小事，因为您的声波听起来与我的不同，而我的声波听起来又与我女儿的不同。想想您要花多长时间才能从未知语言中过滤出可理解的序列。对您来说，这至少也需要几分之一秒的时间。目前正在研究能够进行对话的语音辅助系统，这意味着未来与这些智能设备的"对话"，将不限于问答链和对命令的反应；它将一步步地近似我们人类的交流。

6）人工智能的另一个流行的案例是国际象棋计算机。曾几何时，机器在这个强烈基于数学和逻辑的游戏中非常出色，即使是最好的人类棋手也无法再击败它了。游戏人工智能阿尔法围棋（AlphaGo）的名气不是很大，但是现在人类也不再有机会对抗这台机器了。与它的前辈相比，后来的阿尔法元（AlphaGo Zero）没有被输入任何已下过的围棋游戏数据，而只是输入了游戏规则。然而，2.0 版本在 100 个案例中击败了之前的版本。不过，这样的游戏人工智能只在其专业领域内是无敌的。他们在任何其他学科中都会显得很糟糕，而人类可以轻易地掌握一打游戏，而且都能达到大师级水平。顺便提一下，当时其他围棋大师在观看 AlphaGo 的获胜局时，也发现计算机的一些意想不到的落子很有"创意"。

我个人认为创造力方面与计算机、软件和算法有关，特别有趣。这与我在很小的时候就对艺术和手工艺感兴趣有关。我的母亲是一位艺术家。她给了我和我的兄弟姐妹们许多关于创造性工作的见解。在我还是个小男孩的时候，我父亲经常带我去建筑工地和现代化工程项目，他的工作是作为房东管理房产。现在，当我听到人们说"创造力是人类特有的，机器缺乏决定性的东西"时，我就会想：等一下！我认为，我们称之为艺术的很多东西实际上是完美的手工艺，大师级的工艺作品。对于画家和雕塑家们来说，精确度往往也是很重要的。我想给大家举几个人工智能创造性成就的例子，这些成就与艺术事业、艺术家、创意人士或文化产业有关。

7）计算机创作的音乐，测试听众无法将其与人类创作的音乐区分开来。据说萨摩斯的毕达哥拉斯在古代曾对于音乐说过以下的话："一切都是数字"。由于电子音乐可以用直观的软件制作，而无须掌握任何乐器，因此，假如现在宣称贝多芬未完成的作品是人工智能的事情，这在某种程度上是合乎逻辑的。

8）在文字处理软件领域也有创造性的人工智能方法，例如用于编写剧本：您可能知道演员（兼歌手）大卫·哈塞尔霍夫（David Hasselhoff）在 20 世纪 80 年代已经参与了人工智能，在《霹雳游侠》系列中扮演游侠迈克尔·奈特（Michael Knight）。可能您还记得他的智能手表，只要他对着手表说"孩子"，他的高科技汽车就来了。2017 年拍摄的怪异短片《这不是游戏》，同样是由大卫·哈塞尔霍夫主演，整个剧本都使用了人工智能。噱头十足，但我不认为它有什么开创性的结果。但导演认为，有一天我们的娱乐产品有可能来自机器，它们利用计算能力和创作者的输入，将数据和情感结合成艺术，吸引相当数量的观众。

9）第三个实例涉及艺术品的真实性，即艺术分析：《维克磨坊》是文森特·梵高的真迹吗？一个人工智能在 2020 年 9 月 1 日拍卖前不久检查了这幅画，得出的结论是：很有可能是。如果您认为艺术市场是一个只能由人来判断的领域，那么我诚心向您推荐电影 Beltracchi（《贝特莱奇》）。通过对马克斯·恩斯特（Max Ernst）等国际艺术家的模仿，伪造者贝特莱奇欺骗了公认的有多年资历的专家。在梵高画作的案例中，专家算法与识别画作中画家风格的神经网络组合一起工作。在《维克磨坊》的案例中，人工智能没有发现任何异常，而在其他的检查中却能识别出伪造的东西。据总部位于慕尼黑的亚历山大·塔姆有限公司（Alexander Thamm GmbH）称，该公司与柏林国家刑事警察局的艺术犯罪部门合作，对梵高作品的识别准确率为 89%。该模型目前已经揭开了这位著名画家九件赝品中的八件。

10）英国公司工程艺术（Engineered Arts）甚至创造了一个能画出新画的机器人艺术家，她的画作已经展出了。如果您也想看看这种人工艺术，请搜索 Aida。这个名字当然不是巧合：首先，AI 是指人工智能；其次，Aida 是指著名的歌剧《阿依达》；最后，它是指计算机先驱阿达·洛夫莱斯（Ada Lovelace）。

对于公司来说，人工智能提供了广泛的可能性。这些不仅涉及监测和管理当前的现状，还涉及对未来的预测。可供评估的数据越多，使用的人工智能应用越"聪明"，就能更可靠地预测事件。这就把我们带到了预测性维护和预测性分析领域。

数量和概率信息可以是有趣的，例如机器人和自动化流程相结合：机器人用在生产领域已经有相当长的一段时间了，但不同软件模块的整合、机器人之间的通信和来自仓库的生产供应连接，对我们来说仍然是部分未知的领域。通过整合的内部生产物流，整个生产控制系统预测机器在什么时间需要什么数量的零件，并将信息传递给仓库管理系统。然后，该系统启动仓库中的订单拣选、运输到生产，以及为机器提供所需的材料。

预测的潜力尤其与设备、系统和机器的维护相关。维护工作通常是定期进行的，与法律要求、库存或其他标记相关。如果间隔时间太长，可能会导致间歇性故障；如果间隔时间太短，可能会产生不必要的费用，例如，派专业人员检查仍在最佳运行状态的设备。对公司来说，能够灵活地进行维护和维修工作是有意义的。例如，如果只是一个软件问题（而不是硬件问题），如今可以远程解决，而不必前往现场。在自动化算法的帮助下，收集和评估数据（包括机器、设备、系统或生产数据）有助于监测技术并做出此类决策。通过人工智能进行智能实时数据管理，有助于制定符合需求的维护计划。例如，人工智能可以用来分析音频或图像数据，以改进检查和维修的安排调度：机械手臂的动作是否很奇怪？发动机的声音是否正常？商用车辆和机械工程集团曼恩（MAN）使用这种方法来提高货车在道路上的可用性。该企业希望能够尽可能准确地预测车辆的关键部件，如喷油器等何时会出现故障，而直接导致车辆故障。以预防为目的创建的数据集包括维修记录文档、故障记录文档和远程信息处理数据。与此同时，开发了一种算法来检测控制单元数据中"不健康"的车辆数据。瑞士联邦铁路公司（SBB）使用 SAP 的物联网解决方案对其车队进行预测性维护。预测性维护也是协调地区公共交通的一种很有前途的方法。

由于预测方法不仅涉及维护方面，还涉及预测供应和需求，因此人工智能与物联网相结合的这种功能对很多行业都很有意义：需要考虑天气的旅游专业人士和节假日活动组织者，或风能和太阳能工厂的运营商以及其他大型能源领域的参与者。如德国能源署（dena）正在协调"EnerKI——使用人工智能来优化能源系统"项目。通过这种方式，希望可以建立关于人工智能用于能源系统的知识，并使其可用于经济、专业公众和政治。dena 的分析报告"Künstliche Intelligenz für die integrierte Energiewende"（"用于综合能源转型的人工智能"）还有以下内容：

"风力涡轮机预测性维护的供应商承诺提前 60 天预测运行部件的故障，这样做避免了维护工作，每台涡轮机可节省 12500 欧元。因此，人工智能应用不仅创造了经济附加值，而且还有助于可再生能源的整合。"⊖

未来几年还有很多值得关注的事情会发生。最后，让我用一个来自医学界

⊖ *Deutsche Energie-Agentur（dena）：Künstliche Intelligenz für die integrierte Energiewende. Einordnung des technologischen Status quo sowie Strukturierung von Anwendungsfeldern in der Energiewirtschaft. Stand：09/2019.https：//www. dena. de/fileadmin/dena/Publikationen/PDFs/2019/dena-ANALYSE_Kuenstliche_Intelligenz_ fuer_die_integrierte_Energiewende. pdf*

的例子来说明人工智能、模型识别、图像数据和物联网之间的交互作用。想想 X
射线的重要性：如果我们能将人工智能与强大的云解决方案结合起来，拍摄数
百万张可能有或没有肿瘤的肺部 X 光片，那么主治医生将有更好的机会比较实
际案例，验证猜测病情，而不是仅仅查阅他们头脑中的"个人数据库"。毕竟，
一个医生在他的职业生涯中会看到多少这样的 X 光片：1000 张？5000 张？还是
10000 张？无论如何，这个数字肯定与该领域所有医生的经验世界相去甚远。此
外，我们的医生必须能够记住所有的图像和疾病的相关模型，以便做出可靠的
陈述。然而，每个医生只有非常有限的数据量可在脑海中访问。现在，100 万张
X 光片组成的数据库可以发挥作用了。智能模型识别软件将图像叠加在一起，
开启高速识别模式，系统计算出疾病的可能发展，并立即确定病患所处的阶段。
如果这对您来说太过虚幻了：德国卫生部门已经有了结合人工智能和大数据的
实际项目。德国技术人员医疗保险公司（TK）正在运行带有药物警戒监测的项
目，旨在通过记录和评估药物的不良副作用来提高病人的安全保障。为此，它
使用了来自约 2000 万名投保人的账单数据，并使用了深度学习等方法。

5.3 增强现实（AR）和虚拟现实（VR）

物联网使设备能够从真实的物理世界中读取事件，并将其翻译成数据语言，
智能设备和现代机器能够利用它们接收到关于位置、温度、颜色、声音等的信
息。反过来也是一样：越来越多的东西在万物网络中为我们翻译来自数字、虚
拟世界的内容，并将其转化为我们体验的游戏序列或全息图样的图像和视频，
我们可以用它来形象化某些东西，从而更好地理解它。

虚拟现实和增强现实到底是什么？通过 AR，现实被简化为第二条通道上的
虚拟元素。在 VR 中，我们淡化了现实，将自己完全沉浸在虚拟世界中。VR 眼
镜，可能是使用这种技术的最流行设备，为我们提供了一个完整的新现实，在
某种意义上取代了物理世界。您可以把它想成是在看一部电影。使用增强现实
技术的手机游戏，如众所周知的宝可梦 Go（Pokemon Go），将现实中的元素，
如我们的街道和道路网络，与非现实的内容，如来自虚构世界的人物相结合。
虚拟现实和增强现实的根基在于 20 世纪中期。第一个具体的 VR 系统设计可以
追溯到美国摄影师摩通·海利希（Morton Heilig），那是在 1956 年。仅仅几年
后，美国计算机科学家伊万·萨瑟兰（Ivan Sutherland）发明了第一个 VR 眼镜。
大约 20 年后，人类朝 AR 方向迈出了第一步，其中包括"超级驾驶舱"（Super
Cockpit）的原型，这是一个用附加信息扩展飞行员视野的头盔。就像我们回顾
3D 眼镜是某个时代的典型配件一样，VR 眼镜和 VR 头盔是新 VR 时代的象征。
微软自 2016 年以来一直在提供其 HoloLens。与此同时，谷歌主要专注于智能手

机的应用和配件：Cardboards 是一种硬纸板框架，用它可以将您的智能手机变成
VR 眼镜。Google Lens 目前可能是用于分析视觉数据和识别图像的最重要的手机
应用。之前，谷歌用他们自己的硬件进行的尝试并没有取得成功，如果您联想
到谷歌眼镜（Google Glass）：谷歌眼镜的第一个版本与 VR 或 AR 无关，在德国
相当失败。最近，随着产品白日梦系列"daydream view"的推出，真正的 VR 眼
镜被推出。Facebook Technologies 同时在其 VR 品牌 Oculus 上投入了大量资金，
其眼镜在测试中表现相当好。惠普等老牌市场巨头也乐于涉足 VR 业务，新玩家
如来自上海的小派（Pimax）正在震撼市场。这本书一上市，市场情况可能又会
有所不同。不幸的是，我没有魔力水晶球，无法预知未来。

成功并不令人感到意外：我们人类喜欢沉浸在新的、陌生的或其他的世界
中。在 VR 眼镜出现之前，有一些电影或计算机游戏将我们弹射到其他的时间和
地点。在计算机游戏出现之前，有具有故事情节和戏剧元素的模拟团体游戏，
用以打破自己的现实世界——可能人们认为现实世界太受局限了。在电影出现
之前，有照片、绘画和文学等方方面面。VR 和 AR 的出现，源自人们对幻想和
故事根深蒂固的兴趣，它们让我们的世界变得更广阔、更丰富多彩。这些技术
将如何塑造未来的经济？让我们从故事驱动的娱乐业开始，从网飞到好莱坞，
再到游戏行业，因为那里的效果特别好：

1）您是不是在 2020 年买了音乐会门票，却因为疫情防控措施而不能去听
音乐会？对您来说这种事情只是有点遗憾，但是对音乐家和歌手来说，疫情带
来的问题很严重。这样的音乐会体验不可能轻易转化为数字替代品。除非歌手
的名字是初音未来（Hatsune Miku）：她只存在于虚拟世界，并能根据回放再次
表演，这当然就容易多了——即使疫情仍然存在，VR 明星的表演也会吸引观众
群，人们还是必须考虑距离规则和口鼻防护。

2）VR 对电影业来说也很有趣。该技术可赋予纪录片新的深度，例如对动
物生活和自然现象的深入了解。VR 也扩大了电影院和家庭影院的大片和动画片
的特效范围。您听说过 360°视频这个词吗？如果是这样，您大致知道我的意思，
其中，2019 年的 15 分钟电影 *The Key*（《钥匙》）树立了标准，这是一种介于电
影、戏剧、旅游和艺术表演之间的体验。

3）在游戏机、计算机和手机游戏行业，VR 是一个巨大的话题。尽管 2020
年科隆国际游戏展（Gamescom）在 8 月底完全以数字方式举行，但像许多贸易
展览会和重大活动一样，作为"世界上最大的计算机游戏展览会"（引自《每日
新闻》网页版，tagesschau. de），它通过在线渠道吸引了数百万专业和业余游戏
玩家、程序员和开发人员、专家和感兴趣的业余爱好者。该活动不仅有一个特
别专业的在线展示，有自己的内容中心，与流行的游戏平台 Steam 联网，还可以
在一个特别开发的游戏中穿越一个与科隆的展厅非常相似的虚拟展厅，以游戏

的方式体验展会。当然，它也致力于展示新的电玩，这些游戏在很大程度上或完全依赖于 VR 技术和 VR 设备的游戏体验。这些游戏包括《星球大战》宇宙中带有飞行模拟器元素的游戏和"荣誉勋章"游戏，在该游戏中，您将站在盟军那边重演第二次世界大战。

4）据报道，脸书的马克·扎克伯格（Marc Zuckerberg），您应该知道他，他说过："就像从分享文字到照片以及现在的短视频的转变一样，虚拟现实就是未来。"回想一下，考虑一下脸书、油管和在线视频的胜利，您可能就不会觉得他是在胡说八道了。VR 可能成为互联网展示的下一个阶段，谁知道呢？

5）另一个有趣的应用领域，我们可能更多地将其与怀旧联系起来，而不是与未来联系起来，那就是游乐园和主题公园。在柏林，"VR 世界"（VR Nation）最近开业了——这是一个激光技术和虚拟游乐园的混合体。手、脚、躯干和头部的传感器记录了游客的动作，他们作为一个 3D 化身在 100m² 大的区域内实时移动并体验游戏。如果您认为这有点疯狂，那您应该看看"VR 之星"（VR Star）设备：在 13000m² 上的一个中国 VR 至尊。

但即使是在制造业或普通德国公司的生产或培训中，这些公司生产看似无聊的有形商品，乍一看与这种世界级建筑和讲故事（Storytelling）没有任何关系，而实际上，在 VR 方面也发生了很多事情：

1）VR 眼镜可以更容易地指导员工：当一台机器需要维修时，戴着智能眼镜的服务人员可以通过 3D 演示的步骤，一步步根据指导展开维修工作。例如，柯尼卡美能达公司（Konica Minolta），当人们一方面需要信息，另一方面需要解放双手时，就会使用一种内部开发的名为 AIRe Lens 的产品。同样实用的是：在包装台前的工人几乎可以看到他们接下来应该往盒子里装什么。摄像机拍摄双手的活动，屏幕上添加了哪些是下一步要装的零件。员工们清晰选择屏幕上的正确答案，由此可以降低拣选的错误率。这对于标准流程很有用，当客户不按顺序订购东西时，标准会纠正这种偏离。

2）劳斯莱斯与科特布斯技术大学合作，在德国的飞机制造活动中开发了一个房间，其中三面墙和地板具有屏幕功能。例如，在这个"洞穴"中，工程师可以虚拟展示一台拥有 20000 多个零件的发动机，或者参观者可以使用 VR 眼镜和"飞杆"（Flysticks）来探索技术细节。

3）VR 在车辆开发领域也发挥着重要作用。如果您认为开发原型非常耗时费力，那么这就变得可以理解了。为了组装一辆可驾驶的汽车，必须生产数以千计的部件。为了保持竞争力，必须大幅缩短这些时间周期。这就是为什么工程师也会在虚拟生产室或原型实验室开会，用比特和字节，即用虚拟部件组装车辆。如果试验性地将换档旋钮再移动几厘米，这对座椅、导轨以及传动轴的影响就会立即显现出来。移动一个换档旋钮竟然会产生如此多的效果，这会让外行人很惊讶。考虑到现有的技术可能性，继续实际执行施工计划，然后再面对错误，那将是一种真正的浪费。虚拟空间中的模拟有时可将车辆开发的时间缩短一半。

最后，让我提到一个可能来自医学的应用，这是一个真正可以为更好的世界做很多事情的领域。患有先天性心脏缺陷的儿童常常要忍受紧张的检查和干预措施。在欧盟项目"心肺功能"（Cardioproof）中，来自不来梅的弗劳恩霍夫医学图像计算研究所（MEVIS）的研究人员已经开发出可以提前模拟某些干预的软件。初步的经验给人以希望，这可能意味着将来可以省去一些干预措施。

VR 和 AR 之间的过渡是流畅的。有些人也把这两种技术称为双胞胎技术。下面的实例是关于 AR 的，即增强现实，或者至少在这方面是处于前列的：

1）在建造房屋时，平板电脑和智能手机可能是工匠必不可少的工具。也就是说，当他们想让自己的工作更轻松并且不必花费大量时间测量墙体时，就会查询平板电脑，它能以毫米级的精度告诉他需要钻孔的位置。系统根据比较值计算出比例和距离。通过这种方式，它可以计算出需要钻孔的位置，以便正确连接墙体组件。

2）AR 在旅游业的应用也很有趣：应用程序（例如 2020 年的 Zaubar）将城市旅游和时间旅行结合起来。例如，当您站在勃兰登堡门前时，通过智能手机可以获取勃兰登堡门的历史图像和声音记录。波茨坦的巴贝尔斯堡（Babelsberg）电影制片厂使用 AR 技术构建布景。技术人员和装配人员使用三维预视化，即全息影像，以及一副称为 HoloLens 的混合现实眼镜。负责布景建设的艺术部门总经理迈克尔·杜威尔（Michael Düwel）在接受采访时说："当然，这项工作可以用传统方式完成，但要达到这种精度水平，需要花费大量时间。"当被问及电影业的未来时，他回答说："我们相信，布景建设的未来在于传统工艺与视觉效果等数字技术之间越来越强的共生关系。"⊖

3）巴贝尔斯堡电影制片厂还与一个容积式摄影棚合作。Volucap 是电影人和弗劳恩霍夫研究所的合资企业，旨在让人们可以看到步入式电影。就我个人而言，它让我想起了《星际迷航》中的全息甲板。您知道它们吗？32 台摄像机以三维方式捕捉人和物体，并创建类似全息影像的模型。然后这些模型可以穿插到虚拟和现实世界中。就像前面提到的柏林 VR 公园不能完全跟上中国的 VR 公园一样，巴贝尔斯堡的摄影棚当然也不能像环球影城的电影工作室那样，达到好莱坞的先进水平。

4）对于新公司地点的规划，在首次建立生产工厂时，可以使用增强现实来

⊖ Unfold Magazin, Ausgabe 1, 2019/2020, S. 113

绘制机器园区的布置方式，以便规划和优化流程、运输和机器间的交互。现有机器可以集成或叠加到图片中。看着平板电脑也就是在看着公司未来。

谈到未来的预测：到目前为止的很多情况下，您只能猛地一头扎进人造世界，或当您戴着 VR 眼镜或耳机尝试应用程序时，感到头晕目眩。这种所谓的晕动症在未来可能会变得越来越少，因为从技术上讲，这是由于数据传输延迟造成的。然而，在 5G 网络时代，开发商和制造商正越来越好地解决这种延迟和滞后的问题。以全面的物联网为基础，数据可以快速、安全、稳定地传输，许多机会可能会出现，用 VR 和 AR 应用来丰富我们的世界。我很乐观地在这里写"丰富"一词，因为从长远来看，我相信这些应用程序会占上风，让尽可能多的人和我们的整个生态系统从中受益。欢迎您和我一起为它们加油，更欢迎您也参与进来，我们一起加油。

5.4　3D 打印

顾名思义，物联网的生命力来自于物。但什么是"物"？您可能首先想到的是支持互联网的手机、平板电脑和笔记本计算机，然后是使用某种形式软件的大型工业工厂，这些软件可用于现代化和当代网络。这些都是对的，但我想在此指出与硬件相关的进一步的动态发展。当我们谈论数字转型时代的设备和硬件时，我们不能完全避免 3D 打印现象。3D 打印机及其背后的生产过程是现代化的工具，我们可以用它来生产企业所需的各种东西：从部件和设备零件到即用工具和整个生产综合体。传统的硬件概念不足以描述它。打印机不仅是一个与软件交互的设备，有了这个设备，我们还可以生产其他硬件。就其颠覆性而言，3D 打印绝对可以与人工智能和 VR 技术相提并论。毕竟，这种技术的可能性在前人看来只是一种幻想。在过去的 20 年里，3D 打印机的价格已经迅速下降，而它们的速度和精度也同时大大提高。现在可打印的材料包括塑料、陶瓷、玻璃、纸张、金属、混凝土，以及合成食品和织物。一场名副其实的竞赛已经爆发，特别是在组织（和类似的材料）方面，因为医疗产品和服务一方面可以对人类做出有意义的贡献，另一方面又可以赚取极高的利润——至少这是许多有远见的演讲和研究项目背后的希望和如意算盘。一段时间以来，专注于生物打印的初创企业如雨后春笋般涌现。已经有市场观察家和专家对过度的炒作发出警告，作为一个有代表性的例子，我引用一段来自 *Capital*（《资本》）杂志的话语，供大家参考：

"第一个可移植的肝脏是否会在 10 年或 50 年后被打印出来，这一点是无法可靠预测的。唯一可以肯定的是，在利润面前还有漫长的研究时间。在这场通

往未来的赛跑中，几乎每个人都是如此。"[注]

另外，一些令人印象深刻的东西已经用 3D 打印工艺生产出来了，这也是事实。这些产品包括假肢、汽车和飞机的部件。非营利组织"新故事"（New Story）与美国的图标公司（Icon）一起，甚至为墨西哥的一个定居点打印了房屋。这些房屋是用一台名为 Vulcan Ⅱ 的移动大型 3D 打印机建造的，这是图标公司的内部开发成果，据该公司称，建造一座这样的房屋大约需要 24h。打印机应用水泥来建造房屋的地板和墙壁。打印是通过一个应用程序控制的，以便团队可以轻松地进行更改，例如调整房屋以适应现场的条件。控制打印机的软件据说也考虑到了天气因素，并根据湿度相应地混合水泥，以确保打印的质量始终如一。因此，我们将有一个软件控制的"物"，可以在预测分析即人工智能的帮助下，生产其他有用的东西。

企业家弗兰克·塞伦（Frank Thelen）在他的书 *10x DNA* 中称借助 3D 打印的增材制造是"生产领域中自锤子和钉子以来最伟大的发明"。我可能不会说得像他那么夸张，但值得思考的是，如果制造业中智能软件可以以需求驱动和预测的方式控制现代 3D 打印机，那么这对我们的产品和服务意味着什么？如果考虑到及时生产、规模经济或备件管理和仓储，一直到昂贵的原材料的间时损失，有时成本高昂的原材料很少能完全用于其他工艺，那么就会很清楚：有些工艺在这里会有很大的改变。一个可以想象的后果是，未来的制造业将不那么自成一体，不那么集中，因为理论上，即使是普通人也可以买一台 3D 打印机，用它来制作某些东西，他们可以在网上找到免费的说明和施工图。当暗杀者和极端分子公开使用这种方法制造武器和炸弹时，我们已经能够从负面意义上观察到这一点。除了这些难以防范的极端情况外，开放源代码（Open Source）运动希望使代码、软件以及由此产生的知识尽可能地在全球范围内得到利用，这对我们的世界来说是一种丰富的发展。毕竟它有助于人们即使在教育程度较低，或比较贫困的地区也有能力采取行动。在任何情况下，关于开放源代码的交流都是与大数据有关的一个重要因素。公司应做好准备，他们不太可能垄断 3D 打印的基本功能，必须以不同的方式发展自己的独特卖点。然而，企业战略管理方面可能会更有趣：如果设备变得越来越重要，设备安全在物联网中也发挥着越来越重要的作用，那么在最大能力范围内，尽可能生产更多的设备、部件和组件不是很有意义吗？目标还可能是利用 3D 打印更便捷、更快地生产原型/样板。这在灵活的企业治理和用于创意生成和产品开发的敏捷方法方面可能很有趣（关于敏捷方法的更多内容见第 8 章）。

目前有几个 3D 打印工艺可以整合到公司结构中，用于这个或那个目标。其

[注] *https：//www. capital. de/wirtschaft-politik/organe-aus-dem-3d-drucker*

中包括熔丝沉积成型（Fused Deposition Modeling，FDM）、立体光刻（SLA）、激光选区烧结（Slective Laser Sintering，SLS）和选择性激光熔化（Selective Laser Melting，SLM）。第一批方法是在 20 世纪 80 年代开发的，在立体光刻技术中，物体由光固化的塑料制成，激光逐层硬化所需的表面。打印完成后，必须对物体进行清洗，并用紫外线照射。

另外，熔丝沉积成型技术在家用打印机中最为常见。它比立体光刻技术要便宜得多。在熔丝沉积成型技术中，塑料被加热、熔化，然后从所谓的挤出机中排出，这样就可以通过将各层熔融在一起来生产物体。经过一段时间的冷却后，三维物体就生成了。混合型模具和全新的工艺可能会在不久的将来加入。当一项技术作为未来的技术被到处讨论时，情况就是这样的。

这些讨论早已传到德国政界。2018 年，出现了一个关于德国 3D 打印产业竞争力的问题。请允许我引用其中一些有趣的段落：

"问题：德国政府如何看待 3D 打印在德国的发展？德国政府是否认为，德国在 3D 打印领域处于世界领先地位，且必须保持这种良好势头？

回答：增材制造具有巨大的经济和生态潜力。塑料和金属部件的经典制造工艺不会被增材制造工艺所取代，而是得到有效的补充。增材制造工艺尤其为小批量的个性化生产提供了机会。快速、分散、以需求为导向、精简生产步骤的可能性，可以在许多方面提高生产力并节约资源。可应用的范围很广，几乎涉及所有的行业分支（如部件、原型/样板、备件，但也包括如适合患者的假肢等解决方案）。今天，增材制造的零部件通常仍被认为是成本密集型的，但技术正在稳步获得成熟。增材制造工艺的日益普及，可能导致机械和设备工程、工具和模具制造及其客户行业的技术和结构变化。新的增材制造价值链和商业模式正在出现，部分来自新参与者，部分来自正在渗透新业务领域的现有参与者。联邦政府认为，德国和欧洲在未来技术方面的先锋作用具有重要的战略意义。德国是世界上 3D 打印技术的领先地之一，尤其是在金属类工艺方面。联邦政府致力于确保德国的公司继续有机会在增材制造领域和其他技术领域推动技术边界并促进产业变革。"⊖

在同一文件中，政府提出了推广 3D 打印工艺知识的前景，例如作为公司内部培训的一部分。这里明确提到了牙科技术和面包店贸易。但它也笼统地说：

"对于有相应要求的专业，联邦政府正在支持加快将数字技术引入培训，以为中小企业培养技术人员。……此外，德国联邦经济和能源部（BMWi）正在促

⊖ *Bundesministerium für Wirtschaft und Energie（BMWI）：Kleine Anfrage der Abgeordneten Reinhard Huben, Michael Theurer, Thomas Kemmerich, u. a. und der Fraktion der FDP betr.：„Konkurrenzfähigkeit der deutschen 3D-Druck Industrie"，BT-Drucksache：1914629. https://www. bmwi. de/Redaktion/DE/Parlamentarische-Anfragen/2018/19-4629. pdf? __blob=publicationFile&v=2*

进对公司职业培训中心（ÜBS）数字设备的投资，用于继续教育和高级培训领域，以便他们可以提供以数字化为重点的高水平的资格认证。在资金的帮助下，3D 打印等也将被纳入继续教育和培训课程中，这是在商业实践中使用 3D 打印的重要基础。"

德国工业如何处理 3D 打印工艺以及增材制造的想法，可以以西门子为例。这家国际技术集团与机器制造商 BeAM 就数控机床的控制技术和软件进行合作，以创建所谓的数字孪生。相关的新闻指出，增材制造的快速产业化与数字化转型齐头并进，只有软硬件领域以及工业 3D 打印领域的专家密切合作才能取得成果，这次合作可以说是一个例证。西门子数字化工业部机床系统主管乌韦·鲁特坎普（Uwe Ruttkamp）表示："在从虚拟设计到实际组件的整个价值链中使用数字孪生，可确保整个生产过程的最高效率、生产力和数据透明度，展示了增材制造领域的最高水平。"⊖

西门子还积极参与成立仅两年的"MindSphere World"全球用户组织。MindSphere 是西门子的一个基于云的物联网操作系统。首批成员之一是 EOS 有限公司，自认为是 3D 打印行业的先驱。EOS 是电子光学系统（Electro Optical Systems）的缩写，这家来自慕尼黑地区的公司在激光烧结技术领域提供设备、材料和解决方案，这对 3D 打印具有重要意义。EOS 有限公司的技术和开发总经理（CTO）托比亚斯·阿伯恩（Tobias Abeln）深信："在工业 4.0 的背景下，生产的数字化正在不断地发生。"⊖他公司提供的工业 3D 打印让"设计和制造的全新自由度"成为可能，正越来越多地用于批量生产。

为了更好地理解 3D 打印机和增材制造与物联网潜在用途间的交互，让我们看看打印机的几个示例产品：

1）一家名为 Nano Dimension 的公司已经成功地为支持物联网的设备 3D 打印了电子器件。其中包括只有几毫米小的物联网收发器和特殊扭矩的传感器，如用于智能手机的手指传感器或用于监控设备的运动传感器。

2）还有一些人正在尝试制造特别顺应情况的材料，从智能手表到飞机部件。如果安装在飞机上的传感器能够提供有关材料状况、外部温度、气压、行驶公里数等方面的可靠数据，那么这些数据可以被综合用于未来的零件生产：也许组件 X 需要更耐寒一点，而塑料 B 需要更多的柔韧性。如果智能手表出现磨损迹象或恼人的不准确现象，有关使用行为的数据就可揭示在生产过程中尚未发现的相关缺点。

⊖ BeAM und Siemens intensivieren Zusammenarbeit beim industriellen 3D-Druck im Bereich Directed Energy Deposition. Pressemitteilung der Siemens AG vom 19. September 2019. *https：//press. siemens. com/ global/ de/ pressemitteilung/ beam-und-siemens-intensivieren-zusammenarbeit-beim-industriellen-3d-druck-im*

⊖ *https：//3druck. com/industrie/eos-foerdert-integration-von-3d-druck-ins-iot-1970197*

3）智能咖啡管理也是可以想象的，让人回想到物联网和喝咖啡之间的历史联系。假设您每天将剩余的咖啡倒入带有智能排水传感器的水槽中，它可以通过物联网向您的同事报告您的情况。也许聪明的 3D 打印机随后会建议您把下一个咖啡杯打印得更小或更大一些。

总之，我们不应认为 3D 打印机是单独的物体，它是一个网络世界的组成部分，由于持续的数据交换和优化的干预软件，它们可以不断发展和适应。如果我们再把半径从智能家居扩大到国际公司或联合起来的大财团，那么会发现物联网与 3D 打印相结合的更大潜力。

第6章　成功筹备物联网项目

尽管我只能在第5章中概述未来的发展和技术趋势，但希望已经清楚地表明，我们可以通过智能网络为我们未来的经济和社会做大量有用的事情。也许，此时此刻，一些想法正在您的头脑中成熟。例如，如何通过物联网为您的客户提供真正的附加价值，如何提高生产效率，或者如何在物联网的帮助下让世界变得更安全、更舒适、更健康或更宜居。因为想法是一切的开始。某个西塞罗（不是CIO）是这样说的：

"万事万物，都是从小开始的"。

——马尔库斯·图利乌斯·西塞罗（Marcus Tullius Cicero）

我希望通过这本书，我可以启发您利用物联网的潜力来获利，而不仅仅是为了董事会，如果您明白我的意思。这是我对您的呼吁。

当然，从最初的想法到实施，可以顺利和轻松地进行，这种情况是很少见的。如何最好地处理您的物联网项目的想法？如果您事先甚至不知道它是否会成功，或者客户、同事或业务合作伙伴是否能看出来项目改进了流程、商业理念或商业模式，您如何在不投入数月和不花费数千欧元的情况下继续施行？一方面，很明显，物联网项目与企业背景下的其他IT项目一样，是一个商业项目。您当然可以依靠最佳实践，例如在资源计划方面。另一方面，工业4.0环境下的物联网项目具有更高的技术含量和硬件要求，从而将它与典型的ERP系统实施项目区别开来。

图6.1不一定会邀请人们去做梦和发挥创意，但它清楚地表明，在公司之间进行相应的调查时，使用案例可以是多么广泛。该概述来自于研究"物联网2019"，显示了接受调查的300多家公司将其当前和未来的物联网应用归入哪些领域和细分市场。正如该研究的作者团队所说的那样，没有"杀手级"的应用程序。相反，物联网应用范围很广，而且在未来仍将如此。例如，我接触到各种关于新冠肺炎（COVID-19）的物联网应用程序，其中许多听起来非常令人兴奋——从通过摄像头测量距离到监测体温，再到官方新冠肺炎预警应用程序。

该研究还包含关于物联网项目的其他有趣发现。近70%的公司对各自的项目感到满意或非常满意，而"不满意"或"完全不满意"的公司比例仅为6%。

物联网实例	当前		未来	
互联工业/网络化生产(工业4.0)		27.8		32.5
物流		26.9		31.6
质量控制		26.3		39.2
智能(互联)产品		23.7		34.8
互联楼宇管理		22.2		28.1
销售		21.9		29.5
客户忠诚度		21.6		26.6
智能家居		20.8		28.9
智能供应链		19.9		31.0
智慧零售		18.7		21.6
预测性维护		17.8		25.7
智联车/车队管理		17.0		20.2
智能电网/智慧能源		16.7		24.0
时间管理		16.4		19.3
智慧城市		16.1		24.9
新B2C产品		16.1		23.7
智慧农业		15.2		20.8
互联网健康		15.2		25.1

图 6.1　物联网实例

（来源：Mauerer，Jürgen et al.：Internet of Things 2019. Studie. S. 11）

我敢说，满意度与良好（或糟糕）的准备工作和现实（或超过）的期望值都有关系。这种期望涉及，例如，关于项目何时会产生可见成果的想法有关（见图 6.2）。

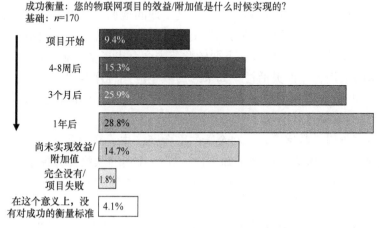

成功衡量：您的物联网项目的效益/附加值是什么时候实现的？
基础：*n*=170

- 项目开始　9.4%
- 4-8周后　15.3%
- 3个月后　25.9%
- 1年后　28.8%
- 尚未实现效益/附加值　14.7%
- 完全没有/项目失败　1.8%
- 在这个意义上，没有对成功的衡量标准　4.1%

图 6.2　项目运行时间和对成功的衡量

（来源：Mauerer，Jürgen et al.：Internet of Things 2019. Studie. S. 12）

从图 6.2 可以看出，这往往需要耐心：在 1/4 的项目中，附加值在三个月后才实现，另外 28.8% 在一年后才实现。如果您此时想知道究竟如何衡量成功：

本研究中被调查公司的前五项指标是（按降序排列）：

1）生产力提高。

2）降低成本。

3）增加销售额。

4）更少的停机时间/更高的利用率。

5）更好的公司形象价值。

第 7 章提供了许多物联网在大大小小项目中的具体使用案例。当然，我没有亲自参与所有这些项目，因此无法向您详细说明在项目最终于第 X 天开始之前，每个个案的准备工作是怎样的，而且不幸的是，我也不知道参与的每个人，在回想起来时有多满意。在 6.3 节中，我更详细地介绍了对实例的控制。然而，基于物联网的应用有几个成功因素，可以从一开始就作为指导原则：

1）专业化是好事：不要试图同时做太多的事情！最好是专注于一个特定的实例。您可以专注于迄今为止阻碍您的公司获得更多经济效益的弱点或空缺上。然而，在优势基础上继续加强优势也是有效的。

2）利用内部知识：利用公司现有的专业知识，通过新功能进一步加强您的优势。尽管这一章有很多关于设计的内容，但是具有实用性的数据和信息在物联网中起着决定性作用。

3）不要忘记线下的世界：工业领域的应用程序有时必须在互联网连接不佳的地方运行，因而必须进行相应的设计。因此，从开发的一开始就应考虑到离线性能，以避免中断的情况。

4）服务思维：站在用户和客户的角度，询问他们从您的应用或创新中到底获得了什么。一些项目可能会使公司内部的流程更容易，但它们不一定会使其他利益相关者的生活更容易（在下面的章节中会有更多来自服务视角的观点）。

5）保持应用程序的灵活性：如果您的数字应用程序是可扩展的，并能适应不断变化的市场条件和用户需求，那么它最终可能会得到回报。所以也要考虑可能的适配请求和销售模式（许可证、白标）。

6）将报价引入数字平台：在今天的平台经济中，平台和社区是连接供应和需求的重要纽带。作为互联网上知名的、容易找到的联络点，商业平台和数字市场同时接触到许多客户。如果使用巧妙得当，内部和外部平台可以提高知名度，加强物联网项目的价值链。

此外，对于物联网项目的准备，您还可以依靠一种已经被其他人（比如我）尝试和测试过的方法，例如我认为好的方法叫作"设计思维"，在我担任 SAP SE 的物联网解决方案架构师和多家国际战略咨询公司的首席技术顾问的工作中，我已经能够多次成功使用这种方法。我稍后将更详细介绍这一方法，它已在各种状况中得到证实。它有助于将想法具体化，并在工业 4.0 环境中快速启动物联网项目。设计思维在项目实际开始前就非常有效地澄清了重要的问题，通常包括那些您甚至没想过的问题。在我们深入研究这个方法之前，我想在 6.1 节中让大家对设计有一个更普遍的了解，因为这对物联网项目也有影响。

6.1 拉姆斯设计思维

为了使物联网系统能够顺利地融入其中，并在功能和操作方面感觉良好，应该对设计进行一些思考。您可能想知道，设计这个话题与数据驱动的、通常没有实物存在的物联网有什么关系。好吧，即使是非常技术性的物联网系统，也涉及在某些界面上与人进行互动。我们已经在第 2 章中谈到了这个问题：人机界面。

多次获奖的工业设计师迪特·拉姆斯（Dieter Rams）在博朗（Braun）负责消费品业务，他说，如果您不了解人，就无法理解好的设计。

拉姆斯的良好设计的十个原则是：

1）好的设计是创新的。

2）好的设计使产品可用。

3）好的设计是美观的。

4）好的设计使产品易于理解。

5）好的设计是不显眼的。

6）好的设计是诚实的。

7）好的设计是经久不衰的。

8）好的设计始终如一，直到最后的细节。

9）好的设计是环保的。

10）好的设计是尽可能少的设计（"返璞归真"）。

那么，这些原则如何能帮助您构建一个真正好的物联网解决方案呢？通过将这些点与物联网系统联系起来，可以得出以下的类比：

1）一个创新的物联网解决方案解决了以前无法解决的问题。或者是，这种物联网解决方案同时还能实现更多的实例，例如，可以通过所获得的数据开发完全不同的新商业模式。

2）例如，当您以用户为中心，并事先考虑用户将如何与用户界面互动时，物联网解决方案就会变得有用。

3）美学在这样的技术环境中真的没有地位，是吗？如果您在寻找美学，您可能应该看看裸体绘画，而不是对着物联网系统咆哮。这个假设并不完全正确。物联网也创造美学。例如，设计一个吸引人的用户界面，创造美感，让用户喜欢使用。

4）不管美观程度如何，解决方案应该是可以理解的。用户应该直观地知道如何操作该解决方案，以及如何进行某些网络和安全设置，而无须进行长时间的寻找。

5）具有良好设计的物联网系统的不显眼/低调体现在，人们实际上甚至没有注意到它是物联网系统，因为它完美地融入了工作流程和过程。

6）但是，就物联网系统而言，"诚实"可能意味着什么？就像我们购买或开发的任何解决方案或产品一样，一方面我们应该对物联网系统有信心；另一方面，物联网系统不应该向我们承诺它无法实现的功能。

7）您可以通过三个措施确保一个好的物联网系统的寿命：首先，组件是模块化的，如第 2 章所述，您可以更换技术上过时的组件。其次，软件应用和处理程序符合 IT 系统的现代要求。特别是在安全领域，物联网系统必须始终保持最新状态。如果由于组件、编程语言或网络技术的原因，而无法在该领域进行调整或优化，则必须更换组件甚至整个物联网系统。第三，组件还必须具有兼容性，以便整合旧设备或现有设备部件。

8）物联网系统的细节非常重要，特别是在用户界面和用户体验方面。想象一下，作为一家机械工程公司，您希望通过基于物联网系统的额外数字服务为客户带来额外收益，并在机器之外提供软件服务。这必须完全适应您的客户在人机界面的期望和要求。始终分析用户的行为。这里的每一个细节都很重要。

9）通过使用耐用部件和重复使用部件的可能性，确保环境友好。现有设备和新设备的兼容性也有助于保护环境，因为在出现缺陷的情况下，只有那些确实无法修复的部件需要被替换。此外，如果您在设计考虑中确保设计一个极其精简的物联网系统，那么您还将节省费用。思考如何在没有组件的情况下进行，或者在必要时如何使用和重用来自传感器的数据，然后再为实际上可能由其他组件接管的任务安装组件。

10）正如拉姆斯所说，它不一定是复杂的。尽可能简单地思考，不要把您的物联网系统的设计搞得像科学分析！

在我们从迪特·拉姆斯的设计思维转向设计思维的方法及其在企业界的应用之前，我想用阿尔伯特·爱因斯坦（Albert Einstein）和史蒂夫·乔布斯（Steve Jobs）的一些优美语录让您进入状态。这两个人其实不需要介绍，但我致力于服务思维，所以我还是要介绍一下。史蒂夫·乔布斯创立了美国科技公司——苹果公司。他始终把用户放在心上，从设计零件、电路板、元件和整个设备，一直到最后一个细节都保持一致性。人们对苹果公司产品的信任度一直都很高。2003 年，几乎是 20 年前了，《纽约时报》援引当时仍在世的苹果创始人乔布斯的话说：

"大多数人犯了一个错误，认为设计就是它看上去的样子。人们认为设计是表面工作——设计师拿到这个盒子，并被告知：'让它看起来不错!'，这不是我们所认为的设计。设计不仅仅是它的外观和感觉。设计是它的工作方式。"

物理学家爱因斯坦成功地使他极其复杂的研究成果和理论适合于大众，从而在社会上建立了对物理学的广泛兴趣。有两句话是他说的，与设计思维的方法非常吻合：

"问题永远无法用产生问题的思维方式来解决。"

"如果我有一个小时来解决一个问题，那么我会在问题上花 55min，在解决方案上花 5min。"

当参与者感到有点不耐烦时，第二句话对我作为设计思维教练和我的客户在设计思维研讨会上有很大帮助。经常有一些特别注重解决方案、积极性高的学员问我，我们什么时候才能找到解决方案。通常情况下，客户自己已经组织了几次研讨会，或者有关的参与者已经设计了一个解决方案。但这并不是它最初的目的。设计思维是一个过程，在这个过程中，多达 80% 的问题，涉及的人、环境、副作用、市场和人的所有特征都被实际考察。通过这种方式，我们确保不会忽略任何后来与新产品、新服务等相关的东西，并且凭借所有这些见解，我们很晚才得出解决方案。当您参加设计思维的研讨会时，请参与其中。您将会看到结果是如何满足您的客户、同事和用户的要求的。

6.2 设计思维——比头脑风暴更好的方法

在我作为 SAP 公司的设计思维教练接受了几年的培训之前，我不会想到这种方法在理解和解决问题方面会有多大的力量。在各种训练营（所谓的方法训练营、D 训练营、教练训练营和技能演练）中，我们学到了问题分析、提问技巧、主持和小组互动等特殊方法。与经典的头脑风暴相比，设计思维方法更有深度，因为它需要更多的时间来了解某种初始情况的不同方面，而且思维也不那么线性。它还考虑到了几个人的丰富经验和想法。这有助于防止思考变得过于片面，例如因为一个人只考虑利润，或另一个人只考虑技术细节。

设计思维的部分内容可能看起来很好玩，有时甚至允许出现愚蠢的时刻，但这不应该掩盖这样一个事实，即这种方法遵循严格的系统性，并以结果为目标。然而，轻松、宽松的气氛和开放的房间设计（我将在稍后详细讨论），有助于参与者自由发挥他们的想法。在没有僵化的规则、根深蒂固的常规或戴着有色眼镜的情况下进行思考，这不仅仅是一个受欢迎的变化，它还经常带领一个小组走得更远。人类在进化过程中已经具备了适应、走新路和发明新工具的条件——这些都是设计思维的基本起始技能。这就是为什么您实际上可以在各种背景下使用思维方法，不管是哪个学科、哪个行业或哪个研究领域。您甚至可以用它来解决家庭中的冲突。然而，正如我所说：一个框架，一个系统。您总是会发现有 4~6 个连续的阶段，在促进性设计思维中，这些阶段构造了想法的产生和相互联系。就个人而言，有六个阶段的模式最吸引我。正如您在图 6.3 中所看到的，整个过程通常以挑战开始，如果您没有过早地中断，则以原型制作和测试结束。在下文中，我将更详细地解释这些阶段，并为您提供一些实用技巧。

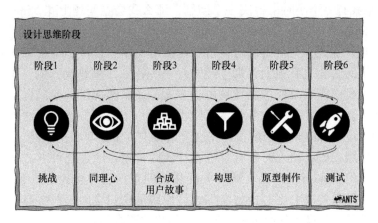

图 6.3　设计思维的阶段（来源：digit-ANTS GmbH）

6.2.1　设计思维阶段概述

在某种程度上，这种挑战是一种批判性的总结，目的是改变或更新一些东西。它包含了对问题的精确表述，以便相关人员能够思考如何掌握这一具体情况。第一阶段首先是对问题及其方方面面有一个总体了解。最初的解决方案和想法被收集起来，也被记录下来。事实证明，使用不同颜色的便签和在下一步中加粗或给关键词加下划线是有用的。这里的挑战不必被压缩成一个简短而清晰的句子，即使您在推特（Twitter）和 5s 关注的时代不知何故希望如此。相反：一个挑战可以而且应该是多层次的。它可以有几个级别。您可以采取分析性或破坏性的方法来发展和制定一个挑战：在分析方法中，通常借助于业务流程建模（Business Process Modelling，BPM）的方法来检查公司的实际流程。例如，为了发现价值链中的神经元点，可以用图形描述业务流程：在哪些流程中会反复出现困难？在产业链的什么地方有许多不同的部门参与？如果在供应链中，货物供应到生产线的过程中总是出现瓶颈，您可以用这种方法清楚地辨识出这个薄弱点。使用颠覆性的方法，您可以从外部以假设的角度——假如发生了什么——来看待公司。通常情况下，加上一部分黑色幽默，您会假设最坏的情况。一个相应的问题可以是：我们如何在十年内失去所有相关的合作伙伴和客户？

理想情况下，这种思维方式使您能够认识到竞争对手的威胁性报价，您可以用自己的服务提前做出反应。一个总是与竞争对手打价格战的零售公司也许应该问问自己，为什么顾客首先从它那里购买，而不是去找竞争对手。也许从长远来看，把价格战留给其他人，并着手成为服务和质量的领导者会更好，因为从长远来看，这样做会有更好的机会。

对于物流行业，设计思维面临的挑战可能是，例如："我们公司如何在不牺牲质量的前提下将物流成本降低 10%，同时使产品种类更加多样化？"饮料行业的一个稍微复杂的挑战可能物流和生产都涉及："在日益复杂的环境中，产品包装容器的种类越来越多，物流如何以成本效益的方式满足客户和销售的高要求，同时又能按时、按质、按量地供应和处理生产车间的空包装容器和库存材料？"嗯，现在是不是很头疼？至少在设计思维思考中，您不需要自行考虑所有这些，会有人帮助您。另一方面，如果这对您来说仍然不够复杂，欢迎您在这句话中适当地说明生产设施的位置以及物流必须考虑的位置问题。无论如何，生产员工对这个问题的看法可能与物流专家的看法不同。生产部门可能会问："在日益复杂的环境中，产品和包装容器的种类越来越多，在批量大小和设置时间优化的经济性下，生产厂家如何能按时、高质量地生产和供应所需数量的产品？"

我想说的是：挑战不限于单一的要求或问题。毕竟，解决方案被分配给一个能以不同能力处理不同子问题的小组。如果您的员工喜欢做这样的事情，可以自由地参考电影和电视中的著名团队，如 A-Team、X-战警，或者就我而言，还可以参考《指环王》中的伙伴们。

在第二阶段，参与者应该设身处地为他人着想。这就是为什么您会在图 6.3 所示的阶段模型中找到同理心一词。例如，设计思维小组自问：来自中央仓库的叉车司机开始他一天的工作时，他的实际感受是什么？货运经理在他的工作场所表现如何？虚构的人物，即所谓的人物角色（见图 6.4），代表了一组在各自岗位上的员工，一些类似于刑事调查部门的分析员的工作，因为我们也会把自己放在人物的心理上：叉车司机的工作条件是否可以改善？您要开发面临特殊挑战的角色，并制定相应的需求。叉车司机可能会想："当我开始轮班时，我经常不得不寻找叉车，因为它没有停在固定的位置。而且大部分时间，它也是在空运行。"这听起来可能有点平淡无奇。但意识到这个人每天都要与这个问题做斗争，可以激发研讨会参与者的建设性思考。有时人们会惊讶地发现，在日常生活和工作中，自己的视野是如此之小。即使在互联网时代，对我们每一个人来说，这个世界仍然是一个有限的世界。通过货运经理的眼睛看挑战，人们会问："从我的立场出发，我怎样才能降低订单分拣的过程成本或者减少退货率？"有时，这个第二阶段也被称为研究阶段或 360° 阶段，因为它被用来研究和获得对所定义的挑战的最全面看法。团队在收集信息的同时，从不同的角度审视挑战。第二阶段的强度如何，当然在一定程度上取决于团队的组成。

图 6.4　确定人物角色（来源：digit-ANTS GmbH）

第三阶段旨在根据创建的人物角色和他们所表达的需求来开发用户故事。参与物联网应用的员工和用户都有自己的观点，有自己的用户故事和客户旅程（见图 6.5 和图 6.6）：您什么时候上场？您在哪里达到所谓的痛点，即扰乱应用程序或项目流程的关键点和关键时刻，并最终可能从这个个人的角度扰乱整个用户？对于整体情况，观察和假设，对所创建的不同角色的假设应该汇集在一起。有些人用拼图或马赛克来比喻第一和第二阶段，现在要把它们拼在一起，形成一幅整体图。在任何情况下，这第三阶段都是前两个步骤的一种综合。想法已经有点泛滥了，现在，思想的流动被再次引导，并为计划中的物联网项目创建了一个框架。

图 6.5　合成——讲故事（来源：digit-ANTS GmbH）

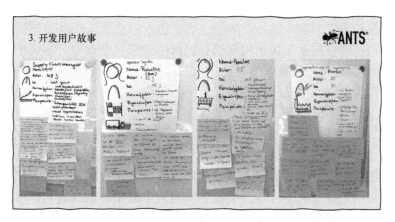

图 6.6 开发用户故事（来源：digit-ANTS GmbH）

在第四阶段，首先收集想法，然后必须对这些想法进行过滤和建立联系（见图 6.7）。主持人决定加大创意产生阶段的力度。基本上有两种策略。发散性思维具有儿童的特质，通常由运动游戏来支持。在此期间，人们尽可能多地收集各种选项。另一种是收敛性思维。在这里，人们从一开始就更强烈地选择，选择可能的解决方案，根据逻辑标准进行组合。无论是哪种方式，形象地说，随着马表的运行，所有的想法都会流入其中，形成了一个漏斗。主持人确保研讨会不会陷入漫无目的的打转，并在分组过程中筛选出最好的想法。一个令人兴奋的问题是如何处理这个研讨会阶段的结果。可能发生的情况是，后来在实施通过设计思维发现的解决方案和创新时，那些没有参加研讨会的人就会不明所以。出于这个原因，我建议以有意义的方式传达结果，并尽快提请负责部门关注这些结果。

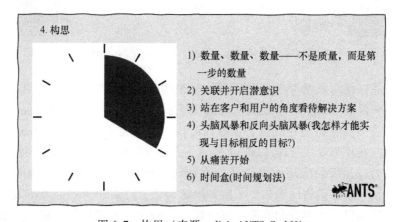

图 6.7 构思（来源：digit-ANTS GmbH）

第五阶段（原型阶段，见图 6.8）在许多研讨会的形式中不幸被跳过或省略了，可能是因为它不容易实施。然而，这让您有机会真正从这样的研讨会中获得一些东西。将根据迄今为止收集到的见解创建成一个原型。与快速原型设计和最简化可实行产品/服务方法（见第 8 章）相比，设计思维与产品的具体市场投放关系不大。在原型设计的最后，是一个可测试的产品、可测试的服务或最广泛意义上的可测试软件。设计思维意义上的原型也可以定位在概念或规划层面。例如，如果目的是用于生产或在啤酒厂用空瓶灌装的及时生产即时供应，那么可以在这里定义时间表，也可以定义规则，比如补给车比其他供应商甚至工厂自己的空瓶收集器都有优先权。还可以实施一个具体的行动计划，通过减少物品的种类来降低物流成本，缩短生产过程中的安装调试时间。在原型设计结束时，可能会发现为此需要的新流程。在进行软件原型设计时，可以找一个有能力的开发人员或程序员将整个过程组合在一起。然而，对于"第一胎"来说，模拟原型就可以了，其中屏幕掩码（用户界面）是在纸上绘制的。在以后的步骤中，直到软件架构的流程和基本软件功能都可以从 UI 派生出来。

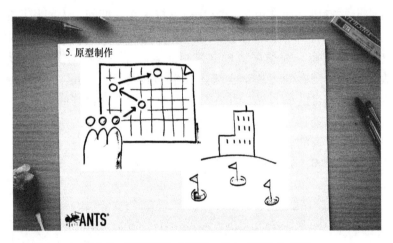

图 6.8　原型制作（来源：digit-ANTS GmbH）

无论您如何深入思考您自己现在和未来的客户，通过您的角色和相应的移情分析——没有一个设计思维团队可以真正有效地预测一个新的产品是否会被接受，是否会在市场上有机会。在第六阶段，即创建原型之后，您应该收集反应和反馈（见图 6.9）。这可以通过对话、访谈或问卷调查来完成。展示您的原型、其潜力、预期的应用领域以及您在研讨会中确定的前提非常重要。例如，您可以在第一轮和销售团队和现场服务团队交谈，然后一点一点地扩大测试圈：从拣货员到司机、调度员和运输物流经理，再到生产中的班长、维修工和电工。理想情况下，根据这些讨论的进展情况，原型将被反复开发和调整。毫无疑问：

这是一项远远超出研讨会会议范围的工作，因此总是让公司望而却步。但基本上，这一步是明智的，也是向整个企业层面的最终过渡，而在这之前人们只能在试验条件下进行测试。如果您参与其中，测试甚至可以具有大型活动的特征。一个好的反馈阶段可以产生巨大的机会，让潜在客户与原型面对面，更好地了解他们的需求。从现代销售的角度来看，以这种方式解决客户问题并让他们参与新的开发项目，可能不是一个坏主意。

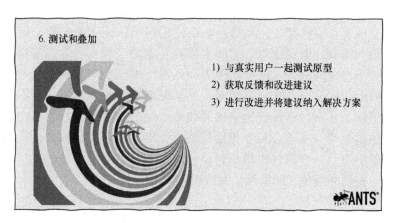

图 6.9　测试和叠加（来源：digit-ANTS GmbH）

6.2.2　成功实施的技巧

虽然我知道大多数成功的、令人难忘的研讨会都是在尝试或深入使用设计思维，但从理论上讲，如果定位不正确，这样的研讨会也会出大问题。为了避免这种情况，我想在这里给您一些基本提示。

为了在设计思维背景下使共同思考和解决问题取得成功，参与的团队的组成以及房间的气氛和设计都很重要。在处理某个企业或者某个行业的问题时，多个领域的要求通常交织在一起。一个跨学科小组可以以一种比单个人更多层次的方式来评估情况和问题。设计思维是一个智力游戏，大家一起玩，而不是相互对抗。为此，重要的是要远离既定的思路，远离思维定式。如果其中一个参与者根本不愿意对替代方案采取开放的态度，这迟早会拖累整个团队的速度。让我们假设一家来自汽车行业的中型公司希望将其车辆的持续状态监测作为一项服务。其目的是将错误提示直接传送到服务部门，从而能够更迅速地帮助客户。为了以合理的方式解决和讨论这个问题，最好是把来自车辆开发、服务、备件物流和 IT 部门的员工召集在一起。参加研讨会的应该是所有可能为项目的成功贡献相关知识和技能的人。

除了团队的组成之外，房间的情况也应该被考虑在内，因为它肯定会影响同事之间的相处方式。与其在有沉重桌子和有序的座位安排的会议室里开会，不如在开放的空间里开会，这样做的好处是，与会者不会不断地想起日常工作业务，在接下来的几个小时里，他们可以灵活地坐、站、走和分组。有了轻型、便携和可来回移动的设施，您已经可以在这里实现相当多的目标。为了获得灵感，可以看看德国总统的新年讲话，甚至来自其他国家更严厉的国家行为，然后，尽可能地与这些行为相反地选择和布置您用于设计思维的会议空间。站立的桌子比成堆的办公桌好，中性的房间比老板的会议室好。

不要立即就开始做存在性项目。如果使用得当，设计思维甚至可以成为一种危机管理的工具，但我想说，它确实需要一定的经验。当然，创意会议总是有可能有一个严肃的背景。但存在压力和创造性地解决问题只能在有限的范围内兼容。因此，在设计思维会议期间，气氛应该是分散注意力，而不是提醒人们注意紧迫性。在设计思维研讨会中寻找创造性的解决方案，能够在小组中公开发言是很重要的。同理心和互相信任的合作对成功有很大的帮助。我曾多次在第一天就结束了一个设计思维研讨会，因为各小组意见不统一，参与者之间存在恐惧、抑制和竞争，所以无法期待有意义的结果。

6.3　实例的现实检查

由于我相信从长远来看，好的物联网项目会让我们的世界变得更美好，所以可能会时不时地，您会觉得我有点天真。然而，在我看来，有远见的思维、寻求创造性的问题解决方案和创业行动并不相互排斥。如果没有新的和原创的想法，我们会有一个不同的经济，有更多的产品盗版，更少的强大市场、品牌和企业家人物。然而，如果没有良好的商业意识，伟大的想法很少会有什么结果。作为一个已婚男人和一个父亲，我当然熟悉这句话："看看谁让自己永远地被控制住了"。我的妻子可以证实，我也知道家里的座右铭："信任是好的，控制是更好的"。正如我所了解的那样，控制可以给您带来的麻烦，几乎和它能帮您解决的麻烦一样多。但是对于新的物联网项目来说，稍微控制一下就可以了。一旦发现一个有希望的实例想法，就应该检查它在软件和硬件方面如何实现，公司（尚未）满足哪些要求，以及整个事情在经济上是否可行。这也可以——至少在某种程度上——被整合到设计思维的研讨会中。然而，如果您想把这些分开，或者设计思维在您的案例中不是一个可行的方法，您也可以选择回到在类似项目中被证明是成功的项目管理和控制步骤。请注意，大多数物联网项目都是动态的，并且会随着软件组件的演变而不断发展。因此，如果您想记录和检查这样的实例，则可能需要使用来自创新控制的工具。

对于成功的创新管理，在 RWK 能力中心有一个多部分组成的免费系列，其中包含有用的清单。这是一个由经济部资助的全国性网络组织，为公司的启动和下一步工作提供支持，特别是在涉及公司现代化方面。在那里，您会找到，例如，对创新控制（https://www.rkw-kompetenzzentrum.de/innovation/faktenblatt/erfolgs-faktor-3-das-innovationscontrol-ling/einfuehrung）的简要介绍。

您也可以使用尼古拉斯·埃克哈特（Nikolas Eckhardt）和因戈·美朗克（Ingo Meironke）的方法，这两位作者来自国际管理和技术咨询公司 Campana&Schott 的员工队伍。两人建议在成功的创意搜索之后，采取三个子步骤来检查可行性：

1）确定正确的技术。

2）创建一个成熟度模型并进行效率检查。

3）验证概念。

第一个子步骤：确定正确的技术，意味着为物联网调整和分配数据处理级别。我们应该在云端处理信息还是通过边缘计算来处理信息？我们是否需要实时处理和响应这些信息？哪些信息应该被强制通过互联网上传到云端进行评估？

对于涉及效率和成熟度的第二个控制步骤，尼古拉斯·埃克哈特和因戈·美朗克着眼于三个领域：

1）数字化的成熟度。

2）IT 基础设施的现状。

3）因内部程序而可能产生的障碍。

为了确定数字化的成熟度，您应该看看哪些地方的数据和信息仍然是以模拟形式记录和手动输入的。对于已经数字化的数据处理步骤，检查在每种情况下对数据的访问权限也很重要。我还建议将包括数据保护和数据安全以及 DSGVO 合规性等主题也纳入成熟度衡量。IT 基础设施的现状包括计算机和网络的计算能力，以及硬件和设备软件的安全方面（关键词：设备安全和默认安全）。对于第三步，即考虑到内部程序，人可能是决定性的因素。了解您希望参与物联网项目的员工的知识水平和时间能力。正如一些调查所显示的，中小型企业（SMEs）可能很难找到具有所需知识和技能的员工（内部和外部）。作为几个出版物的代表，图 6.10 显示了"物联网 2019"研究中一个有趣的调查结果。

如图 6.10 所示，到目前为止，物联网使用案例中最大的组织挑战是缺乏 IT 专业人员。左边表格中的第4项也值得注意：在接受调查的250多家公司中，有21.4%的公司的工作人员缺乏关键技能。在右边的表格中，您会再次发现操作系统过时且无法打补丁的 IT 系统，以及将设备、传感器或执行器整合到 IT 基础设施中的问题，每个问题都有超过20%的提及率。让我在下面的章节中简要地谈谈这两个挑战——有能力的人，过时的技术。

组织上的挑战		技术上的障碍	
缺少IT专业人员	30.7	数据安全/灾难恢复	26.8
员工的顾虑	24.5	安全性/数据完整性	26.5
业务流程需要改变和调整	22.2	问题的复杂性	24.1
自己的工作人员缺乏技能	21.4	操作系统过时且无法打补丁的IT系统	22.6
相关部门之间缺乏沟通	21.0	安全/操作安全	21.4
重组公司组织，以解决物联网问题	20.2	将设备(传感器/执行器)整合到IT基础设施中	21.4
缺少资源(职位太少)	17.9	数据量过大	21.0
商业模式的发展	17.9	可用性/故障安全	21.0
资源普遍稀缺	17.9	现有局域网和无线网基础设施的网络质量较差	20.2
问题领域"IT与专业部门(例如生产)之间的接口"	17.1	缺少技术/平台/标准	18.7

图 6.10　物联网项目面临的挑战

（来源：Mauerer，Jürgen et al.：Internet of Things 2019. Studie. S. 15）

6.4　物联网项目的合作伙伴和支持

如果您想处理一个新的物联网项目，您不需要自己从头到尾地亲力亲为。大多数小公司至少在一个地方缺乏这方面的资源。获得外部支持可能有很多好处。

例如，在准备的时候，聘请一个专业同伴来进行头脑风暴，尤其是当您开始进行设计思维的时候，会很有帮助。对于合作性思维和创造性，正如我前面所描述的，重要的是不要让一种声音比另一种声音更重要或者更不重要。当有疑问时，如果害羞的人不愿意敞开心扉，再有野心的阿尔法动物都必须离开这个活动。出于这种群体效应，您需要一个主持人，一方面他可以站在后面，让其他人做他们的事情；另一方面他能够在关键时刻以调解的方式进行干预。这可以是您自己队伍中的某个人，也可以是聘请的外部专业人士。您应该根据具体情况，简单地权衡成本和收益，支持训练有素的教练和主持人提供帮助，因为：对于缺乏经验的设计思维教练来说，第一次在现实的挑战、实用角色，以及有趣、幽默的研讨会情况之间找到平衡是很困难的。对于这种情况，您可以依靠像我这样的人。其次，如果从您的员工中找人，那么他们需要一些时间来接受充分的培训。如果您很着急，寻求外部帮助可能会更快。

除了脑力劳动之外，您还可能需要为计划中的物联网项目提供新的设备或机器部件，而您又不能自己生产（另见 6.5 节）。在这种情况下，当然，良好的既有网络会帮助您。但是，您也可以从一些物联网平台供应商也处理企业联网的事实中获益。例如，在 SAP，这意味着您可以依靠现有的网络并侦查物联网项目。位于柏林沃尔多夫（Walldorfer）的数据空间的员工现在在侦查以及与初创企业合作方面有超过五年的经验。一个名为 SAP. iO 的程序用于伴随和促进实例。一种路径是，利用 SAP 标准软件的功能性来扩展初创企业的创新解决方案；另一种路径是，让初创企业有机会与 SAP 客户一起定位新的解决方案。因此，如果您碰巧在使用 SAP 软件，您可以尝试通过这些渠道寻找技术合作伙伴。来自德国的其他大型网络企业也有类似表现。研究像博世、西门子、ABB 或传感器制造商 SICK 这样的公司并没有什么坏处。这种专注于电子和传感器技术的大型供应商通常拥有可靠且可扩展的解决方案，使您能够快速试运行。

如果想以制造商中立的方式为计划中的物联网项目研究硬件制造商，您可以按以下方式进行：

1）在在线商业网络 XING（德语地区）和 LinkedIn（国际上）中搜索公司，并联系那里的负责人。

2）在专业网站和在线平台的帮助下寻找合作的初创企业，例如初创企业检测器 startupdetector（*www. startupdetector. de*）、紧缩库 Crunchbase（*www. crunchbase. com*）、基地 Startbase（*www. startbase. de*）、创始场景 Gründerszene（*www. gruenderszene. de*）或德国初创企业网 deutsche-startups. de（*www. deutsche-startups. de*）。

3）更详细地分析国际标准化组织物联网委员会的成员结构，以寻找相关专业组的潜在合作伙伴。国际电工委员会的网站（*http://s-prs. de/v747239*）列出了国际委员会 ISO/IEC JTC 1/SC 41（物联网及相关技术分技术委员会）的成员。这是制定 ISO/IEC 30141：2018 物联网参考架构标准的技术小组（见第 2 章）。

您可能已经注意到，每一个要点的研究工作都会越来越高。从"我们现在自己做这个，这只是一个小测试"到"如果我们和一个真正的好伙伴一起做，我们将通过这个跃升到一个新的水平"，这个范围相当之广。当我们仔细研究物联网战略时，我将更多地谈论影响整个企业和创新战略的长期战略伙伴关系的意义（见第 8 章）。但是，即使在逐个项目的基础上，一些较小规模的外部支持也可以为成功启动物联网应用提供决定性的帮助。

6.5 购买还是升级

我在前文已经简要地谈到了改造的现象，在涉及物联网设备的集成、独立的传感器系统，以及物联网平台的特点时，这些现象可以支持或反对一个实施。

现在，让我们结合物联网项目更深入地看一下改造现象。在整个公司范围内，清理所有的旧设备并完全换成新的，往往是过犹不及的事情。毕竟，对许多企业来说，不可能简单地用新一代的智能设备从根本上取代所有现有的设备。在大多数情况下，更可取的做法是将旧机器和设备整合到一个物联网系统中，而不是在全公司的机器和设备世界中平行管理几个领域。完全更新生产系统是不现实的，特别是对中小型企业来说。如果目前的系统仍然功能齐全，那么他们自然希望尽可能长时间、尽可能全面地使用这些系统。那些最近才投资于新的、不幸的是尚未（完全）支持物联网硬件的人，可能会对联网和协调性方面的进一步投资望而却步。推荐的新系列和新系统的购置费用往往超出预算。而立即建立全新的工厂或生产车间，除了需要流动资金外，还需要物业管理和人事管理，这可能在股份公司和大企业中更常见。

这就是为什么中小企业特别喜欢采用上述的改造方法，以使现有工厂和物联网系统相互协调。改造一词由拉丁语的"retro"（指向后或指向过去）和英语的"fit"（达尔文适者生存意义上的适应性）组成。改造方法包括机器更新和工厂现代化，特别是在工业领域。在物联网方面，改造意味着已经在运行的机器被改造后具有新功能。例如，许多机器传感器可以连接到物联网模块，从而可以在大数据的意义上实时使用控制数据或生产数据。例如，这可能是关于温度或湿度的信息。对于这种改造，我们需要高效的桥接技术，使机器能够将可理解和可用的数据输入物联网网络和现代 IT 平台。我们需要适配器、盒子、网关、中间件，这些解决方案很少有制造商中立的名称，多数情况下解决方案的名称已经烙上了制造商的名字。

博世产品世界的三个例子是运输数据记录器（Transport Data Logger，TDL）、跨域开发套件（Cross Domain Development Kit，XDK）和连接工业传感器解决方案（Connected Industrial Sensor Solution，CISS）。利用 XDK，斯图加特的一家公司能够从生产环境中的额外传感器收集数据，通过网络路由，并将它们连接到现有的生产控制系统。这些数据涉及温度、气压和振动。作为数据监测中的一种人工智能形式，用于状态监测，这让我们又回到了预测性维护（见第 5 章）。通过 TDL，罗马的国家现代艺术馆能够监控一幅绘画的运输情况。通过在货物上安装运输数据记录器，货物的所有环境影响都被记录下来，通过蓝牙传输，并通过移动应用程序进行可视化。据博世介绍，与之前使用的传感器设备相比，客户节省了约 30% 的成本，但却能随时了解相关位置和环境影响的最新情况。我在这里要给博世打广告了：据称这家传统公司还通过物联网网关，成功地将一台 1887 年的车床（据说创始人本人曾在上面工作）推向了工业 4.0 时代。如果您想一想，您可能就会再次开始做梦：改造是否可能是一种选择，以增加回收和升级再造的维度，并在世界范围内减少废品的产生？如果能在全球范围内缩小技术差距，最好是通过可持续生产的物联网桥接技术，那就太理想了。

对于运输中的跟踪和追溯应用，例如上面提到的绘画的交付，加装小型移动适配器当然特别有用，也相应地得到了广泛应用。但是，在生产车间和工厂里，也可以对那些没有在机器语言、数据可读性和数据安全方面的知识现状下开发和投入使用的硬件进行改造，使其符合现行标准，并再次与现代解决方案兼容。

这种改造自然会带来一些挑战：

1）改造不能过多地扰乱正在进行的操作。毕竟，您不希望出现任何生产停顿或交付问题。

2）为了使工业物联网平台与连接的设备和机器进行有效的沟通，那么机器和设备之间不能相互通信。现在，中等规模的 IT 领域有许多专家和单独建立的技术，但是，当我们考虑到机器控制、文件格式、接口和类似的问题时，是相当异质的。在人们可以依靠口译员和翻译的地方，机器需要以驱动和补丁的形式提供帮助，以恢复失去的兼容性。

3）如果机器随后提供可理解的信息和数据，那么您必须小心谁可以看到和使用这些数据，以及谁有什么样的访问权限。就物联网平台和多云战略方面的数据保护和数据安全，我已经在前面说过了。如果事情/数据只是简单地保持运行，即使是经过改造的公司硬件也可能出现违反 GDPR 的问题。

4）此外，一个拥有物联网平台的集中式 IT 结构，所有的设备都与之相连，对于黑客来说，可能比孤立的机器软件更有将其作为目标的兴趣，因为他们无法从这个"孤岛解决方案"中有效地到达任何地方。因此，当我们把新的东西带入网络时，交通路线应该有足够的安全性。

另外，改造的优势并不限于成本问题。还有空间的优势：如今的联网组件通常非常节省空间，您不需要扩大您的生产建筑，而实际的工业厂房和机器还没有像我们的数据载体那样公然缩小。如果您使用改造的方法，您的员工可以继续像往常一样使用熟悉的设备工作。经验表明，升级后的设备的培训费用并不像新购设备的培训费用那样高。更新是简化的。软件不仅可以集中更新，还可以远程更新。一些机器和系统在通过改造升级后实现了更好的能源效率，因为它们只有在必要时才会被启动。

在本章中，您已经学会了如何准备物联网项目。在第 7 章，我将向您介绍各种工业物联网实例。一方面，这些应该为您找到适合自己的应用提供灵感；另一方面，它们应该通过具体实践告诉您，今天物联网已经使什么成为可能，来加深您的实际洞察力。

第 7 章　物联网实例

在本章中，我想用具体的实例来介绍物联网的好处。大多数的使用案例来自于物流和生产领域。它们为可能的物联网应用提供了灵感，通过这些应用，工业 4.0 的场景可以在企业中实现。

我们将在本章中仔细研究以下实例：

1. 无人搬运车

在第一个使用案例中（见 7.1 节），我将介绍无人搬运车（Automated Guided Vehicle，AGV）和相应的控制系统（无人搬运系统，Automated Guided Vehicle System，AGVS），它们现在不仅被用来优化内部运输过程，而且还通过其灵活性彻底改变了整个生产链和生产线。在生产中使用 AGVS 的一个例子是在现代岛屿生产中自由排列的机器之间的联系。

2. 集装箱管理

通过 7.2 节的第二个实例，您将了解到如何实时传输集装箱的装载量，以及这对物流、供应和废弃物品处理过程意味着什么。您也可以在生产供应中使用适当的技术，为散装货物或液体的库存情况创造实时的透明度。作为一个例子，我将介绍一家废物处理公司如何通过振动模式检测玻璃回收箱的填充情况，并根据需求安排其车队清空回收箱。

3. 新冠肺炎警告应用程序

在 7.3 节，我想介绍一下新冠肺炎警告应用程序的工作原理。这是一个有趣的物联网实例，涉及一些重要的数据保护和信息安全问题。当您激活这个应用程序时，您的智能手机就变成了一个物联网设备，可实时捕捉运动模式、联系人和其他特征，并通过云平台分享。

4. 物流和生产中的跟踪与追溯

在 7.4 节中，您将学习如何利用物联网在全球范围内实时跟踪货物、商品、集装箱和车辆。跟踪可用于生产、运输和内部物流。

5. 生产和物流中的智能眼镜

一旦信息被叠加到维修技术员、仓库工人或生产工人的视野中，他们就可以在保持双手自由的情况下得到工作指导。这里使用的智能眼镜可以将佩戴者看到的东西实时传送给另一个维修技术人员，这导致了有趣的使用案例以及生产和物流方面的各种优势（见7.5节）。

6. 利用物联网进行物体识别和鉴定

在7.6节中，我将向您展示在生产中使用物体识别会产生哪些可能性。

7. 生产中的维护和修理

当然，物联网在生产中最著名的例子是通过记录和分析机器上的传感器数据进行预测性维护。由于这个实例不仅是众所周知的，而且是高度相关的，我将在7.7节解释其背景和应用。

8. 机械工程中的物联网商业模式

在7.8节中，您将了解到新的商业模式是如何从物联网系统在一般生产以及工具和机器制造的使用中产生的。例如，物联网系统可以通过对传感器数据的巧妙分析，以租赁模式向客户出租机器。

7.1 生产和物流中的无人搬运车

本节介绍无人搬运系统的现状和架构，以及它们与上级公司软件的整合。在这种情况下，仓库管理系统、某些情况下也包括生产计划系统作为公司软件和综合信息系统发挥着核心作用。这些系统构成了主数据与价值流、货物流和信息流同步的骨架。

人员短缺、生产和物流的合并、小批量和对模块化生产的要求、灵活的生产结构，以及对数字化物流和生产的需求，导致了近年来对无人搬运车辆的需求量增加。

现在，该技术在物理学方面已经非常成熟，然而，作为车辆集成基础的无人搬运系统的 IT 概念似乎已经落后了。没有将更高级别的控制整合到现有的软件系统中，而是增加了额外的系统级别。因此而导致，使用 AGVS 可能产生的潜力并没有得到充分的开发。借助当代工业物联网系统架构，现代概念可以相对容易地实现，并且可以在系统中从性能和质量角度来看是有意义的地方进行数据处理。

重新考虑将无人搬运车辆整合到现有的软件和系统环境中的时机已经成熟，因为使用无人搬运车和自动物料搬运设备的需求将继续增加，原因如下：

1. 难以找到生产和物流方面的合格人员

物流业人员短缺的问题，就货车司机而言，多年来一直为人所知。一段时间以来，内部物流领域合格人员的空缺也变得难以填补。根据德国联邦就业局的研究机构——就业研究所的就业调查，2018 年第二季度，物流业有 8.2 万个空缺职位，创历史新高。

2. 合并生产和物流

生产和物流领域不能再被分开考虑。特别是在汽车和机械工程行业，工作是分三班进行的，这意味着人员成本在生产和物流成本中占了很大比例。

3. 同步交付

交货及时，甚至只是按顺序交付到生产机器。在机器上没有空间来缓冲材料。因此，物料流必须高度整合到生产机器的需求情况中，机器必须在现场进行材料供应和废弃材料处理。

4. 对灵活生产的要求迫使制造商将生产模块化

在汽车生产领域，第一批模块化制造工艺已经开始实施。产品的快速移动性和个性化（关键词：一体式系列）是这里的主题，也是市场对产品敏捷实施创新的要求。这意味着 AGV 正在取代生产线，一旦生产过程完成，可以直接接管仓储和物流活动。

5. 寻找与工业 4.0 有关的数字化、创新的物联网实例

另一个发展是，在物流和生产的数字化转型过程中，企业正在寻找物联网的创新实例。这些可以在内部运输和仓储过程的自动化和自主化领域找到，当然也可以在模块化生产领域找到。

7.1.1　初始情况

货物在内部物流和生产中移动，在很大程度上，这仍然由叉车上的人完成。过去，在有意义和可能的情况下，货物和商品越来越多地被存放在自动化的高架仓库和自动化的小零部件仓库中。

但是，当源（起始点）和汇（消耗点）之间的运输不能以这种方式标准化时，该怎么办？当牵引列车行驶在非常独立的路线和站点时，或者当模块化生产中机器之间的材料供应和废弃材料处理非常个性化时，必须要做什么？如果生产的供应和废弃材料处理必须对变化和不同的汇做出灵活的反应，那么必须做些什么？而当生产线必须在几分钟内变更时，需要做什么？

在这些领域，无人搬运系统是理想的选择。该系统通常由无人物料搬运设备、主控系统、用于确定位置和记录厂房和大厅拓扑结构的传感器、车辆和主控计算机之间的传输技术，以及外围系统（自动仓库、交通灯、闸门、装卸站）组成。

在车辆方面，叉车、牵引车、平板车和平板牵引车是这一类别中最常见的代表。在装配领域，无人搬运车也被用作移动工作台，并可以在批量生产中取代传送带。

尤其是整车厂已经认识到，汽车生产中的新车型系列也必须采用新的生产工艺，并且正在谨慎地引入与 AGVS 相关的新概念和新技术。

车辆在软件平台（AGVS 控制站）上整合。它控制车辆之间的通信，并为车辆提供任务。它保存有关工厂和大厅拓扑结构的信息。它控制交通流量，接收来自 AGVS 控制和外围系统（如交通灯、闸门、装卸站和自动仓库）的状态报告。

此外，理想情况下，控制站级别还能提供以下功能：

1）实时显示物料流。

2）模拟路线。

3）机器信息的整合。

4）与 WMS 协调，优化物流内部流程。

5）与所有常见制造商的无人搬运车辆通信。

6）自动化仓库的整合。

7）控制交通灯和闸门。

在许多规格中，对主控系统的要求被严重忽视，而这正是功能的核心所在。此外，控制系统通常需要一个单独的服务器。

无人搬运车辆的制造商为他们的车辆提供合适的控制站，通常安装在客户的计算机中心，或者直接安装在仓库的独立计算机中。目前，安装在云中的最新方法仍然很少见。此外，这些平台并不适合其他制造商的车辆。因此，目前常见的是向一家制造商购买 AGV 和软件平台——这是一种典型的锁定效应。AGV 的制造商不仅提供车辆，而且还提供控制中心软件，通常只适合本公司的车辆。其他制造商的车辆根本无法或者很难集成到该软件中。

7.1.2 AGVS 控制站——云端自主品牌

由于上述原因，也因为一些客户希望自己独立，许多客户正在自己动手：在数字化项目中，客户侧的物流专家和软件开发人员组成的动态团队正在开发自己的物联网软件平台，然后整合不同的车辆在一个平台上——通常是在公有云中。通常情况下，他们还会同时开发自己的无人搬运车。

这里总是出现三个基本问题：

1）一个在公有云中运行的解决方案，在存储温度方面的不利策略（见2.1.2 节）以及通过互联网的有限带宽的情况下，可能会达到性能极限。在所有的信息都在云端处理的前提下，带宽要求至少与自动化仓库对仓库控制计算机的要求相当。因此，应该提前做好计划，哪些数据要保存在云，哪些保存在边缘，哪些保存在雾。

① 高比例的智能存在于设备本身，然而反馈和控制需要高水平的通信。仔细检查哪些数据需要在哪里处理，哪些可以外包。

② 网络中 AGV 的数量使上一级控制器必须接收和处理的数据量成倍增加。以毫秒为单位的数据传输要求在这里并不罕见。

2）个别创新项目阻碍了在一个平台上整合 AGV 的统一标准。车辆和平台之间的这个接口标准早就应该制定了。德国机械设备制造业联合会（VDMA）已经推出了VDMA OPC UA 机器人配套规范的第一部分。伴随着主动性资产管理和状态监测的明显和广泛的应用场景，德国机械设备制造业联合会正试图在其准则 VDMA 40010-1：
2019-07 中推荐某些标准。该准则可在 https://www.digit-ants.com/2019/09/10/opc-
ua-companion-specification-for-robotics-opc-robotics-part-1-vertical-integration 下载。

3）由此可见，除了 AGV 层面的接口标准化和决策协议之外，还仍然缺乏
一个标准的软件，一个具有标准化接口的 "AGVS 控制塔"，用于库存管理。

1. 规格带来的负担

由于制造商的平台与其他制造商的 AGV 整合不力，客户变得严重依赖于某一
个制造商。客户倾向于在几乎每个项目中都会理所当然地将软件和硬件一起打包
招标，这一事实也有利于这种依赖性。但这么做是致命的，因为这样 AGVS 独立
平台的供应商根本没办法进入市场。从投标人的角度来看，这种程序是可以理解的，
因为他只需要一个 AGVS 贸易联系人，不能也不想承担硬件和软件的协调工作。

2. 哪些控制级别是真正仍然需要的？

在许多规格中，作为 AGVS 控制塔的综合平台可能产生的潜力被忽视。规
格中对 AGVS 控制单元的要求，往往是直接与仓库管理系统以下两级和仓库控
制计算机以下一级的 AGV 控制单元进行通信，这是以牺牲功能性和灵活性为代
价的，因为不同级别的优化意味着整体结果不再是最优的（见图 7.1）。

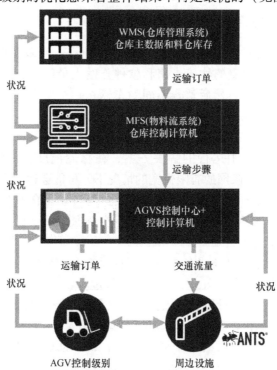

图 7.1　无人搬运系统中的传统控制界面
（来源：digit-ANTS GmbH）

7.1.3 通过简化取得成功

通过减少系统和系统级别的数量，并巧妙地整合和连接仓库管理层的接口，可以直接在顶层进行决策。例如，在 SAP 扩展仓库管理（Extended Warehouse Management）中，仓库控制计算机通过物料流系统模块被整合到仓库管理层。按照这个模式，将无人搬运车辆的主控权也整合到这个级别上是有意义的。这样一来，物料流的决策就可以在一个单一的级别上全面而合理地做出。所有的信息只需要在这个级别上汇聚。这意味着，除了自动高架仓库之外，其他外围设备，如大门和交通灯也可以被整合到控制系统中。

当然，如果装配线被 AGV 取代，其灵活性和软件允许它向右或向左移动几米，或者制造的零件可以直接从生产的末端运送到单个目的地或不同的目的地。但这些绝不是在一个综合方案中使用 AGV 所产生的所有可能性。综合控制中心/控制站可以对操作顺序的中断做出反应，因为它拥有所有可用的相关信息。

实例

如果一个 AGV 开到一个分拣存储位置去取一个生产用的零件，而该位置意外地空了，AGV 将等待补货。在一个综合方案中，AGVS 引导系统被集成到仓库管理系统中，以下步骤可以由 AGV 启动：

1）在 WMS 中登记零库存，因为该仓位实际上是空的。
2）启动对拣选仓的补货。
3）在 WMS 中搜索有库存的替代拣选存储仓。
4）在 WMS 中创建一个来自替代来源的运输订单。
5）移动到替代仓，稍后确认运输订单。

这个例子表明，如果您更仔细地观察，其可能性远远超过单纯的供应自动化。通过巧妙地整合，可以进一步实现预订流程和决策的自动化。如果所有的利益相关者都参与到项目规划和系统设计中来，那么参与其中的人就很容易获得这种洞察力。中央 IT 部门也始终是一个利益相关者，因为它必须最终维护系统并确保其正常运行。

1. 企业的 IT 部门必须参与投标

投标书通常很少透露对整合平台和控制系统的要求。此外，投标人几乎没有提到解决方案如何被整合到 IT 基础设施中，哪些组件和功能将在物联网云中运行，哪些在边缘，哪些在雾中。这是因为到目前为止，需求往往是纯粹从仓库和生产的角度制定的，IT 部门很少参与投标过程。然而，如果想把"无人搬运车"项目视为物流和生产数字化转型领域的物联网创新，也必须对流程和功能进行颠覆性的考虑。我们强烈建议这样做，以便做到不只是用新技术来装备一个"进化的"、部分有问题的物料流。根据这种新获得的可能性，重新思考流程和仓库移动。有什么能阻止您让 AGV 在仓库不忙的安静阶段自动重新分拣库存，以便在仓库中始终有一个最佳的 ABC 分布呢？这是现代完全自动化的高架仓库的标准配置。

2. 思考并走新路

颠覆性意味着流程受到大量质疑，在市场变化和消费者需求过程中，企业、物流和生产也必须遵循新的商业模式。用无人搬运车取代传送带是不够的。为了在物料流中展现创造力，往往需要设计思维等方法，以摆脱旧的结构。该方法来自于软件开发，有助于从终端用户的角度来考虑流程，从而从用户的角度找到必要的功能，以实现最优的路径。这种方法当然可以用来寻找更多的实例，就像前面的示例一样，因为它创造了一种开放的氛围，把那些可能在参与者脑海中没有说出来的想法带到桌面上来。

理想的情况是，在详细澄清要求后，硬件和软件分别进行招标。通过这种方式，可以为每一笔贸易选择最佳供应商。这正是 IT 部门也必须参与投标过程的原因。在投标中把硬件和软件分开，可以实现三个优势：

1）披露汽车制造商的接口和集成点，作为参与投标的条件，这样就可以顺便建立标准。

2）客户因此而不再依赖于 AGV 制造商。

3）在 AGV 的控制层面和仓库管理以及库存管理层面进行相应的整合，将推进主控系统标准软件的开发。

3. 结论

力求在物料流中使用 AGV，应使用现代控制系统，并应将 AGVS 理解为一个物联网系统。这允许您根据物联网参考架构决定如何操作哪些 AGV 设备，以及在物联网系统架构中的哪个级别处理数据。控制级别的数量应该最小化，最好是整合在一个级别上（见图 7.2），因为这可以实现综合场景和自动化，使物料流和预订流程更有效率。控制中心软件和车辆的招标应该分开进行，并在接口和物联网系统架构的要求方面进行协调。中央 IT 部门也必须参与招标。在定义需求时，应使用如设计思维等现代方法来确定实例。在实施过程中，敏捷的方法可能非常有帮助，以便最初在生产和仓储中转换某些领域，并很快从您的投资中获益。

7.1.4 架构和组件

表 7.1 为您提供了用于无人搬运系统的实体和所需组件和实体的概览。

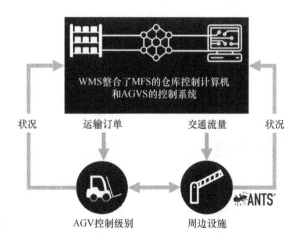

图 7.2　整合到仓库管理级层面的目标图像（来源：digit-ANTS GmbH）

表 7.1　无人搬运系统所需的组件和实体

实体	类型	描述	技术
仓库工人	人类实体		
无人搬运车	设备		
相机	传感器		
激光	传感器		
AGVS 控制中心和用户界面	软件系统	可视化和工作人员干预的可能性	
带用户界面的仓库管理系统	软件系统	根据检索、存储、搬迁或生产分段要求以及交货拣选，在仓库内创建和确认运输订单	从 ERP 系统馈送的 WMS
仓库控制计算机/物料流控制	软件系统	仓库控制计算机直接影响控制单元，例如仓库中传送系统的 PLC	
企业网络	网络	支持访问边缘组件和云应用程序的企业网络	
网关	网关	建立互联网连接或与仓库控制计算机的连接，具体取决于在哪里以及如何执行优化	

（续）

实体	类型	描述	技术
AGVS 云服务	服务	优化	
AGVS 边缘软件服务	服务	优化	

7.2　实时回收箱管理

　　玻璃被认为是环保的，因为它可以很容易被回收，回收意味着收集和再循环利用。在城市和社区生活环境中，玻璃被收集在回收箱中。垃圾处理公司定期清空这些回收箱，并清除旧玻璃，以便市民可以扔进新玻璃。到目前为止，一切都很好。哦，不，等等，故事才刚刚开始。您认为清空回收箱的效率如何？当垃圾清运车行驶过来清空它们时，它们是否总是装得满满的？是的，有时是的，不过，有时它们在被清空之前已经装满很多天了，这就是为什么废玻璃堆积在街道和人行道上，或者躺在那里碎成碎片的原因。然而，通常情况下，这些回收箱只装到其容量的一小部分。来自鲁尔区最美丽的城市波鸿的垃圾处理和新创公司卓立创科技有限公司（Zolitron Technology GmbH）再也不想忍受这种情况了。垃圾处理公司面临的主要问题是，在调度车辆时，它不知道司机会在回收箱处发现什么情况。

7.2.1　问题陈述

　　"亲爱的，你去面包店买面包的路上，能不能顺手把废玻璃瓶放进玻璃回收箱？我们装玻璃瓶的箱子已经爆满了！"就在我穿上鞋子准备出门的时候，我妻子对我喊道。好吧，管他呢，我就带着那个愚蠢的箱子走吧。到达玻璃回收箱时，我看到的是一幅恐怖和破坏性的画面。箱子里、地面上和旁边的箱子里到处都是玻璃瓶子和玻璃杯子。可怜的垃圾车司机，事后还得收拾烂摊子！也许回收箱服务和城市清洁服务将不得不这样做。碎片和碎玻璃挡住了我通往玻璃回收箱的路。好吧，反正也没有什么意义，因为箱子已经装得满满的了。我不知道我是否应该把我的玻璃瓶子放在其他瓶子旁边？还是我应该再去超市对面看看，因为那里也有回收箱？我开始想：垃圾回收服务部门怎么会没有注意到这里的玻璃堆积如山，早就该清空了呢？难道他们在罢工？或者这一切是怎么回事？那么，现在的垃圾回收服务都是按照一个固定的时间表来工作的，根据这个时间表，他们会在固定时间清空回收箱。至于当时回收箱是满的、空的还是溢出的，他们在做计划时完全都不知道。这导致了玻璃回收处周遭的这种混乱局面。但是，对于处理公司来说，同样令人厌烦的是，当回收箱实际上还是空的时，却被驱赶着去清空。

正如您所看到的，这是一个可以被优化的区域，以便仅根据需要来清空。否则，整个业务就等于在浪费资源。对这个问题的设计思维挑战可能是什么样子的？也许是像这样的：我们如何才能确保（即使在空瓶数量波动较大的时候）废旧玻璃的收集和废旧玻璃回收容器的清空与需求相一致，让市民可以随时将废旧玻璃扔进回收箱中呢？这个问题应该作为解决方案的基础和物联网解决方案的可能路径，作为设计思维过程中进一步示范性方法的基础。

7.2.2　具有设计思维的解决方案设计

举个例子，想象一下您面临上述的问题，想要设计一个解决方案，并按照设计思维的方法进行。为了更好地理解问题和相关各方，您应该首先确定角色，即参与的行为者和受影响的人，并以简介的形式描述他们。

在这种情况下，哪些人受到了影响？是的，当然，首先我们每一个人，作为一个私人居民，我们只是想摆脱旧玻璃。让我们称这个角色为彼得·阿明（Peter Armin），这个每天都要看着混乱的居民，对解决方案很感兴趣。他总是将自己的财产保持在完美的状态：草坪和树篱都被准确地修剪过，铺设的小路干净无杂草。但马路对面的玻璃垃圾灾难的可怕景象毁了这一切。镇上的人已经在谈论，这个地区的秩序和清洁度正在慢慢走下坡路。与此同时，霍斯特（Horst）担心他精心维护的独栋住宅的市值会受到威胁。然后是迈克尔（Michael），市政环卫部门的雇员，他必须清理这里的一切。市长布丽吉特（Brigitte）也希望看到一个解决方案，因为她最终要对清洁费用负责。但对解决方案最感兴趣的当然是负责清空回收箱的司机弗兰克（Frank），以及负责安排车辆清空回收容器的调度员德克（Dirk），他必须以成本优化的方式协调路线和时间。负责回收箱服务事务的总经理古斯塔夫（Gustav）必须降低今年的垃圾清空成本。因为这是由监督委员会决定的。

既然这是一本关于工业物联网使用案例的书，我建议我们仔细看看对解决方案最感兴趣的三个人。他们是总经理古斯塔夫、调度员德克和司机弗兰克。为了给这些人一张脸，使其成为活生生的人物，第一步，我们创建人物角色的个人资料。

在创建人物角色简介时，我通常会在我的项目中与设计思维团队这样进行：

1）我们为这个人选择一个与众不同的名字。在未来，这个角色将永远以这个名字命名，这使得整个事情非常个人化和人性化。可以想象，光是起名字这一件事，就会在小组中产生共同的笑声和喜悦。

2）我们选择一个合适的头像图片或在个人资料中绘制一个肖像。

3）我们在目标标题下填写个人资料。重要的是要从长远的角度看待目标。比如，哪些是衡量总经理的要点。在这个阶段，许多人第一次意识到公司中某个特定角色的实际目标。通过查看官方描述，如德国企业管理协会 REFA⊖ 发布的描述，并将其放在您完成的个人资料的类别旁边，您可以获得很多关于公司内部角色的信息。与"标准"相比较，您将会看到公司和在场的同事是如何实际定义某些角色的。也许这将导致一些基本的后续讨论，但本轮讨论不涉及这些。

4）我们现在在"任务"标题下填写概况。在每个研讨会上，我都会被问到目标和任务之间的区别是什么。这个问题是有道理的，因为在我们的日常生活中，我们很快就把两者混为一谈。我总是这么解释：目标是长期的；任务是人为了实现目标而进行的具体活动。例如，一个总经理的目标是确保订单达成，而使这一目标得以实现的具体任务是获取新客户并确保现有客户的需求得到满足。

在斟酌个人资料的时候，首先要注意的是，它们是独立于后面介绍的实例而创建的（见图 7.3）。重要的是要了解这些人和角色所有者通常来自哪里，是什么打动了他们，还有什么让他们感动。这有两个好处：我们可以更好地了解利益相关者和相关人员，我们有机会发现我们还可以为这个角色确定的其他主题，这些主题不需要任何值得一提的物联网创新带来的额外努力。

然后，我们让人们发言并表达他们的愿望。我们使用所谓的用户故事来做到这一点，如第 6 章所述。

用户故事的示例

总经理古斯塔夫：

"作为一个管理者，我需要一个能提高清空回收箱的成本效率的解决方案，并向我展示在哪些方面有优化的潜力。"

"我需要一种适合现有软件架构的技术，用当代技术对其进行扩展，并提供新的创新功能。这种技术应该已经为今天的进一步实例提供了可扩展性，而不必进行昂贵的改造。"

调度员德克：

"作为一名调度员，我总是需要有关各地回收箱填充水平的最新信息，以

⊖ *https://refa.de/berufe*

便我可以根据需求安排车辆进行清空。"

司机弗兰克:

"作为一名司机,我需要了解下一个回收箱地点的情况,以便评估车辆的容量是否仍足以接载额外的玻璃废料。"

古斯塔夫:总经理

目标:
这个角色的主要目标是什么?
1) 确保公司运营。
2) 制定公司的战略方向。
3) 对产品创新和技术创新的定位和投资。
4) 部署人员和企业资源。
5) 确保订单达成。
6) 发展和维护客户和供应商关系。

任务:
为实现这些目标,最重要的任务是什么?
7) 与客户讨论当前的关系和业绩。
8) 评估优化的新可能性。
9) 观察竞争对手在做什么。
10) 工作流程的分析。
11) 财务规划、营业额规划、成本会计。
12) 对员工的激励。

愿望:
什么可以支持这个角色?
13) 规划业务的良好数据。
14) 优秀的员工,为了企业的利益起推动作用。
15) 支持业务流程的技术。
16) 降低物流和车队的成本。
17) 一个能更好地理解我们在运营中面临的问题的董事会。
18) 准时付款的客户。

挑战:
最大的困难和挑战是什么?
19) 道路上和回收箱堆场的情况缺乏透明度。
20) 不断增加的成本压力。
21) 客户对我们的服务期望越来越高。

我需要……
一个能使外面的情况透明化并满足我们客户的高要求的解决方案。

个人信息:
年龄:54岁
角色名称:
常务董事
回收箱服务

图 7.3   总经理简介及其目标、任务、愿望和挑战
(来源:digit-ANTS GmbH)

7.2.3　解决方案

该解决方案既简单又巧妙。位于鲁尔区中心的废物管理公司波鸿 USB 有限公司（USB Bochum GmbH），与波鸿的新创公司卓立创科技有限公司（Zolitron Technology GmbH）一起在一个项目中实施了上述要求。玻璃收集箱已经配备了振动传感器来测量填充水平。对技术感兴趣的读者现在可能会问：如何用振动传感器来测量填充水平，是否也可以用光学监测来工作？

问得好。答案是：传感器所连接的金属收集容器外壳上的振动随填充水平而变化。因此，声像及其随时间的变化取决于填充水平，可以用来计算和解释容器的装满程度（见图 7.4）。然后，信息通过移动网络传输到云平台。云平台上的软件可以识别一个回收箱是否已经满到需要清空的程度。该技术可以用来避免回收箱位置的过度填充，并及时规划安排清空。

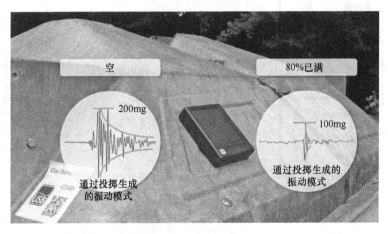

图 7.4　玻璃收集器解决方案（ⓒ Zolitron Technology GmbH）

信息被整合到云平台上，触发后续活动。司机和调度员收到来自回收箱位置的实时信息。司机在车上配备了一台平板电脑。调度员的计划软件通过云端将信息发送到司机的平板电脑上。司机和调度员可以在他们的用户应用程序上看到哪些回收箱需要在规定时间之前清空。

传感器单元安装在回收容器外部，这使得可以通过光电池来供应能量。这样做的好处是不需要通过更换电池来进行维护。这在基于超声波或光学的液位测量方法中是不可能的，因为必要的测量单元必须安装在回收容器内。据卓立创科技有限公司称，这些传感器单元只需要很少的能源，使用寿命约为 10 年。用于玻璃回收箱还算容易的事情，用于旧衣服回收箱就比较困难了，因为在玻璃中投掷时能够测量到非常清晰的振动。但对于纺织品来说，这就有点困难了。

　　回收箱填充水平的其他实例也可以在建筑行业中实施，实际上可以在所有其他必须记录容器装载水平的行业中实施。原则上，液体或粉末以及散装货物也可以在容器中进行测量。在这里，与之相关的不是扔进或倒入过程中的振动，而是容器在不同填充水平时的声音模式。我们从玻璃水杯的现象中知道，当它在不同的水平上被敲击时，会发出不同的声音。

　　在玻璃容器上也可以实现更多的使用案例。这些传感器单元还配备了温度传感器和 GPS 模块。这些信息对市政环卫部门及其冬季服务非常有价值。如果某个地区的温度低于某个水平，就可以根据需要安排铲雪车辆。此外，传感器单元中的声音传感器可以用来测量由于发出的噪声而产生的交通量，并相应地调整交通信号灯控制交通路线。

> 该解决方案的优势一览：
> 1）减少每吨的公里数。
> 2）通过干净的停车位而节省开支。
> 3）招标更简单，数据更详细（堆场集装箱通常每三年进行一次招标）。
> 4）工地物流：当没有更多材料时，工地就会陷入停顿。
> 5）建筑行业的废物处理成本和库存透明度较低，因为建筑公司内半满的筒仓可以直接被送到下一个建筑工地，不必进行废物处理。

7.2.4 架构和组件

　　表 7.2 提供了物联网容器解决方案的实体和所需组件的概述。

表 7.2 物联网容器解决方案的实体和所需组件

实体	类型	描述
司机	人类实体	司机操控废物处理车
调度员	人类实体	调度员负责分配车辆和司机
振动传感器	传感器	振动传感器将振动模式发送至控制单元
GPS 模块	传感器	GPS 模块传输容器的位置信息以及填充水平，可能导致废玻璃的收集和清空
调度员用户界面	软件系统	可视化、规划支持和人员干预的可能性
司机的移动应用程序	移动软件应用	容器填充水平的实时信息和订单完成情况的反馈
企业网络	网络	企业网络提供对边缘组件和云应用的访问

(续)

实体	类型	描述
云服务	服务	优化
运输管理系统	软件应用	运输规划和控制
远程信息处理系统	云计算软件	实时传输车辆位置、车辆状态和运输订单

7.3　新冠肺炎警告应用程序

在新冠肺炎大流行期间，您可以在德国现场体验物联网的一个使用案例，甚至您自己也能使用它：罗伯特·科赫研究所（Robert Koch-Institut，RKI）的官方新冠肺炎警告应用程序。尽管该应用在前期引起了很多讨论，但我将尝试以尽可能客观的方式将其作为一个物联网实例来看待。

呼吸道疾病 COVID-19 于 2020 年 1 月底被列为国际关注的突发公共卫生事件，于 2020 年 3 月 11 日被世界卫生组织（WHO）宣布为全球大流行病。2020 年 6 月中旬，即整整三个多月后，由罗伯特·科赫研究所代表联邦政府提供的、德国官方的新冠肺炎警告应用程序可以在应用程序商店下载。您可能还记得，有人批评所谓的开发时间过长，但是这是合理的，其理由包括可靠的功能，以及德国和欧洲的数据保护标准。

该应用程序的既定目标是追踪接触者。它应该追溯性地告知用户他们是否与感染者有过接触。在提供商方面，使用该应用程序的目的是能够追踪和中断感染链；对于个人用户而言，整体社会的这种动机，伴随着个人信息和时间上的获得，通过应用程序发出的警告可以帮助我们对尚未被识别的感染做出早期反应。然而，在大流行病期间，这两个层面很难分开，因为如果我保护我自己，我同时也会保护我的同伴。

在这个使用场景中，来谈谈物联网：通过应用程序进行感染保护的背后是希望技术和自动化程序可以接管人类无法以这种形式完成的任务。如果您乘坐拥挤的公交车，或在火车站陷入拥挤的人群中，您不能、也不想向每个与您共享空气或与健康相关区领域的人询问他们是否感染了新冠。如果我们考虑到作为一个病人，您只有在经历了这种遭遇之后，才发现自己被感染了（我不想在这里假设他或她有意识地让他人感染可证实的新冠）。那么您如何追溯、找到并联系所有您可能意外感染的人呢？

然而，由于 90% 的人无论如何都会随身带着智能手机，而现在免费提供的新冠肺炎警告应用程序就在手机上活动，因此可以通过物联网自动创建一个运动模式，从而创建一个数据库。这将使我们有可能确定在过去几天——在我被确诊为阳性之前的相关时期——我与哪些人走得如此近，以至于他们有感染的风险。因此，作为预防措施，该应用程序会自动向手机上的所有人发送警告，以便他们接受检测或采取有用的措施。我不需要在这里详细说明时间因素在遏制疫情方面有多重要。在警告应用程序的常见问题解答中，德国政府是这样说的：

"这种数字辅助工具大大加快了以前人工追踪感染的过程。"

以目前所获得的经验，我们当然知道上述的理想情况在实践中很难顺利地进行。理论和实践很少是一致的。

在看这个应用程序功能的弱点和问题之前，让我们先从用户的角度看一下这些步骤。

第一步，我们从应用商店下载应用程序（见图 7.5）。在苹果商店，或在安卓设备的 Google Play 商店下载，因为 RKI 的应用程序使用 iOS 和安卓操作系统的界面，即苹果和谷歌提供的具有各自协议（DP-3T 和 TCN）的界面。下一步，作为用户，我可以进行一些基本设置：该应用程序从一开始就被设计为多种语言。在程序简介之后，首先要在德语和英语之间进行选择。自 2020 年 7 月初以来，已有超过 20 种语言可供下载，包括土耳其语、罗马尼亚语、阿拉伯语、越南语和中文。这也是因为该应用程序不应该只在德国使用，因为在全球化的移动世界中，当涉及大流行病时，严格的国家思维不可避免地会出现问题，而德国作为欧盟成员国也在相应地采取行动。

新冠肺炎警告应用程序：
有助于打破感染链。
现在就下载新冠肺炎警告应用程序，
一起抗击新冠肺炎。

图 7.5　来自罗伯特·科赫研究所的新冠肺炎警告应用程序
（来源：Robert Koch-Institut）

虽然语言选择相对较多，还包括简易语言和手语，但在设备种类方面，可访问性稍低。首先，该应用程序的用户界面显然是为智能手机设计的。它们不适合用于平板电脑或智能可穿戴设备。另外，能使用该程序的互联网手机也有局限性。由于它们必须与谷歌和苹果的界面顺利交互，手机的年龄以及华为等制造商与美国 IT 巨头的合作都在这里起到了作用。截至 10 月中旬，该应用程序应在基于 iOS 13.5 操作系统的 iPhone 6s 及以上版本的和基于 Android 6 操作系统的安卓智能手机上运行。

对于共享此类敏感健康数据的应用程序而言，数据保护现在并将仍然是一项特殊挑战。这甚至在下载之前就开始了：对于德国公民，官方应用程序的使用是自愿的，而其他国家则强制其公民使用该应用程序。其次，我必须在下载后成为一个活跃的用户，并有意识地允许应用程序将我的手机作为跟踪设备，而不是在感染保护意义上进行位置确定。默认设置实际上是一个谨慎的设置，因为开发者非常重视默认隐私原则。

> 名副其实的数据保护意味着应用程序用户可以控制应用程序数据发生的情况（默认隐私原则，Privacy by Default）。

最后，也可能是最重要的限制，涉及匿名性。作为一个应用程序的用户，我不知道哪些人也在使用该应用程序，他们中谁在该应用程序中存入了阳性测试结果，以及我又与他们中的谁如此接近，以至于智能手机将这次相遇评估为与感染有关。我们只收到过这种加密形式的警告，就像我们自己使用应用程序一样，而无须输入个人数据。分配是通过物联网中的事物和软件通信完成的，而不是通过人类用户。追踪智能手机时，每隔 10min 就会更换一次蓝牙密钥（Bluetooth-Keys）。它们在如此短的时间间隔进行更改，使人们更难以识别单个化名。

除了签约公司（SAP、德国电信）和分包商之外，来自政府部门的数据保护专家，如德国联邦信息安全办公室（BSI）和联邦数据保护专员团队，从一开始就参与了应用程序的开发。此外，源代码在开放意义上公开，让民间社会和科学家也可以参与进来。技术上可行的东西不一定是政治上可取的。对于这个应用程序，基本上是在人权与其开发和跟进速度之间进行权衡：作为个人，我可能会因为应用程序的警告可能不是实时的，而失去采取保护措施的宝贵时间。但这也可以防止人们被烙上某种数字新冠肺炎的标志，从而侵犯他们的尊严和人格。一方面，出于伦理和法律的考虑，这种对身份的保护可以保护同伴；另一方面，作为 21 世纪的欧盟公民，即使在大流行病时期，也应该保护自己免受不适当的国家监控。例如，在这些方面，德国的应用程序超越了新加坡的其他可比应用程序。

如果我们再次思考这些要求，三个月的开发时间可能不再显得那么长。混沌计算机俱乐部（Chaos Computer Club）的莱纳斯·诺伊曼（Linus Neumann）向《每日新闻》（tagesschau.de）等媒体形容新冠肺炎警告应用程序是一个"人类从未见过的庞大工程"。回过头来，我们也可以看到，在其他国家的应用程序开发不得不部分中断，甚至因为错误而取消。

从纯粹的技术角度来看，智能手机应用程序通过物联网的通信是通过无线电技术进行的，这样就可以规避因跟踪手机用户的位置而导致的数据保护问题。我们谈论的是移动设备之间的信号交换，它必须是廉价和高效的，并且不会特别耗电，智能手机用户不会因为耗电而对应用程序望而却步。新冠肺炎警告应用程序选择了蓝牙低功耗（Bluetooth Low-Energy，BLE）标准，这赢得了掌声，但在像《商报》这样的媒体中也出现了这样的标题："Schwierige Abstandsmessung per Bluetooth：Warum die Corona-Warn-App ein Experiment ist"（"通过蓝牙进行距离测量的困难：为什么新冠肺炎警告应用程序是一项试验"）。

如果发生相遇，相关用户之间会交换短暂的随机代码，这些代码会在设备上储存 14 天。蓝牙技术包括两个参数：相遇时长和距离测量，对其进行计算。设备之间的距离和临界距离的持续时长都被计算出来。对于集成到应用程序中的软件来说，与超过各种测量值阈值的新冠阳性受测者的相遇被视为风险相遇（见图 7.6）。

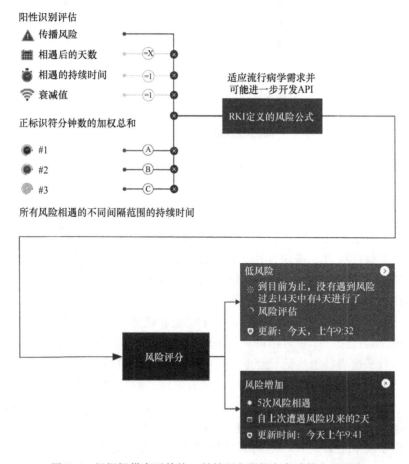

图 7.6　根据提供商罗伯特·科赫研究所的方案计算应用程序

（来源：*https：//www.rki.de/DE/Content/InfAZ/N/Neuartiges_Coronavirus/WarnApp/*
Function_Detail.pdf?_Blob-publicationFile）

如果激活了"风险通知",则典型的令人放心的消息如图 7.7 所示。

图 7.7 风险通知的示例状态消息

（来源：*https：//www. rki. de/DE/Content/InfAZ/N/Neuartiges_Coronavirus/WarnApp/Funktion_Detail. pdf？ blob = publicationFile*）

因此，我们在这里看到的是一个由政府委托的免费大众应用程序，它符合最高的数据保护法规，易于使用，但仍能为控制新冠肺炎做出一些贡献。这是一个极其令人兴奋的实例，涵盖了物联网的许多重要方面。

然而，目前尚无法做出最终判断，因为不幸的是，在本书付印时，这场大流行病还没有结束。该应用程序将进一步调整和修改。用户行为也在发生变化。但我想至少尝试做一个临时结论。德国政府本身在 2020 年 9 月绘制了一个喜忧参半的百日平衡表：卫生部长延斯·施潘（Jens Spahn）谈到了"迄今为止在欧洲最成功的新冠肺炎警告应用程序"。政府假定，到那时已经有大约 1800 万次下载。在该应用程序的帮助下，大约有 5000 名公民在测试结果呈阳性后，即刻通知了他们的联系人。（根据 RKI 数据，10 月中旬大约有 10000 人呈阳性。）这已经警告了成千上万的人，他们有可能被感染。另一方面，显然，每两个应用程序用户中，就有一个没有将新冠测试呈阳性的结果存储在该程序中，以使得联系人能够得到相应的通知。外部对该应用程序有很多批评，以下几点可能是最重要的：

1）同步化：该应用程序无法在不同的苹果设备上正常运行。在夏季，似乎有几天（长达两周）没有进行联系人验证。正如用户所报告的那样，更新 iOS 14 操作系统后，也出现了一些故障。

2）数据流：德国联邦公共卫生服务医生协会的主席尤特·泰歇特（Ute Tei-chert）公开批评该应用程序在实践中几乎没有帮助。由于该应用程序的数据不会自动转发给卫生部门，因此该应用程序对卫生部门的日常工作相当无用，因为应用程序用户接收到警告就立刻与卫生部门联系的情况极为罕见。

3）德国范围：只有部分人口使用该应用程序，其他人不允许（太年轻）、不能（设备太旧）或不想（自愿原则）。最重要的是，并非所有受感染的人都完全或按照预期使用该应用程序。

4）国际联网：由于技术和政治上的障碍，为整个欧洲建立新冠肺炎警告应用程序几乎是不可行的。在国外旅行时，德国的应用程序和其他国家的技术上可比的应用程序也会记录其他新冠肺炎警告应用程序的蓝牙代码。然而，国家服务器系统之间仍然没有接口，无法进行跨国界的警告交流。在德国，匿名数据存储在终端设备上，只有在感染的情况下才会分散发送给联系人，而法国名为"停止新冠肺炎"（Stop Covid）的应用程序的数据则存储在中央服务器上。另外，对于与瑞士应用程序的交互，没有政治层面的健康协议。

如果我们跳出欧洲，看看世界各地的类似应用程序，我们会发现在技术实施和政治态度方面关于新冠肺炎警告应用程序的差异甚至更大。除了在德国实施的联系人跟踪、数据收集和公民信息外，隔离监测是一个特别重要的功能。我想介绍几个例子，为此我使用了 *netzpolitik.org* 网站，该网站关于新冠肺炎警告应用程序的信息特别丰富。波兰开发的应用程序"家庭隔离"方便公民在隔离期间上传工作自拍照。中国台湾地区则依靠无线电小区拦截，为此，台湾当局与移动电话供应商台湾中华电信公司合作。在中国香港地区，从欧洲和美国入境时，隔离期间必须使用追踪腕带和居安抗疫（StayHomeSafe）应用程序。然后，该应用程序与手机号码绑定，收集蓝牙、WiFi（无线通信技术）和 GPS 数据，并自动传输给警方。

即使在新冠肺炎爆发之前，数字化在中国已经非常普遍。如果数字正确的话，中国的移动设备密度是世界上最高的。微信和支付宝等拥有数十亿用户的超级服务应用程序也被全面纳入数字新冠肺炎的应对措施中。通过这种方式，国家验证的电话号码可以与二维码（QR 码）和成像摄像机连接到控制基础设施。但是，即使大多数人想要这样做，在德国这也是不可能实现的。这让我们重新回到了我的信念，即物联网将使世界变得更美好。

7.4 物流和生产中的跟踪和追溯

前面的章节已经很明确了，物联网对物流尤其重要。网络化几乎影响到了我们可以存储和交付、订购和运输的每一件物品。在今天的现代化仓储中，物联网是不可或缺的一部分，因为它可以简化流程，提高效率并提高生产力。在技术装备齐全和组织良好的仓库空间之外，基于物联网数据的物流过程的实时控制也很有趣：在复杂的准时交货和及时传送的时代，易贝（eBay）、亚马逊和阿里巴巴，以及考虑到货物的全球流动，我们的供应链很少是简单明了的。它们通常是全球性的，有许多中间站和中转点。在物流链的末端，在目的地地址，每天都有越来越多的人听说过货物追踪，并希望通过他们的移动设备随时了解货物是否准时到达。对许多人来说，要协调好工作日、家庭计划、日常通勤和接收包裹的关系，也是一项微观管理——这项服务也与我们的移动时代产生了共鸣。

我们可以大致区分出与实时跟踪有关的三个物流领域：
1）入库物流，即材料的交付和分包的流程。
2）内部物流，即从进货通过仓库和生产到出货的货物移动。
3）出库物流，即向客户或商业伙伴交付成品。

在下文中，我们将仔细研究内部物流和出库物流领域的追踪和跟踪实例。在讨论实例之前，让我回到我的愿景，即通过正确使用物联网，我们可以让我们的世界变得更美好、更宜居。当我们谈论更高效、更智能的物流时，我们在谈论什么？您会发现，有人争辩说我们已经消费得太多了。如果我们进一步优化物流，那么它会导致更多的交通、更多的排放、更多的垃圾和更多的智能设备的能源消耗，我们消费的东西远远超过我们实际上需要的东西。这种想法应该被认真对待。我有六岁和八岁的孩子——即使我想——我也无法令人信服地解释青年气候主义运动 FFF 是无稽之谈。然而，我想说，这是两个不同的问题。全世界的人都需要提高对可持续消费、绿色经济和可再生能源的认知，幸运的是，年轻人［以及像大卫·爱登堡（David Attenborough）这样坚定的前辈］正通过许多渠道致力于此。

但是，这种变化无法改变我们生活在一个全球化的、商品密集型世界中的事实，总体上，人们不想也无法改变他们的消费习惯。我很清楚这一点，因为我已经过了两年半的素食生活，从各方面来看，都有无数合理的理由（动物保护、健康、资源消耗和二氧化碳排放），可以尽量不消费或至少减少肉类和其他动物产品的消费。每个人都必须从自己做起，充当榜样。然而，物流、交通和运输是必要的，是我们今天现实世界的一部分。谈到物联网和其他未来技术的使用，如人工智能和虚拟现实，这相应地取决于我们的动机。智能、敏捷的物流也是有前途的，因为它更符合子孙后代的未来前景。今天仍然可以很快用来说服人们的一个因素是成本。与没有技术和组织的传统供应链相比，智能物流链中的每件货物或交付项目的成本明显降低。

在整个社会的许多方面，"一切照旧"的做法正在失去大批粉丝。环境污染和营养等问题又与物流过程密切相关。也许我们真的需要再次学会少花钱、多办事。在这之前，我们肯定也应该尽量不要在物流方面浪费资源。这包括从送货和卸货时不必要的旅程到包装和存储空间。我相信，如果我们关心透明的供应链和对基本流程的最大可能的洞察力，我们人类有更多的空间来重新思考和塑造。

7.4.1　内部物流中的物联网

仓库一直是人们利用工具和新技术使工作变得更容易的地方。只要想想经典的叉车或电子签名以及分拣系统就知道了。在这方面，我们发现物联网有很广泛的应用领域，在内部物流中有许多令人兴奋的使用案例，这不应该让您感到惊讶。

在我的书《和 SAP 一起物联网》中，我已经指出了在使用物联网时需要采取整体、全面的方法。物联网必须整合到 SAP 等的 ERP 系统中，否则实例往往只是一个展示案例，以证明基本的技术可行性，只能提供相对表面的好处，而不能影响公司的核心流程。这是因为像物联网这样的创新技术并不会创造任何真正的创新。只有当创新技术和集成信息系统（如 WMS、ERP、TMS 或 MES）相互之间进行最佳交互时，内部物流中的物联网创新才能出现。否则，使用物联网，您只能创造额外的孤立解决方案，而这些解决方案对整体几乎没有任何价值。内部物流尤其为我们提供了在物联网方向进行整合和改造转型的各种机会，几乎不需要安装额外的硬件。今天的仓库世界已经以集成信息系统为特征，例如仓库管理系统、ERP 整合、数据库解决方案、物料流控制、可编程逻辑控制器、自动高架和小零件存储系统，以及机器人和自动包装系统等。此外，内部物流是第一个引入并有效使用移动数据收集、通过 RFID 的非接触式识别、语音引导和语音识别（如语音拣货和灯光拣货）的部门。

在仓库管理系统和 ERP 系统中，海量数据不断地生成和处理。下面这些是一些例子：

1）进货（通知、接收、拆箱、质检、入库、库存确认）。
2）发货（订单管理、外包、拣货、拼箱、包装、运输、供应、交货确认）。

3）退货。

4）报废。

5）内部流程（库存转移、补货、重新预订、库存盘点、库存优化、重新安排）。

6）资源规划和工作人员日程安排。

通过使用物联网，我们能够使仓库内的货物流动对外部世界更加透明，并且能对变化做出更快的反应。

物联网在内部物流中的应用实例包括无人机和自走式装载单元，我已经在4.3 节中结合仓库管理软件向您介绍过。更笼统地说，所谓的无人搬运系统是21 世纪 20 年代自动化、自组织仓库的一个重要构件。这些移动机器人，我们作为普通消费者所知道的形式类似于自走式吸尘器或割草机，其目标是确保快速和灵活的仓库移动，减少运输损失。他们还应该节省人员成本，这不是一句玩笑话。如果一家公司想在内部物流中确保最顺畅和最快的物料流动，这与持续的数据流有很大关系：使用无人搬运系统对 AGV 和机器人进行路线优化控制，可以缩短行程时间，最大限度地减少非生产性的机器中断。这样一个系统中的物联网事物可以而且理论上也允许"全天候工作"——我们人类当然不能，因为世界上没有一个轮班系统可以长期应对这种情况。这样的运输机器人现在几乎可用于所有的内部物流任务。它们可以移动箱子、集装箱和运输托盘，有时甚至是几吨重的物体。而最重要的是：它们取代了传统的传送带或机器之间的传送线。是的，您没听错：它们代替了传送带。但是，为什么现在要用购买成本比 10m 输送线高得多的 AGV 来取代传送带呢？那么，正如您在前面的章节中已经看到的，使用 AGV，您可以非常灵活地设计机器之间的运输路线，并在每个工作步骤之后调整物料流和准备及加工步骤。在批量大小为一件的时候，这一点是至关重要的，因为在生产中，每个产品在最后都有一个完全独立的加工过程。

虽然机器人有很多优点，但并不意味着人类员工将从仓库中消失，因为真正的智能员工自然比智能机器人有很多优势，尤其是人类会使用其他物联网设备来支持智能机器人的工作。

来自莱茵-锡格区（Rhein-Sieg）特罗斯多夫（Troisdorf）的 IdentPro 有限公司对内部物流的使用案例也很感兴趣。该公司自称的使命是提供数字化解决方案，使每家企业的内部物流持续取得成功。我想在这里展示一下具有代表性的 IdentPro 追踪服务，我们在宝马和沃斯坦（Warsteiner，酿酒公司）的内部物流中发现，这些公司使用 SAP 的 ERP 和仓库管理系统，由此来绑定新的物联网功能。啤酒酿造者和汽车制造商的结合有点不幸，因为喝啤酒的时候是不能开车的。但撇开所有的玩笑不谈：汽车行业和饮料行业当然是物联网应用中非常令人兴奋的领域。

1. 汽车行业的仓库任务的实时导航和预订

让我们先来看看宝马的实例。该公司希望为其位于兰茨胡特（Landshut）的 VZ-2 供应中心建立一个无纸化的物料流，并在 ERP 系统中自动触发预订。其他目标包括尽可能地利用已部署的运输能力，并保证正确交付给内部和外部收件人。为了实现这一目标，必须摒弃自 2017 年以来的创新做法，即叉车司机扫描条形码的做法：这显然太容易出错，而且效率低下。IdentPro 有限公司的解决方案依赖于所谓的基于轮廓的激光定位，其工作方式是让 20 多辆用于或宽或窄通道的传统叉车的司机无须扫描即可执行内部运输。这个仓库的叉车引导系统除了这些人类控制的机器外，还包括一个无人搬运系统。所有叉车上都安装了激光器，用于记录周围环境的轮廓并在数字化的仓库地图上永恒标记车辆的当前位置。据该公司称，其精确度为±10cm。当装载单元被叉车放下来时，由它们各自的 x、y、z 坐标确定每一个单独的装载单元，并存储在一个中央数据库中。定位激光器提供 x、y 值，而桅杆上的高度传感器为当前高度提供 z 值。可以说，这使得用于本地化的条形码变得多余。顺便说一下，我们谈论的是一个拥有约 18000 个存储空间、面积约为 $50000m^2$ 的仓库。

根据供应商的说法，该软件是这样工作的：在 SAP 软件的帮助下创建的运输订单被 IdentPro 有限公司的系统自动接管。"它们通过一个……整合的优化器，该优化器根据可配置的标准，如优先级、路线以及存储和检索的循环等，将运输订单分配给叉车/AGV。叉车司机在他们的叉车终端上接收订单，并被导航到所要求的装载单元（源）。在取货期间，托盘/集装箱被自动识别，并与运输订单进行比较。如果取货正确，叉车司机会被直接引导到目的地；如果装载单元或目的地不正确，他就会收到错误提示。"⊖这将有效避免错误的交付。

2. 饮料物流中的实时定位系统

IdentPro 追踪软件也是沃斯坦作为叉车导向系统的明智选择，特别是为了避免空驶。这涉及帕德博恩（Paderborn）和沃斯坦（Warstein）两个地点的 30 多辆车。仓库里的叉车司机面临的一个障碍是，空托盘没有明确的标识（序列运输集装箱代码，Serial Shipping Container Code，SSCC）。因此，有时很难有效地协调物料流。在这种情况下，需要在托盘上来回移动空的和满的饮料板条箱。并且，之前仓库的库存情况也缺乏透明度。

如果无法快速轻松地记录空箱和托盘，那么这当然也会影响基于它们的后

⊖ *IdentPro GmbH*：Mit identplus fehlerfrei liefern. IdentPro-Projektbericht zu BMW. *https：//www. tag-der-logistik. de/files/events/75d88ba4b9524998822122218. pdf*

续流程。所以问题出现了：如何将物理事物映射到数字世界中，使拥有软件的人能够真正从自动化数据流量中受益？在这种情况下，快速过滤程序起到了作用：在叉车终端，员工只需点击几下，就可以在系统中输入，有哪些空瓶以及他们提取了多少空瓶。在相应的用户界面中，预置菜单选择（例如包装容器尺寸和瓶子类型），可加速这种输入。最重要的是，样本图像被整合到输入掩码中，以便快速比较。饮料生产商的叉车司机甚至被引导到他们应该要运输的托盘的区块仓库（见图 7.8）。

图 7.8　饮料物流中的实时定位（ⓒ IdentPro GmbH）

现在也可以在没有扫描过程的情况下进行所谓的生产处理。在传送带取货过程中，每一步最多同时可以包括 12 个托盘，叉车控制系统从 SAP 的仓库管理软件中自动获得托盘的装载单元或 SAP 语言中的包装单元（Handling Units，HU）。从生产线取货的叉车，在取出六个托盘后，物联网系统以厘米级的精确度显示块存储区域中要存储的全部满瓶产品的位置（见图 7.9）。在这里，沃斯坦的物流公司希望尽可能巧妙地将满箱的收集与空箱的交付结合起来，进行存储和检索循环运输。由于完整托盘的存储、检索和转移也可以在不扫描条形码的情况下实现，并且自动反馈到仓库管理软件中，因此可以防止空运行。对于两个地点之间的整体物流，该软件还可以在装载图像的帮助下直观地看到相应叉车或拖车的装配和装载情况。任何曾见过以老式的方式用喊叫加纸笔来处理这种事情的人，都不会对这种创新提出异议。

这个饮料行业现代化项目的合作伙伴是一家 SAP 咨询公司，该公司专门从事 SAP 仓库管理解决方案，已经为柏龙（Paulaner）集团实施了各种项目。如果您也对这些公司或类似的公司作为合作伙伴感兴趣，我向您推荐 LogiMAT（斯图加特运输展览会）（更多关于战略伙伴关系的内容在第 8 章）。

图 7.9　从生产线取货的叉车（ⓒ IdentPro GmbH）

顺便说一下，这个整合了叉车引导系统的实时定位系统（Real-Time Locating System，RTLS）并不是必须通过云平台在互联网上进行通信的物联网应用。这个应用程序的主要部分是在边缘操作的，因为需要进行恰当的实时信息交换。此外，内部物流中的 RTLS 和叉车引导系统的设计和架构涉及在仓库外，即在云端，什么信息是有用的问题。因此，这些系统在大部分情况下都是在互联网之外运行，只将精华部分发送到云端。尽管如此，我还是把这些应用算作物联网的一部分，因为它们可以而且将被整合到全球供应链结构中。

对于这里选择的大公司，即宝马和沃斯坦，以及许多规模较小的公司而言，物流过程并不限于在德国或其他地方的仓库。毕竟，货物最终会到达客户手中，或者至少到达终端客户的销售点。7.4.2 节涉及供应链的这一部分以及出库物流。

7.4.2　物联网仓库防盗监控

能想象，物联网可以帮助您在仓库管理中防止盗窃，也可以给您的合作伙伴提供关于存储货物的保证吗？让我们看看 ISO/IEC TR 22417：2017 标准中描述的一个实例，使用物联网进行监控和跟踪仓库中的货物。

使用这个物联网系统可以对仓库综合设施中的资产进行持续评估。银行在发放贷款时可能需要这样一个系统，以便仓库里的资产就可以作为发放贷款的抵押品并受到监控。该系统可用于确保货物只有在获得适当授权后才能被转移。

如果一家拥有仓库货物的公司想从银行贷款，那么它可以使用仓库库存作为向银行借款的抵押品。为此，业主必须首先评估库存并让仓库经理进行确认。银行员工利用借款人的这种评估和确认来评估银行是否可以承担贷款风险。在这种场景下，银行很难评估信息是正确的还是伪造的，或者货物是否已经被非法地从仓库转移。在贷款发放后，银行几乎没有办法监控仓库里的活动，如果发生欺诈，银行可能会面临风险。

用于实时库存监控的物联网系统可以大大提高银行的安全性。它将收集以下信息：

1）仓库中的存货流动。

2）存放时间。

3）出库时间。

4）存储单元、搬运单元和装载单元的重量。

5）库存种类。

6）每种存储单元、箱子、包装单元的数量。

7）准确的存储位置和在仓库中的位置。

8）搬运、储存和提取货物的雇员的身份。

如果材料、箱子、存货或装载单元未经授权被移出仓库，就会触发警报，首先通知保安人员，同时也通知贷方/银行。

表 7.3 提供了根据 ISO/IEC TR 22417：2017 标准的仓库物联网监测系统的实体概述。

表 7.3　根据 ISO/IEC TR 22417：2017 标准的仓库物联网监测系统的实体概述

实体	类型	描述
仓库库存	物理实体	箱子、托盘、板条箱、装载单元、存储单元、搬运单元、包装单元
RFID 标签	物理实体	附在箱子和容器上的 RFID 标签包含了货物的记录信息
RFID 阅读器	传感器	RFID 阅读器收集有关货物的所有信息。RFID 传感器读取标签的身份
电子秤	传感器	电子秤记录所有货物单独或在箱子或容器中的质量
带有超宽带技术模块的传感器	传感器	带有超宽带（Ultra Wide Band，UWB）技术模块的传感器可用于计算和记录仓库中货物的位置
激光雷达	传感器	存储库存时，激光雷达会检测轮廓。该系统检测轮廓变化并在检测到偏差时立即触发警报，这通常发生在存储单元被移动时

（续）

实体	类型	描述
报警控制器	数字系统	当存储单元被移除或擅自移动时，报警控制器会触发声光报警，同时将报警信息发送至云平台
物联网网关	物联网网关	物联网网关连接传感器、传感器节点、RFID 标签。它将由 RFID 阅读器和其他外部网络读取的信息发送到云端，并管理本地网络
在线监测服务	云系统	在线监测服务记录并存储仓库中的货物信息、名称、供应商、存储地点和质量。它对进入或离开仓库的雇员（姓名、身份证号、雇员编号）进行登记。它管理着仓库信息，为银行和公司提供信息服务。必要时它可以提供安全服务
资源获取系统	云系统	资源获取系统连接到第三方系统，收集商品的实时价格信息数据。它为银行实时匹配抵押品的价值和贷款的价值
信息资源数据库	云系统	信息资源数据库对所有传感器和设备数据进行分类，并将其与库存数据联系起来。它存储这些数据，并为与其他云服务的授权数据交换提供接口
维护系统	系统	维护系统确保稳定和安全的运行。它记录了所有的运行状态、设备状况和维护服务
规则管理系统	系统	规则管理系统描述并验证了投保和出借货物的交易规则

7.4.3 全球供应链的跟进

我们来看看全球供应链，今天通过工业物联网交换信息也非常重要。可以理解，所涉及的业务合作伙伴希望尽早知道是否有延误、货物是否在途中损坏，或者是否必须使用其他方法对不可预见的事件做出反应。如果所有参与方都以这样一种方式联网，那么数据可以从网络的一端实时流向另一端，这就在物流链中创造了备受讨论的透明度，即供应链中的端到端可视性。或者换一种说法：全网络让世界各地的物流供应商心跳加速。当然，我们早就不是生活在中世纪了，在中世纪，人们可能会因为信使在漫长道路上发生意外，太晚得知消息，从而错过庄稼的收成。但事实是，世界各地的设备日益联网，为我们组织和开展物流和运输过程提供了可能性，而这些可能性甚至在一代人之前是没有的。我们可以远程跟踪货物的当前位置，因为货物或是运输工具上的传感器和标签，都会全天候为我们提供这些数据。此外，我们可以在物联网传感器的帮助下监测货物的状况。是否坚持冷链对于食品和药品来说都不是小事情。道路的颠簸、中间的转运、天气影响的冲击也是运输和物流公司所关心的。从公司的角度来看，数字化转型的大数据原则在此再次适用：来自物联网传感器的实时数据只有在我能将其与我的业务活动联系起来时，才真正具有商业附加值。在这里，就是与我的物流过程的业务数据联系起来。希望通过想象交通堵塞的情况，可以看出其中的差别：负责的调度员不必准确知道，货车 12b 在哪里行驶或停留。但他想知道以下情况：货车是否按计划或至少仍在计划的缓冲时间内，是否按计划到达下一站？如果是前往汉堡或杜伊斯堡的集装箱港口的货车车队，那么软件应该能够将卡车的位置和集装箱船的状态（出发时间、装载能力）联系起来。作为调度员，智能的解决方案将帮助我掌握全局，而不必花大力气去联系驾驶员、运输公司和其他相关方。

在这里，有潜力，也有挑战：在通过高速公路、港口和船舶的供应链中，通常有几方参与者：一方面是发件人或托运人，在许多情况下，最终客户会向其发出实际订单；另一方面，还有物流服务提供商，如德国的 DHL（敦豪航空货运公司），他们承担了运输订单。这些机构又经常委托其他服务供应商，尤其是在运输方面。今天的专业运输服务不限于"我装车，从 A 地开到 B 地，然后卸货"的活动。在许多情况下，公共机构、保险公司或银行也通过港口、火车站和其他转运点参与其中。

如果世界是简单不复杂的，那么所有这些参与者都会有来自 SAP、微软、甲骨文、恩富（Infor）或其他主要制造商的软件和硬件，一切都会完美地融合。好吧，做梦吧！据我所知，这个行业更像是：IT 基础设施是由各个参与者的各种系统组成的，您必须拿起电话来获取信息。例如，生产商使用 ERP 解决方案来管理客户订单和货物生产。DHL 等物流服务供应商通常使用专门的软件来规划运输。据说，他们也依赖使用自己的系统来计划和执行订单的合作伙伴和分包商，在做选择的时候，例如价格和可靠性等因素仍然比 IT 协调性显得更重要。我们刚刚谈到一个来自内部物流的例子，其中 SAP 解决方案和专门开发的软件必须协调一致。

当然，在物联网变得如此重要之前，每个参与其中的人都对高效合作感兴趣。自从我们能够以电子方式交换数据和信息以来，公司也一直在追求高效率。既定的解决方案和惯例涉及许多点对点的连接、在线预订等。然而，区域联网和全面实时数据管理的技术先决条件往往还不具备。需要一个现代化的系统环境，以便相关公司、供应商、托运人、运输商、发货人等能够实时查看物流过程的状态，并实时调用所有相关信息。好的基于云的解决方案，甚至是组织以外的用户也可以访问。理想的情况下，这些解决方案能够相互通信，这样就不需要同时发送电子邮件或打电话跟进。标准化的接口对于数据交换是至关重要的。对于预测和预测性分析，必须整合相应的数字数据分析工具。所有这一切让我们回到了物联网中的"物"，因为最终订购、运输和跟踪的是那些：产品、包装、箱子、货架、冷藏装置、集装箱、船舶、货车、半拖车和铁路货车。

我们不要自欺欺人了：客户对货物运输的质量、准时性和可靠性的期望很高。这尤其体现在对德国 DHL 交付的大量批评中：如果包裹没有到达或跟踪数据没有到达最终客户，客户就会很生气。在全球竞争中，从长远来看，任何公司都无法长期承受这种情况。物流公司正面临着来自价格和环境意识等因素的额外压力。无论是 B2B 还是 B2C：那些习惯于易贝、亚马逊和阿里巴巴等巨头的优惠条件的人不愿意支付更高价格。此外，物联网还提高了速度：一方面可以从世界任何地方全天候在线订购，另一方面还可以享受当天购买当天寄出的高级优惠。同时，该行业必须应对物流过程中的二氧化碳排放问题，因为气候变化已经不容忽视，关于这个问题的辩论正在各行各业发生。这就像一个场景：亚马逊的客户可以为他的产品选择他喜欢最快、最便宜还是最环保的快递。为了能够在物流和运输过程中实现这一点，一方面可能需要非常好的网络化数据库，另一方面需要一种灵活的流程管理形式，可以实现灵活的控制。

全球供应链的跟踪和追溯不仅对最终客户很重要，而且还涉及安全法规和其他政治要求。例如，自 2019 年起，欧盟的一项指令要求制药公司确保其药品的路径是可追溯的。所有的包装元素——从泡罩到折叠箱，再到中间贸易的装运箱和批发商的托盘——都必须提供一个清晰可辨的序列号。为了使跟踪和追溯发挥作用，必须能够沿着整个供应链记录一个包装单元的状态变化。这里再次出现——从制造商到最终客户的透明度。在实践中，这导致了一些问题，例如：如何收集相关数据？如何保存这些数据？这正如如果没有人和物，没有人和物的互动，那么最终就无法想到物联网一样。通过跟踪和追溯进行联网、定位和跟踪，既关乎物，也关乎人。如果没有一个所有参与者都能访问的端到端 IT 基础架构，所期望的端到端可见性就很难实现。可连接的云解决方案、区块链技术，以及其中特别难以操作的去中心化 IT 架构，是目前最有希望解决新问题的解决方案。

在弗劳恩霍夫劳动经济与组织研究所的研究小组于 2019 年发表的简短研究报告 "Track and Trace Technologien im Überblick"（"跟踪和追溯技术概览"）[○] 中，研究人员区分了四个方法：

1）光电子学。
2）带有 RFID 的收发器系统。
3）实时定位系统（RTLS）。
4）区块链技术环境。

[○] *https://www.iao.fraunhofer.de/de/presse-und-medien/aktuelles/objekterkennung-fuer-innovative-logistiksysteme.html/*

我们从超市收银台了解到光电子技术，例如：使用扫描仪来读取产品的条形码。这意味着数字数据被转换为光信号，而光信号也被反过来转换为数字数据。扫描仪或照相机照亮物体并接收反射回来的光线。通过这种方式，其背后的信息变得"可见"，并且可以被检索到。光电子技术因其非常适合应用于房间和建筑物、高精确度及相对较低的成本而"得分"。研究作者敢于预测，条形码在未来仍将是光电子技术中使用最广泛的元素。关于 3D 代码，他们认为在物联网与虚拟现实和增强现实的交互方面看到了巨大的发展潜力。

收发器系统利用数字信号工作，使发射器和接收器之间能够进行通信。信息通过电磁波交换，通常借助微芯片或天线。人们还谈到了 RFID 系统，这代表了无线电频率识别器。这种方法与光电子技术一样发达。并且，它有两个优点：首先，元素标志和摄像机之间不一定需要视觉接触；其次，这样的收发器系统通常在户外工作得更好。具有实时定位功能的系统可以在发射器和接收器没有物理接近的情况下进行管理。然而，这两个元素是相互连接的，没有中断。这对于实时物体追踪来说当然是非常好的。GPS 导航、WiFi 应用和蓝牙通信通常根据这一原理工作。

在区块链架构的帮助下，追踪的工作方式又有所不同。在这里，物体和状态不是以有形的方式记录，而是以数字身份进入区块链网络。对于比特币（Bitcoin）、以太坊（Ethereum）或去中心化金融（Decentralized Finance，DeFi）等数字货币来说，交易是网络中涉及物体位置和状态的事件或行动。作者在这里持谨慎态度是可以理解的，因为区块链的数量仍然是相当不为人知的。然而，他们也指出：诸如普遍适用性、自动化程度和范围，以及最重要的是高信息含量和低出错率等论点，都支持了区块链技术在跟踪和移动环境中的应用。

7.5 仓库和生产中的智能眼镜

许多公司现在都在仓库运营中使用数据眼镜和增强现实技术。这些通常被统称为智能眼镜。您可以在 https://www.wareable.com/ar/the-best-smartglasses-google-glass-and-the-rest 找到这种眼镜的示例。

> 不要把智能眼镜和 VR 眼镜混为一谈。使用 VR 眼镜，用户在光学上与外界隔绝，在他们的鼻子上放置一个智能手机大小的显示屏。而通过智能眼镜，我们谈论的是增强现实，这意味着您用显示在您眼睛里或眼前的信息来扩展现实世界。

路线和路径可以显示在眼镜显示屏中。可以在这里导入物体的图像，以便更轻松地找到它们。与材料相关的信息，例如数量或尺寸，也可以在这里显示。由于近年来语音输入技术明显提升，我大胆预测，语音功能将在内部物流中变得更加成熟。通过这种方式，员工可以确认他已经搬走或交付了的货物，而无须长时间腾出双手。或许您也听说过"视觉拣货"（Pick by Vision）流程？这意味着，智能眼镜与仓库中的物体进行交互。每个产品都有一个眼镜可以扫描的条形码。如果有必要的话，即使是隔间、货架或某些仓库存储区域也可以向这种眼镜发送视觉信号。像 DHL 这样的公司已经尝试使用这种智能眼镜有一段时间了。然而，时间会告诉我们，这种程序是否利大于弊，替代程序的应用是否会变得更加广泛。缺点是，这种交互需要在仓库中实现完整的网络/WLAN 覆盖，以及对智能眼镜进行合理的电池管理。此外，用眼镜扫描并不总是很好地或立即发挥作用。并且，这项技术并不适合所有员工：有些人会因为戴着智能眼镜而头晕目眩，而且配戴眼镜的人往往还需要额外的设备。

让我们看一下生产中的一个具体实例，并以它为例，根据物联网参考架构将必要的物联网组件组合在一起。这个实例在 ISO/IEC TR 22417：2017 标准的7.10 节中也有涉及，描述了工厂工人在设置和调整机器时如何通过智能眼镜在车间接收信息。智能眼镜在工厂中被用于：

1）向用户提供信息。

2）通过摄像头扫描条形码。

3）可以使用户看到基于个别客户要求的特定信息。

4）在安装或维护过程中能够精准定位。

智能眼镜在视野范围内向生产工人显示信息和指示，让他们可以腾出手来进行组装或维护。有些型号带有一个摄像头。有了这个摄像头，眼镜佩戴者可以与世界各地的同事分享他们看到的东西，并通过显示屏或音频传输接收指令。因此，现场的员工也有可能在没有真正了解他所工作的机器的详细情况下戴上这副眼镜。通过这种方式，远程服务技术人员可以在不访问公司的情况下进行诊断，并获取有关工厂的信息。

使用智能眼镜的好处是：

1）提高生产力。

2）最大限度地减少错误。

3）提高工作安全性。

智能眼镜是可穿戴设备，这意味着，它是我们人类可以佩戴在身上的设备。如果您想在生产或其他领域使用智能眼镜，那么一定要记住，可穿戴设备有一个摄像头，通常还安装了一个麦克风，在发生网络攻击时可能被截获，或者可能泄露产品数据或其他的敏感信息。

之前我们列出的用于视频、声音、加速度、速度和位置的传感器，这些设备能够收集有关其人类用户的信息。在此，也请确保您遵守相关的个人数据处理法律，不要收集或存储不必要的数据。如果您必须这样做，请确保相关的云服务符合使用国适用的数据保护法律。

表 7.4 显示了使用智能眼镜的物联网实例所需的组件和实体。

表 7.4 使用智能眼镜的物联网实例所需的组件和实体

实体	类型	描述
生产工人或仓库工人	人类实体	戴上智能眼镜的人，通过它们接收有关工作和物流过程的重要信息
智能眼镜	可穿戴设备	智能眼镜，通过集成的摄像头捕捉信息，并通过显示器向用户传输指令和附加信息
相机	器材	相机捕捉信息，如条形码或物体
显示屏	器材	显示屏向用户显示视野中的信息
用户界面	软件系统	支持语音、触摸和手势命令
企业网络	网络	提供访问产品数据和装配说明的企业网络
云服务	服务	存储库中的产品数据和装配说明

7.6 物联网物体识别

数字世界和现实世界联网的另一个令人兴奋的应用领域是在物联网帮助下的物体识别。作为一个实例，我想介绍一个光学物体识别案例，我的合著者玛蒂娜·莫尔和迈克尔·斯托尔伯格在我们的书《和 SAP 一起物联网》中详细描述了这个案例。在这一点上，我们可以忽略一些关于软件功能和程序代码的细节。对我们来说，有趣的是这样的应用领域。

识别图像中的物体正日益成为人工智能的一项任务（见第 5 章）。无论是不可移动的物体（即照片），还是运动中的物体（即视频），软件和算法在许多情况下已经很好地完成了模式识别、鉴定和检测，这让我们松了一口气，并找到了新的可能性。通过新技术，真实的物体转化为数字世界的数据材料——无论我们是在谈论在公共场所因社交距离而被拍摄的人，还是自动驾驶汽车驶过的物体，或是仓库里被摄像技术跟踪的货物，还是记录运输车辆此刻位置的摄像头。无须解释，现在的摄像技术无处不在。数码摄影早已取代了模拟摄影和胶片处理，这让我回忆起我个人早年在《Tageszeitung Westdeutsche Allgemeine Zeitung》（《南德意志报》）工作时的情景。我们只需看看汽车中的摄像辅助功能，特别是看看带有集成摄像头的智能手机有多普及就可以了。甚至不用我说，您也看到今天互联网上的图片无处不在。当然，所有这些也在物联网中发挥作用，包括企业背景和工业 4.0 的工作现场。在与仓库管理软件有关的方面（见第 4 章），我告诉您配备有摄像头的无人机在仓库中飞行。如果回想一下您与互联网的第一次接触（或第 1 章），那么我们很快就会回到网络摄像头和互联网上的第一台咖啡机。从这个角度来看，采用现代摄像技术的光学物体识别现在在物联网中具有牢固的地位，这几乎是令人信服的。在这种物联网环境下，负责视觉数据的摄像头接管了以前必须由人类用眼睛完成的任务——就像我们可以将听力部分外包给传感器进行声音识别一样。在某些情况下，数字眼睛比我们的眼睛看得更清楚，而且在任何情况下，它们需要的休息时间都更少。此外，货架、机器或产品部件的视觉状态控制可以通过物联网的网络传输到自动化流程中。

对于我将在下文中介绍的具体实例，与通过算法进行模式识别是相关的，借助所谓的卷积神经网络（Convolutional Neural Networks，CNN）的帮助。这些网络由不同层别组成。卷积层对于光学识别尤其重要。正如玛蒂娜·莫尔在我们的《和 SAP 一起物联网》一书中恰当地总结的那样，CNN 本质上是由输入图像上的一系列过滤器应用程序组成的。在第一层步骤中，多个过滤器应用于真实物体的图像——如果您愿意的话，可以称之为原始输入。所谓的特征图是下一层序列的输出。这是一步一步重复的。第一层通常会生成特征图，其中原始图像的许多细节仍然可以识别。运行的序列越多，图像堆叠就越抽象。以这种方式，就可以从尺寸、边缘和距离等数据中导出特征。我同事举的例子是一个手柄，可以用来区分马克杯和玻璃杯。但它也有可能是一个盖子，让您能够区分弗伦斯堡啤酒和贝克无酒精啤酒，或者，我所关心的是，区分一件衬衫是男士的还是女士的。这些卷积神经网络有各种版本。然而，对于我们的应用来说，此时对 YOLO 架构有一个基本的了解就足够了。这个缩写代表着"您只看一次"（You Only Look Once）。

用于图像识别的 YOLO 算法足够强大，可以在 22~51ms 的延迟内识别视频记录中的物体。它被设计为尽可能快地识别运动中的物体。YOLO 将输入的图像划分为一定数量的单元格，并为每个单元格确定一个或多个所谓的边界框。它们是简单的矩形，作为一个框架放在物体周围（见图 7.10）。每个矩形都有一个图像位置，所以它们也可以在运动中被追踪。此外，该软件为每个边界框确定它是否包含物体。如果是，那么它还会尝试对物体进行分类，当然，这需要事先的训练数据。

图 7.10　用 YOLO v3 版本检测物体（来源：*https：//commons. wikimedia. org/ wiki/ File：Detected-with-YOLO-Schreibtisch-mit-Objekten. jpg*）

　　我们的实例是借助于相机和物联网中的 YOLO 技术对物体进行光学识别。特定场景涉及监测一个转盘，该转盘用作典型的传送线上的抛光站点。如果这里出现了不正常的情况，那么通过物联网的物体识别应该在状态监测的意义上尽可能实时报告。不规则在这里意味着：用于抛光的石头从皮带上掉下来，或者转盘上定义的石头数量明显太多或太少。

这样的实例需要什么设置？

　　除了相机之外，IT 架构还包括云端的物联网平台和可以从图像中生成结构化数据的人工智能计算机。被拍摄的物体在没有摄像头的情况下无法直接向物联网发送数据，因为它们没有配备必要的传感器。我在这里提到这一点，是为了让您再次意识到，很多情况下，物联网的数据流量并不直接运行，而是通过中间站点，例如这里的摄像头。此外，我们的实例还需要一些儿童玩具。您如果不相信，那么您可能从未听说过慧鱼（fischertechnik）的工业 4.0 培训模型。在慧鱼的自我推销中写道：

　　"有了慧鱼，今天就可以模拟和尝试智能工厂中的许多重要事项——最重要的是，以可理解的方式进行演示。IT 部门利用与云的连接，使工厂的数据实时可用。技术人员通过智能手机和移动设备远程监控工厂和机器。生产部门通过集成的传感器向连接的系统报告生产进度，以便自动推导出后续步骤。例如，触发订单、组织补货或向物流部门发送提货订单。工业 4.0 应用可以通过慧鱼进行理想的触觉模拟和把握，并在数字化转型的道路上加深学习和理解。"⊖

　　⊖　*https：//www. fischertechnik. de/de-de/simulieren/industrie-40*

基于该品牌 20 世纪 60 年代开发的积木式系统的模拟模型，现在包括高架仓库、分拣线和真空吸盘。对于 SAP 同事的使用案例，一个带有转盘和抛光站点的传送线的培训模型正在使用中。这种"测试安排"背后的目标如下：如果转盘上的物料流没有按计划运行，那么系统中就会触发一条服务信息，以便维修技术人员能够尽快到达该薄弱环节。

此实例的流程步骤如下：

1）一台摄像机长期拍摄该站点，并每 5s 向 YOLO 神经网络发送一次转盘的图像。

2）YOLO 人工智能不断评估是否一切正常或是否存在异常。

3）算法以这种方式评估和传输的状态，在物联网平台中作为一个传感器值出现。

4）在这种情况下，名为莱奥纳尔多（Leonardo）的 SAP 软件包创建了一个数字孪生，并将其链接到传感器。同时，许多其他的云平台也能够映射此实例。

5）临界值会自动触发生成服务票据的操作。

就训练人工智能而言：原则上，您也可以使用已经训练好的人工智能服务，用于图像识别或其他实例。各家公司已经开始主动向其合作伙伴和客户提供现成的解决方案，这些解决方案只需要用他们自己的图像（或所需的数据集）进行训练。这些公司包括英特尔、SAP 和亚马逊网络服务。然而，在我们的示例中，训练是实例的一部分。

在训练阶段，对使用中的拍摄转盘和抛光站点进行拍照，以便训练 YOLO 识别正常状态，以及偏离状态的情况。为此，相机被放置在模拟模型的抛光站点上方。在这种设置下，对使用的相机的要求相对较低：图像在由 YOLO 处理时被缩放为 608 像素×608 像素。此外，还需要一个 USB 接口将图像发送到笔记本计算机上。据我所知，这也是当今相机标准的一部分。如果速度是一个基本方面，那么人们可以通过使用集成了图形处理单元（Graphics Processing Unit，GPU）的计算模块的相机来优化相机和计算机之间的图像传输。进一步的处理是在本地计算机和云端进行的，在这种情况下，要借助于 Python 编程语言的脚本。该代码中包含一些假设行（if-line），即转盘上的石头满足或不满足条件的"如果-则"（if-then）公式。

在这里，我们再次陷入了人工智能的悖论。AI 模型没有任何想法，它不知道应该识别什么。人类必须首先定义它。在光学物体识别中，我们自然会从我们的眼睛和我们自己的光学观察开始。在我们看来是有缺陷的东西，在算法的适当语言中也被定义为缺陷。代表我们理想状态的东西也必须写下来。这里的标记也包括 CNN 标记的，即已经分类的图像。在我们的实例中模拟的物体识别并不是特别复杂，因为在恒定环境中只需要识别几个简单的物体。对于参与其中的人来说，100 张图片足以让整个事情以一种让所有人都满意的方式进行。然而，作为一项准则，同事们建议如下："作为一项规则，您应该为每个类别（这里为正常状态和错误状态）使用 1000 张不同的图像进行训练。"

与物体识别应用领域密切相关的是维护和服务领域的实例，也被称为预测性维护和预测性分析。我们将在 7.7 节仔细研究这些实例。

7.7 生产中的维护和服务

如果我们能够通过设备联网和物联网的数据交换实现光学或声学物体识别，那么这也为维护和服务领域开辟了新的可能性。我已经在 7.6 节中提到，一旦出现异常情况，技术人员就会收到自动维护订单。通常情况下，这些术语没有专利，但反应性和预防性维护/维修之间的区别应该是比较清晰的。大多数人可能只在灯泡坏了的时候才更换它。相反，像汽车，在车间进行定期保养是比较常见的，这样做，就不会在离家 700km 的高速公路上抛锚。

许多专家在这些经典的维护概念上又增加了三个概念，如果没有物联网，这些概念很难实现：

1）基于状态的维护：机器或系统的当前状态被纳入维护工作的考虑范围。为此，负责人通常使用来自传感器和控制系统的数据。

2）预测性维护：分析算法通过比较当前状况数据和"训练有素"的经验来预测何时需要维护。

3）智能维护：可以说这是预测性维护 2.0，除了预测算法外，还使用了数据分析和人工智能。长期目标是机器系统的独立维护，如果可能的话，无须人工干预。

这一切听起来令人激动，也特别合理，但它更多地描述了未来的走向，而不是德国工业目前的全面状况。到目前为止，高人工作业一直是工业工厂运营过程中的相对特征。这也适用于维护程序和维护过程。与工业机器和工厂有关的三角贸易并不少见：制造商方面，即原始设备制造商（Original Equipment Manufacturer，OEM）；机器运营商或机器用户方面，例如，在生产中使用 OEM 产品的用户；以及专业服务供应商方面，他们经常承担诸如组装和拆卸、维护和服务等任务。当我作为操作员购买一台机器时，我通常会收到制造商提供的安装和使用说明。闭上眼睛，想象一下这些文件：它们长什么样？会不会您现在想到的更多是电话簿格式的纸张，而不是现代机器可读的文件？此外，不得不假设，只有少数机器操作员完全依赖单一文化。虽然我没有找到相关研究，但我猜测大多数公司多年来从各种 OEM 来源购买了混合的设备。在最坏的情况下，工程师或维护服务供应商必须翻阅相当多的文件来维护一个更复杂的整体工厂，因为即便您能找到具有必要经验的人，您几乎肯定无法支付给这样的机器魔术师相应的费用。我们所希望的是一种类似数字图书馆的形式，它包含了所有与工厂有关的信息，并且在需要时可以被运营商和制造商以及服务提供商访问。但不付出重大努力，就不可能建设这样一个图书馆。该图书馆将必须遵循单一真相来源（Single Source of Truth，SSOT）的原则，即声称正确且可信赖的通用数据库。

另一个可能让您窒息或生气的因素是时间管理和资源管理：维护工作通常是定期进行的，与法律要求、库存或其他标记相关。您已经看过旧玻璃回收容器实例：即使没有装满，玻璃瓶也定期会被清空。如果维护间隔时间过长，那么会导致间歇性故障；如果间隔时间过短，那么可能会产生不必要的费用，例如专业人员被派来检查，而设备却仍在完美运行。对公司来说，灵活维护和服务是有意义的。例如，如果只有一个软件问题（并且没有硬件问题），则可以在没有访问的情况下远程解决。对于监测技术和做出这样的决定，在自动算法的帮助下收集和评估数据（包括机器数据、设备数据、工厂数据或生产数据）是有帮助的。通过人工智能的智能实时数据管理可以帮助创建符合要求的维护计划。人工智能可以用来分析音频或图像数据，以改善检查和维修的安排。例如：机械夹臂的动作是否很奇怪？发动机的声音是否正常？专门开发的传感器可以从声学角度监测设备和产品。如果出现不寻常的操作噪声，那么这可能是导致故障的缺陷或故障的迹象。例如，在生产中，可以通过机器技术识别钝的锯条。今天，传感器、无人机、相机和智能软件的交互为我们提供了相当好的数据池，也可用于可靠的预测。上述最初的情况让我这样的人感到高兴，因为有东西可以优化。运营商和服务提供商可以改善他们的维护和修理的业务流程。对于制造商来说，如果您想得更远一点，在数字环境中会有新的服务，甚至更灵活的销售模式，例如按次使用付费。

下面的例子让您了解预测性分析和预测性维护是如何被使用的：

1）对于饮料物流和在那里工作的装瓶工，预测性维护和智能维护可以使生产和物流更加灵活：如果装瓶工能够获得过去十年每一种产品的销售量，那么就有可能对未来做出一个可靠的预测。当然，必须考虑到某些因素。例如，天气正在发生变化。天气越来越热，人们可能喝得更多。但从过去推导出一种模式，肯定会对目前的规划有帮助。

2）我们已经可以在交通管理中找到一些使用案例。商用车和工程车集团曼恩（MAN）依靠人工智能功能来提高其自身货车在道路上的可用性。该公司汇编了一套数据，以便能够尽可能可靠地预测车辆的关键部件，例如喷油器何时会出现故障，进而直接导致车辆无法动弹。该数据集包括维修记录、故障记录文件和远程信息处理数据。此外，还开发了一种算法来检测控制单元数据中“不健康”的车辆数据。瑞士联邦铁路公司（SBB）已经使用 SAP 的物联网解决方案对其铁路车队进行预测性维护。其他类似的项目也正在区域公共交通领域进行。

3）基于物联网的预测对健康数据和健康科技公司来说也很有趣：来自西奈山埃默里大学伊坎医学院（Icahn School of Medicine der Mount Sinai Emory University）的一个团队与项目合作伙伴一起，使用基于预测分析的模型，证明了某种蛋白质显然可以用来预防阿尔茨海默病（老年痴呆）：

“为了更好地了解遗传因素如何影响阿尔茨海默病的风险和发展，该团队通过挖掘 DNA、RNA、蛋白质和临床数据，建立了晚发性阿尔茨海默病的预测网络模型。研究人员说，通过将 DNA 变异与其他类型的分子和临床数据相结合，可以构建和挖掘更复杂、更全面的疾病模型，以阐明疾病的调节和机制驱动因素以及治疗干预点。……这些预测分析模型使他们能够确定阿尔茨海默病的关键调节因素，并聚焦 VGF，这是所有数据集中抑制反应的唯一关键驱动因素。VGF 是一种调节记忆力的神经元蛋白，阿尔茨海默病患者大脑和脑脊液中的 VGF 水平降低。”[㊀]

对于能源转型，物联网和更现代的维护方法是一个巨大的话题，正如下面的例子所示：

1）气候变化人工智能小组（*https://www.climatechange.ai*）发表了一篇论文[㊁]，为 13 个领域的人工智能在气候保护中的应用提出了建议。大部分是关于预测性维护。如果使用数据库来计算可能的最有效的驾驶路线，那么在一天结束时可以节省排放。在物联网的帮助下进行基于数据的预测，也可以成为更好地利用电网的解决方案。

2）德国能源署（dena）正在协调“利用人工智能优化能源系统”（EnerKI）项目。通过这种方式，它希望积累关于人工智能在能源系统中使用的有针对性的知识，并使其可用于经济、专业公众和政治。此外，2019 年秋季的 dena 分析报告“用于综合能源转型的人工智能”指出：“风力涡轮机预测性维护的供应商承诺提前 60 天预测运行部件的故障。由于避免了维护工作，每台涡轮机可以节省 12500 欧元。因此，人工智能应用不仅创造了附加的商业价值，而且还能为

㊀ *Kent*, *Jessica*: Predictive Analytics Models Detect Alzheimer's-Protecting Protein. Online-Beitrag vom 20. 08. 2020. *https://healthitanalytics.com/news/predictive-analytics-models-detect-alzheimers-protecting-protein*

㊁ Tackling Climate Change with Machine Learning. 5. November 2019. *https://arxiv.org/pdf/1906.05433v2.pdf*

可再生能源的整合做出贡献。"⊖

3）位于汉堡的晴空万里（Kaiserwetter）公司专门从事可再生能源领域客户数据的评估和关联工作。例如，它评估来自风电场组件或太阳能发电厂的数据，单击鼠标即可获得涡轮机的正常值和偏差。这对运营商的好处是显而易见的：如果一切运行顺利，那么他们可以实时控制，而不需要技术人员到达现场；也可以对匿名竞争对手进行基准分析，这当然是所有公司都会感兴趣的。对于这些服务，该公司直接从客户的工厂获取数据并在软件的帮助下进行处理。到目前为止，以这种方式进行的自动化年度报告大约需要 3 天时间。如果管理者的愿景成为现实，将来，生成这样一个报告可能只需要 3s。

4）作为 PrognoNetz 项目的一部分，卡尔斯鲁厄理工学院的研究人员正在开发自学习的天气传感器，以便更好地利用输电高压线路。这些传感器实时模拟天气的冷却效果。KIT 信息处理技术研究所的微系统技术负责人威廉·斯托克（Wilhelm Stork）解释说："通过这种方式，运输的电量可以增加 15%~30%。"⊖

5）丹麦能源公司沃旭能源（Ørsted）致力于智能电表和基于数据的可再生能源电力业务。利用物联网数据进行维护也在其中发挥了作用。例如，有一个受很多因素影响的问题，那就是：什么时候需要把船送到海上风电场进行维修？为此，您必须考虑天气和安全法规，以及投资成本和时间因素。如果有可能将这些工厂的模拟设备连接到物联网上，用于状态控制和监测的数据储存将提供尽可能准确和全面的情况，那么将使我们能够在各种选项之间做出更明智的决定。

模拟是人们在商业研究中了解的许多方法的组成部分。今天，商业实践中的计算模拟可以用数据做一些惊人的事情，特别是如果它们被巧妙地设计，也许很快甚至会与人工智能结合起来作为标准实施。物联网可以为商业决策提供关键信息，以确定未来的方向。我相信在状态监测和维护过程中会有更多的使用案例。

1. 物联网架构

现在让我们看一个实例，我们正在构建一个物联网平台，用于监测生产线

⊖ *Deutsche Energie-Agentur*（*dena*）：Künstliche Intelligenz für die integrierte Energiewende. Einordnung des technologischen Status quo sowie Strukturierung von Anwendungsfeldern in der Energiewirtschaft. Stand：09/2019. *https：//www. dena. de/newsroom/publikationsdetailansicht/pub/dena-analyse-kuenstliche-intelligenzfuer-die-integrierte-energiewende*

⊖ *Karlsruher Institut für Technologie*（*KIT*）：Künstliche Intelligenz verbessert Stromübertragung. PrognoNetz：selbstlernende Sensornetzwerke zur Prognose der Belastbarkeit von Freileitungen-Anpassen des Betriebs an die Witterung nutzt das Netz optimal aus. Presseinformation 055/2019. *https：//www. kit. edu/kit/pi _ 2019_055_kunstliche-intelligenz-verbessert-stromubertragung. php*

上的电动机，以便对电动机进行预测性维护。电动机通过传感器连接到我们的物联网系统。通过推送流程，我们可以实现流程自动化，从而在维修时也可以通过供应链订购零部件。该实例在 ISO/IEC TR 22417：2017 标准（标准 7.16 节）中有详细描述。物联网支持的预测性维护的使用具有以下优势：

1）优化资源的可用性。

2）增加吞吐量。

3）最大限度地减少计划外的停机时间。

4）降低维护成本。

2. 物联网系统必须支持的工艺流程和步骤

1）用户接收到电动机的性能信息，从而可以提前启动维护程序。

2）物联网网关从获得的信息中创建消息队列遥测传输（Message Queuing Telemetry Transport，MQTT）格式的数据，这是一种用于机器通信的开放网络协议，并将这些数据发送到应用程序的接口 API，用于预测性维护和质量保证。该应用程序在云服务中运行。

3）应用程序接口 API 和物联网设备在云服务中得到授权。

4）数据被传输到应用程序，在云端进行预测性维护和质量保证。

5）实时检查例外情况、条件、异常情况，必要时采取行动。

6）启动工作流程和资产管理的整合，通知技术人员。

7）该流程作为云服务完全自动化。

表 7.5 列出了实例所需的所有实体，描述了它们的类型、工作方式并提供了相关的基础技术信息。

表 7.5　符合 ISO/IEC TR 22417：2017 标准的技术组件（基于物联网参考架构）

实体	类型	描述	技术
技术员	人类实体	维护生产线上的电动机	
主管（生产经理）	人类实体	负责生产线的生产过程	中央生产控制塔
电动机	物理实体	监控性能和故障	
电动机上的传感器	传感器	监控电动机上的功能和数值	
物联网网关	物联网网关	收集电动机传感器数据并将其转发到云服务和应用程序	注意互联网连接的传输协议（这里是 MQTT 用于发送到云服务）
设备注册	数据库	在物联网系统中保存并启用设备身份的注册	SQL（结构化查询语言）数据库

(续)

实体	类型	描述	技术
预测性维护和质量应用	软件应用（云应用）	分析传入的传感器数据，将其与历史数据进行比较并启动后续操作（例如维护）的软件应用程序	
中央生产控制塔	最终用户的用户界面	最终用户应用程序应以图形化的方式设计，并帮助主管快速识别生产线中的操作需求	

7.8 机械工程中的物联网商业模式

在当今社会，尤其是在不断壮大的决策者和企业家中，我们看到了共享经济的明显趋势。企业家的这种新心态也对公司的商业模式产生了影响。通过购买新的生产机器来承担高额资本变得越来越没有吸引力，因为投资的回收期也在缩短。这意味着必须重新审视经典的商业模式，例如，一家机械工程公司必须为客户提供创新的商业模式，为其设备融资。

ISO/IEC TR 22417：2017 标准的 7.19 节中描述了一个物联网系统，它在技术上映射了机器融资租赁。该系统实时监测机器的性能和关键数据，并跟踪机器的位置，以便将这些信息传输给提供机器租赁的银行。同时，机器制造商能够读取、收集和评估来自机器部件的信息。此外，它还可以实现预测性维护，并最大限度地减少停机时间，但这不是这里的重点。更有趣的是，我们可以将这些数据用于统计、绩效数据和确定平均运营账户。这种透明度有助于机器制造商保护其工厂，也有助于银行将风险降到最低。

这种模式也使得一种意义更为深远的金融商业模式成为可能：按使用量计费的机器运营 。我们从重型建筑机械的使用中了解到这一点。如果您租了一台挖掘机，那么每天 8h 的机器运行时间都包括在内。如果挖掘机每天运行超过 8h，那么每增加一个小时都要额外收费。想象一下，您现在按工作时间收费，甚至按产出数量收费。我们以钣金冲床为例。机器为汽车生产中的 OEM 生产的每个挡泥板都应支付一个单位金额。这将原始设备制造商的风险转移到了机床制造商身上。当业务蓬勃发展时，会生产更多零件，机器成本也会上升。让我们以金属板冲压机为例。机器为原始设备制造商生产的每一个机翼，都有一个单位金额。这就把 OEM 的风险转移到了机床制造商身上。当生意兴隆时，生产更多的零件，机器使用成本上升。如果产量降低，机器使用成本也会降低。

表 7.6 显示了符合 ISO/IEC TR 22417：2017 标准的必要技术组件（基于物联网参考架构）。

表 7.6 符合 ISO/IEC TR 22417：2017 标准的必要技术组件（基于物联网参考架构）

实体	类型	描述	技术
温度、振动、运动传感器	传感器	从机器组件收集数据，例如电池电量和温度	
GPS 装置	传感器	用于服务应用的机器的实时位置数据	
报警调节器	传感器	对于机器盗窃或故障（向管理员报告警报或警告服务平台）	
物联网网关	网关	连接传感器、报警控制器和 RFID 阅读器，收集信息并管理本地网络	
互联网连接	网络		
资源接入系统	云系统	连接第三方系统以检索数据（包括来自机器制造商的 ERP 系统、WMS、生产计划系统和 MES）	
信息资源数据库	数据库	对传感器和设备数据进行分类并保存	
带有用户界面的机器监控和跟踪系统	云系统	提供机器运行状态数据、数据分析和可视化，并在用户界面中为最终用户、机器制造商、机器用户和银行做好准备	
维护系统	云系统	观察所有机器的安全、稳定运行，记录所有机器的运行和设备状态，并提供维护服务	
用户授权管理系统	云系统	根据访问权限为用户提供可用的信息	

第 8 章　从项目到物联网战略

在第 6 章和第 7 章中,我们研究了以及如何成功筹备物联网项目,物联网应用在实践中的表现。如果我说:物联网项目并非昙花一现,你们中的大多数人可能会同意我的看法。第一个物联网项目无论成功与否,很快就会有另一个项目紧随其后。您可能会有这样的想法:"嗯,当然,对作为物联网顾问的您来说,可能是这样的,但对我们来说,情况有点不同。"关于这一点,我想做两点说明:在我作为顾问和咨询师的日常工作中,我所参与的项目获得成功对我来说很重要。我不想让您认为我像啤酒花园里的黄蜂一样,只是从一个项目飞到另一个项目嗡嗡作响(我更喜欢蚂蚁,这就是为什么我的公司被称为数字蚂蚁有限公司)。从我作为顾问和合作伙伴的角度来看,我当然可以时刻关注德国经济在物联网方面的情况。一些公司有很多事情要做,另一些公司则在积极主动地引导。无论是哪一种情况,这些公司都在行动。这让我想到了我想说的第二点:从长远来看,您打算如何将支持物联网的设备和应用整合到您的公司和您的商业模式中?有些人采取了一种防御性的态度,这让我想起了一些老朋友。那时,他们坚信:"我不需要手机,我要它干嘛?"现在,他们人手一个手机,还都是智能手机,他们自己也不得不对以前的态度尴笑。

我在物联网领域如何定位自己的公司,当然与行业和公司的规模有很大关系。但根据我的经验,这往往也是心理问题,关于管理者对于改变的意愿和对创新的态度。我们已经熟悉了技术进步,例如我们目前通过计算机和数据媒体的发展所经历的技术进步。然而,互联网时代在密度、速度和全球维度方面有其自身的质量,人们理所当然地会感到被这一切碾压。但我的呼吁是:努力帮助塑造变化。就我自己而言,我已经亲身体验到,愿意改变是有回报的。当我开始独立开创自己的事业时,人们的反应往往是:您为什么不作为员工继续工作?对一些人来说,这个问题也说明了对改变的某种恐惧。当我改变饮食习惯开始素食时,情况更加极端。一些人根本不相信我,另一些人则提醒我,我自己曾经对素食主义者咆哮过。好吧,您可以设法给自己和他人带来惊喜。如果博世能够将 19 世纪的车床与现代传感器连接到当代物联网平台,那么为什么其他公司不能与时俱进,将他们的库存带入明天的世界呢?

细化到一个具体的公司,关于物联网对接的问题肯定可以得到回答,即使它们一开始看起来很复杂。物联网可以而且应该成为整体战略的一部分，特别是德国的公司，它们是创新的结构性驱动力。您可以在 "Forschung und Entwicklung in Staat and Wirtschaft. Deutschland im Internationalen Vergleich"（"政府和工业界的研究与发展——国际比较中的德国"）研究报告中了解到这一点，它是汉诺威莱布尼兹大学经济政策研究所经济政策研究中心（CWS）的 "Studien zum deutschen Innovationssystem"（"德国创新体系研究"）系列报告之一。它指出：

"在德国，三分之二的研究和开发（R&D）资金来自国内经济。这意味着它对经济的依赖程度远远高于大多数其他欧洲国家。在日本、韩国和中国，这一比例甚至更高。在德国，大学和非大学机构的研发工作由企业资助，其程度高于平均水平，这证明按照国际标准，德国的企业和政府之间的研发合作相对密集。"[⊖]

根据作者的说法，从数字上看：2016 年，德国的研究和开发支出超过 900 亿欧元。超过三分之二的研发资金用于在商业企业部门进行研发。在日本，企业的研发支出甚至比德国更集中在大公司。反过来，中小企业的研发活动决定了其在经济中立足的广度。关于公司研发部门和创新过程之间的联系，或者关于创新和研发这两个术语之间的区别，我想引用研究报告中的一段话：

"企业研发在很大程度上取决于劳动力的高教育水平和科学研究的绩效。经济中的研发活动不仅需要高素质的劳动力，而且还需要吸收科学知识。另外，新技术也必须扩散，工业研究成果必须转化为技术发明、产品和工艺创新，并最终转化为营业额、价值创造和就业。这需要额外的创新活动和支出，以及对固定资产的投资。由此可见，创新过程中只有一个方面是由研发代表的，即'主要投入'。然而，也有许多公司在没有进行研发的情况下开发和引进新产品或生产工艺。这就是为什么研发并不是创新的同义词。"[⊖]

即使该出版物对研发和创新之间的区别进行了更深入的探讨，例如在所谓的 *Frascati-Richtlinien*（《弗拉斯卡蒂手册》）的指导下的深入探讨，上面这一段话也足以满足我们目前的目的了。回到我们的物联网话题，让我们看看题为 "Das Internet der Dinge im deutschen Mittelstand：Bedeutung，Anwendungsfelder und

⊖ *Schasse*，*Ulrich/Gehrke*，*Birgit/Stenke*，*Gero*：Forschung und Entwicklung in Staat und Wirtschaft- Deutschland im internationalen Vergleich. Studien zum deutschen Innovationssystem Nr. 2-2018. Herausgegeben vom Center für Wirtschaftspolitische Studien（CWS）des Instituts für Wirtschaftspolitik，Leibniz Universität Hannover. S. 10

⊖ *Schasse*，*Ulrich/Gehrke*，*Birgit/Stenke*，*Gero*：Forschung und Entwicklung in Staat und Wirtschaft- Deutschland im internationalen Vergleich. Studien zum deutschen Innovationssystem Nr. 2-2018. Herausgegeben vom Center für Wirtschaftspolitische Studien（CWS）des Instituts für Wirtschaftspolitik，Leibniz Universität Hannover. Kapitel 1. 1. 2

Stand der Umsetzung"（"德国中小企业的物联网：意义、应用领域和实施状况"）的一个更具体的趋势研究。正如第 3 章已经提到的，在 2018 年秋季，161 位拥有"物联网项目或其他数字化倡议决策权"的专家回答了本研究的问题，其中一些问题涉及战略方面。在"大目标，不急于求成"的标题下，我们发现了一个有趣的总结，即被调查的公司对其自身情况以及市场和行业情况的物联网评估。

"中小企业有远大的目标。对于 36% 的人来说，运营、运输及物流的全自动流程绝对不再是一个愿景，而是一个正在努力实现的现实场景。对于另外 36% 的人来说，这种说法仍然部分正确。这是一个了不起的结果，突显了物联网对中小企业的意义。如果没有物联网，运营、生产、物流和运输的完全自动化根本不可能实现。然而，人们显然并不急于将车辆、设备和产品联网。45% 的受访者确认，他们不会在未来 12 个月内全力以赴地将他们的"东西"联网。另外 41% 的人希望只是部分地做到这一点。"⊖

图 8.1 显示了这个总结背后的六个单独问题。

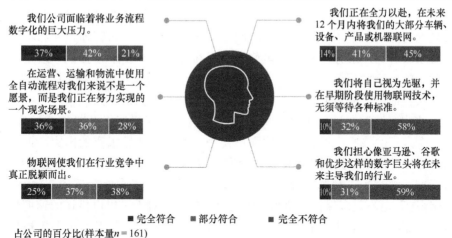

图 8.1　2018 年秋季德国中小企业对物联网的陈述（来源：Trendstudie "Das Internet der Dinge im deutschen Mittelstand. Bedeutung, Anwendungsfelder und Stand der Umsetzung". PAC Deutschland，April 2019. S. 8）

从这里以及从我个人的谈话中可以看出，大多数中小企业已经计划物联网

⊖　Trendstudie "Das Internet der Dinge im deutschen Mittelstand. Bedeutung, Anwendungsfelder und Stand der Umsetzung". PAC Deutschland，April 2019. S. 7

有一段时间了。当然，各部门和各公司的情况各不相同。对于已经掉队的公司来说，重要的是不要落后太多；对于第一个重要的物联网项目，不要等待太久；对于已经实施了一些物联网实例的先驱者来说，更高级的新服务成为一种挑战，例如应用程序和数字助理或基于物联网传感器数据的预测性维护和能源管理。

在这最后一章中，我关注的是与物联网有关的战略思维和行动，因为正如我已经描述的那样，物联网平台的决策通常是一项战略决策。在下面的章节中，我们将看一下整体物联网战略的一些重要杠杆。在 6.2 节中，我已经介绍了设计思维是一种用于创意生成和项目准备的敏捷方法。在 8.1 节中，我通过对其他敏捷方法的介绍加深了这一观点。Scrum、看板、快速原型法和最简化可实行产品是在当今条件下实施物联网项目和开发可用于市场的原型、产品和服务的有用工具。在这一章中，我还想鼓励您，给您一些想法，告诉您如何建立一个可持续发展的数字化商业模式，为物联网服务达成战略合作伙伴关系，并将必要的创新意愿与迄今为止所建立和取得的成就协调一致。

8.1　以敏捷的方式实施项目

敏捷方法多年来一直是一个话题，它们从讲英语的商业世界发展起来，逐渐蔓延到德国中小企业，带有一定时间上的延迟。作为一名管理顾问和项目伙伴，我亲眼看到、亲身体验了许多德国公司在灵活性和变革中挣扎，缺乏接受新变化、新事物的勇气。对于个人和群体，尤其是对于组织和机构中的人群，几十年来，他们已经习惯了另一种方法，而改变本身就是一门艺术。一些关于德国人的陈词滥调，比如德国人的严谨、习惯于深度规划以及对细节的痴迷，都有一个真正的核心。那就是，德国不仅是盛产诗人和思想家的国家，也是拥有各种标准的国家：德国技术监督协会和其技术指南，德国标准化学会（DIN）和其标准，细致的工程师、保险公司和律师。然而，高质量标准和 20 世纪的"德国制造"已不足以保持竞争力，因为今天的竞争对手可以以极快的速度生产廉价的复制品，在全球范围内很难与其竞争。个别市场参与者经过多年规划开发的东西，可能在更短的时间内被其他人改编、打上品牌并成功销售。这里的关键字是：破坏性。因此，敏捷行动是未来管理、物流和生产的基本组成部分。

可以帮助公司做到敏捷的方法包括 Scrum、看板、最简化可实行产品（Minimum Viable Product，MVP）和快速原型（Rapid Prototyping），我们将在下面一一详细介绍。通常情况下，这些敏捷方法与所谓的瀑布模型法形成对比。瀑布模型法意味着项目被分为几个阶段，这些阶段是相互依存的，并在项目过程中按照事先确定的顺序持续进行；一旦一个阶段完成，结果就不再受到质疑，也不会被撤销。IT 的典型阶段是构思、设计、技术实施、推广和支持。多年来，

"瀑布模型法"这个名字已经确立了自己的地位。虽然这个词可能仍然会唤起您的积极感受，因为您可能会联想到美丽的大自然或者您的上一个假期，但这里谈到瀑布的是一个方法，指的是一种单向轨道规划，是用来说明线性规划的僵硬和不灵活，一切都顽固地只朝一个方向流动，没有其他路线可走，也没有办法掉头回到起点。这就蕴藏着风险：如果准备和实施工作由严格意义上的僵硬的阶段性工作组成，您会很快成为坚定计划的奴隶，就像火车一旦开动就停不下来了，不要试图从行驶的火车上跳下来。但您真的知道三年后您公司会是个什么情况吗？当一切都在快速变化，您甚至可能无法掌握项目的时间框架，那么为什么现在就要开始一个多年的项目，消耗高额的规划成本呢？

瀑布模型法过去和现在都主要用于分层结构中。我不会说它在今天已经完全过时了。瀑布模型法提供了精确规划大量项目并可靠地执行它们的可能性。软件集团 SAP 用成熟的加速 SAP（AcceleratedSAP，ASAP）方法开发了自己的瀑布模型法，它并没有被完全从菜单中删除，而是使用敏捷替代方案继续提供服务，并且还开发了一种新方法。这种方法称为 SAP Activate，是为实施复杂的整合 SAP ERP 系统而开发的。2019 年，我获得了 SAP 的认证，成为 SAP Activate 项目经理。我发现，非常有趣的是，敏捷的项目方法可以帮助实施像 SAP S/4HANA 这样复杂的软件产品。在本章结束时，您会意识到，对一个综合信息系统，即 ERP 系统采取敏捷的方法进行操作并不那么容易，因为财务和材料管理的模块不能完全分离，也不能独立实施。毕竟，我们谈论的是综合软件，而材料管理方面的动向总是对财务领域的价值流动产生影响。

这些敏捷方法与瀑布模型法等更不灵活的计划和实施相比，具有一些优势：

1）用户行为不能再与 20 年前的行为相比。客户和供应商的沟通速度显著提高。

2）计划的狂热到细节的程度会导致企业的发展绕过了市场，最后因为缺乏灵活性而不再能够做出足够快的反应。许多行业和子市场已经变得更加复杂，使得我们不可能详细规划每一个步骤及其所有的依赖关系，并确定后续活动。

3）在敏捷项目管理中，计划周期要短得多。试错法哲学成为开发的一部分。

4）用户在早期阶段就参与进来，这样做的好处是能够直接看到产品和服务是否被接受，并能非常迅速地将反馈纳入开发中。这可以节省很多钱，因为开发是为了市场进行的，而不是绕过市场。

操作"敏捷"也与现代企业管理、企业文化和管理风格有关。那些接受敏捷方法的人向他们的员工表明，他们正在考虑等级制度和员工参与，考虑激励和团队精神，考虑工作氛围和需求，而不是按照一个固定模式来雇用员工，然后将他们归类为未来几年或几十年可用的员工。毕竟，它是关于改变惯例、角色和工作方式，适应新的环境，以实现作为一个公司的最佳结果。这就把我们带到了聪明领导力的话题上，不幸的是，我在本书中只能触及这个话题，但是不能深谈。

即使您不能想象自己的企业在头脑风暴、产品开发、项目管理或其他流程中始终如一地使用敏捷方法，我也建议您熟悉熟悉设计思维和本章中介绍的其他方法。要从根本上对敏捷方法持（并保持）开放的态度。如果这对您来说太过大胆，您不必立即适应所有内容，只要使用秒表，也就是设计思维中的时间盒，就可以为某些议程项目提供必要的时间框架，并起到奇效。因此，也许您可以先挑拣出其中的精华。稍微地敏捷一点点也是可以的，特别是在实施复杂的企业软件解决方案时，如 SAP S/4HANA 或者 SAP ERP ECC，"敏捷瀑布"是一个好主意，因为用纯粹的敏捷方法不一定能达到这里的目标。敏捷方法通常依赖于小型的解决方案，完成后直接为公司或用户创造价值。然而，一个综合的企业软件可能无法真正在部分步骤中引入。假设，您从库存管理开始着手，但还没有实施财务会计：这样做是行不通的，因为每一次货物的流动总是伴随着价值的流动，然后在财务模块中进行实时的映射。软件制造商已经认识到这一点，目前提供的项目方法包括尽可能多的敏捷方面，但也包括传统项目管理方法。

参与敏捷方法的另一个论据是您企业的青年员工。在应用科技大学和综合类大学，对培训和入门级别的工作感兴趣的年轻人越来越多地与敏捷方法打交道。如果您在国际范围内招聘员工，则更是如此。国际专业人士或多或少熟悉他们国内工作环境中的这种或者那种敏捷方法，德国的初创企业肯定也是如此。因此，如果您的企业对与创始人和年轻公司进行项目合作或者建立战略伙伴关系感兴趣（我们稍后还会谈到这一点），那么也要了解对方的公司文化和工作方法，以实现富有成效的合作。此外，敏捷项目方法也适用于快速评估与另一家企业的合作是否有意义，因为你们可以一起实施一个小的、非常有限的项目规划，并快速评估其成功与否。

如果您使用敏捷方法，不管是有选择地或是密集地使用，邀请外部专家参加相应的讲习班和研讨会都是有意义的，他们必须减少对敏感问题和经过验证的流程的关注。我自己曾经主持过一个研讨会，我的经理（老板）也参加了，但是进展并不顺利。会议期间，我不得不在一次（成功的）一对一的谈话中提醒他，是他自己委托我主持会议的。如果您认为最好从一开始就避免在您公司出现这种情况，那么这将是寻求外部支持的一个很好的理由。一个付费的 Scrum 或设计思维教练通常也应该可以帮助您更快地实现目标。如果您的公司长期浸淫在自己的企业文化中，例如您公司根深蒂固的常规、对角色的理解以及团队和领导文化，那么一旦松开刹车，来自外部的一口新鲜空气可以起到涡轮增压的作用。当我作为 Scrum 大师或设计思维教练时，我自己遵循的信条是给公司提供最初和基本的推动力，但随后又迅速离开公司。我没有要求自己必须在公司有什么职位，毕竟，我把自己看作是一个独立的企业家。

您的员工越早理解相应的敏捷方法并能实施它，他们就能越早做到不需要外部教练或 Scrum 大师。这并不总是绝对必要的，但如果外部专业人员熟悉这个行业，这绝对是一个优势。多亏了我的学习、我的 SAP 职业生涯、软件和物流项目以及我的初创企业，就像俗话说的那样，在物流和 IT 领域如鱼得水。在关键时刻，能够利用某种丰富的经验，给团体注入新的活力，带来新的动力，这是件好事。如果您知道是什么让一个公司的竞争对手和客户心动，就可以简单地给出更具体的推动力和更好的评估想法。还有一个选择是，在自己的队伍中积累专业知识。目前市面上有很好的设计思维教练课程，而成为 Scrum 大师或看板王同样也是可行的，而且费用也不是特别高。

8.1.1 Scrum

Scrum 方法是基于这样的假设：在将产品或服务呈现给客户之前，企业没有那么多时间静静地开发数年之久，相反，企业应及时提供质量良好（如果不是最佳）的发展。速度比完美更重要。

Scrum 方法是由美国人杰夫·萨瑟兰（Jeff Sutherland）和肯·施瓦伯（Ken Schwaber）在 20 世纪 90 年代开发的一种敏捷的项目管理形式。该方法被设计用于软件开发，并通过美国联邦调查局的一个软件现代化项目首次获得关注。美国警察机构在调查过程中陷入了数字化的困境，并浪费了数亿美元的资金。萨瑟兰和他的 Scrum 方法作为一支救火队出现了，但并不是每个人都真的认为他们可以拯救很多东西。令美国参议院的项目负责人们更加惊讶的是，承诺的结果 100%实现了，而且只用了预算的一小部分。仅仅两年后，该软件就可以真正投入运行。即使这只是一个开始：不必是一个软件开发人员，您也可以引进和实施 Scrum 方法。您也可以用 Scrum 方法解决物流或生产中的流程议题或优化项目。例如，创始人萨瑟兰也用 Scrum 方法建造飞机涡轮机和他自己住的房子。如果饮料物流的想法是用货车作为配备物联网的穿梭设施来运输空瓶，那么 Scrum 团队的任务就是在规定时间内测试这个系统。因此，该团队必须事先了解建立这样一个空瓶穿梭运输系统需要多少费用：哪些费用是不可避免的，哪些流程是有意义的，可以在某个地方提高销售额或生产力吗？

例如，您可以在 *Scrum Guide*（《Scrum 指南》）中详细了解其工作原理。这本由萨瑟兰和施瓦伯编撰的指南，目前已经有了更新的版本，提供了 19 页的说明，可以按照特定的模式、流程和仪式来开展项目。您当然可以在网上免费找到其最新版本，但要注意您最终访问的网站类型（不幸的是，可疑的供应商也混在值得推荐的网站之中）。

即使一个项目乍看起来很庞大，但通过 Scrum 方法，项目团队也可以巧妙地将其整齐地分解成小的组成部分，并在规定的时间内实施，即所谓的冲刺阶段。这些冲刺阶段通常为 30 天，但也可以缩短或延长。根据 Scrum 系统，首先制定出基本要求：什么应该先实施或先交付？人们将这些要求记录在一个列表中，并对其进行优先排序。具有最大效益的项目可以在一个月内或在规定的冲刺期内可转化/可交付，由开发团队首先实施。

最有可能的情况是，只有最重要的要求才会被首先实施。这可能只是整体规划的 20%，而 80% 的大部分份额则需要等待精细化调整。如果在项目过程中发现成本效益比不佳，也有可能根本不实施这大部分的项目，这也是一种无价的洞察力。许多德国公司（仍然）在为这种灵活性和退一步的勇气而苦苦挣扎。

Scrum 方法规定了角色的具体分配：

1）产品负责人制订需求。

2）所有具备实现产品负责人愿望的前提条件和技能的人都被称为开发者团队。

3）*Scrum* 大师，也许可以与培训师或工匠大师相提并论。Scrum 大师负责确保每个人都了解 Scrum 方法并了解自己的角色，并且必须确保会议在既定的时间范围内举行。

每天早上都会举行简短的会议。通常安排 15min 作为站立会议、电话或视频会议。在会上，团队随时了解现状、当天的目标以及他们可能面临的潜在障碍。早上的更新创造了一个有约束力的承诺，之后就不太可能出现令人讨厌的惊喜/惊吓。公司内部的不同部门通过这种方式相互通报，相互协调。在您的公司首次部署 Scrum 的一个目标应该是，跨部门/部门间的更新成为例行公事。

项目团队不需要特别大，至少要有三个成员，但不应该超过一定的规模：建议最多有九个团队成员，否则很快就会变得混乱。如果团队相对较小，每个人都有机会了解其他人的工作内容，同时可以协调好工作交接。

尽管 Scrum 方法关注的是灵活性和动态性，但工作并不是随意进行的——当然也不是没有一套规则的（见图 8.2）。首先，要求是以书面形式记录的，然后集中实施。为此，产品负责人创建了产品积压待办列表。如果积压工作一词听起来过于软件化，您也可以称它为"家庭作业本"或"长长的待洗衣单"。这份列表列出并描述了所有的要求：从用户故事，即用户在未来使用该产品时将获得的经验，到已识别的错误，再到改进建议。虽然产品积压待办被理解为大局一般的计划，但冲刺积压待办只是这个列表的部分节选。记录在冲刺积压待办中的任务形成了一个具体的议程，将由项目团队在各自的冲刺阶段实施。在一个冲刺开始之前，要求和基本细节会在计划会议上讨论，在最初的术语中，这被称为冲刺计划会议。

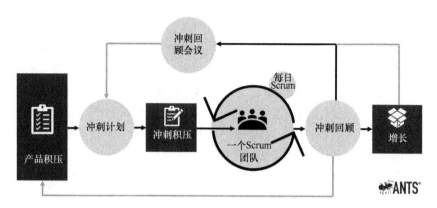

图 8.2　Scrum 模型一览（来源：digit-ANTS GmbH gemäß Scrum Guide）

如果您的公司也要使用 Scrum 方法，产品负责人应该首先将所有涉及的部门纳入团队。在饮料物流领域，您的项目将激发销售、物流、生产和管理等部门参与。团队成员需要评估他们认为在一个月/一个冲刺期内实际可以实现的目标。如果必须重新调整目标，那么也不成问题。设定一个尽可能清晰明确的目标总是很有帮助的。有了这样的目标，就可以把基准定得很高，使团队感受到挑战并展示其潜力。

关于从外部聘请某人作为 Scrum 大师，还是在自己的队伍中寻找合适人才的问题，我想再多说一句：出于营销方面的考虑，我现在当然应该鼓励您聘请像我这样的人。但是，在您自己的公司里培训一个 Scrum 大师也是可行的，而且也不是特别贵。在 Scrum.org 网站上，您可以找到各种提供培训的教练，您可以直接给他们写信。他们都很好，很乐意提供帮助。我在 Scrum.org 做了 Scrum 大师的认证，我非常推荐这个认证，因为您面对的是原版，而且该认证也是国际认可的。您最好从"专业 Scrum 大师 I"（Professional Scrum Master I）开始培训。进入培训后，您会发现还有各种更深、更专业的选择。

8.1.2　看板

Scrum 方法与另一种用于软件开发和 IT 项目的敏捷方法有某些重叠之处：我们正在谈论看板。这两种方法有时会结合使用，甚至有一个术语 Scrumban 用来形容它。一个本质的区别是，Scrum 的工作有明确的优先次序和硬性的截止日期，而看板则面向连续的、平稳的过程。这使得这种方法对那些需要管理大量要求、工作和任务而又不容易确定优先次序的公司很有意义。

您可能已经从其他领域熟悉了看板一词。最初，看板是作为一种生产控制方法而开发的。当时，它是关于生产中闲置和超额生产之间的最佳库存管理。

在信号卡的帮助下（在日语中被称为看板），处于上游生产流程的团队收到信号，由于没有达到规定的数量，所以某种产品正在补货。这一过程现在已经数字化了。当然，这种方法不可能 1∶1 地还原生产和装配线的工作环境到更有创造性的软件部门和具有更多波动工作时间的当前工作环境中，但以一种适应性的形式，它在那里也能发挥作用。它可以用来避免瓶颈期、等待时间和超负荷，并使流程更顺畅、更可预测。这就是为什么丰田汽车公司生产车间的方法不仅对那些处理所谓的 C 部件的公司，或根据所谓的软件看板或 IT 看板工作的开发人员有意义。基本上，您可以在所有您想使用一个可视化的、有限的拉动系统（Pull-System）进行全面协作的领域里，调整看板理念。稍后我会谈到这到底意味着什么。您也可以从 Trello 这样的计划和任务管理的商业服务的成功中看到，如果没有看板，就不会有这样的服务，以及对这种方法的需求是多么的大。

我不会自己解释看板的基本概念，相反，我更愿意让看板的先驱大卫·J·安德森（David J. Anderson）来发言。以下摘录的采访是十年前的事了，但它仍然值得一读，没有过时。

"问题：您能试着用两句话解释一下看板吗？

回答：看板的背后是一个非常简单的想法，即您可以限制平行工作［正在进行的工作（Work in Progress）］的数量，您可以将这些有限的工作可视化，例如使用带有便签的白板，并且只有在完成现有的任务后才可以开始新的任务。此外，看板还有一个信号系统，使人们清楚地了解什么时候可以绘制新任务。"[一]

近年来，在德国看到的、听到的或读到的关于看板的大部分内容最终都可以追溯到安德森的书和文章。在 20 世纪 90 年代初，他曾处理过精益管理和功能驱动开发的问题，换句话说就是：我们可以对贵公司的什么进行革新，以使一切运作得更好？通过这些年的各种经历经验，他最终选择了看板方法，他认为这种方法比 Scrum 方法和其他敏捷方法更具有"进化性"。在他看来，使用看板，您不会像以前那样碾压劳动力，因为您没有给他们那么多的指示和规则。阿恩·洛克（Arne Roock），他十年前将看板的标准著作之一翻译成德语，是德国的看板专家之一，他将看板哲学分解为以下 4 个行动指令：

1）使用看板可视化当前状态。

2）将工作限制在实际能力能够完成的范围内。

3）引入拉动系统。

4）系统性思维：关注客户。

通过看板的可视化，可以看到图 8.3 所示看板示例表中的模型。看板将现状和任务的分配可视化，在表格的一列中用便签写着：目前正在开发什么？处

〇 OBJEKTSpektrum, Ausgabe 02/10

于测试阶段的是什么？需要做什么？已经在运行的是什么？已经完成了什么？我们悬在何处？在白板或墙壁上建立这样的笔记表是看板的典型做法，但不是独特的卖点，因为您也可以在 Scrum 方法或设计思维中找到类似的形式。我敢打赌，您已经在至少一家德国公司看到了这个或类似的东西。无论如何，看板的目的是，让您可以通过看板快速了解项目进展，并且可以实时更新。

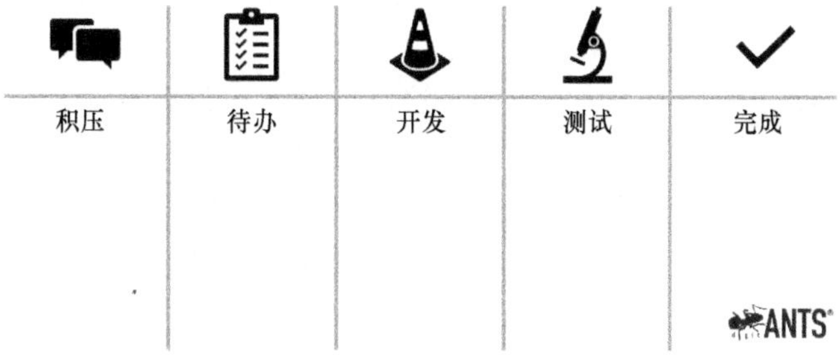

图 8.3　看板示例表（来源：digit-ANTS GmbH）

图 8.3 所示的示例表从积压的一栏开始，接着是待办、开发和测试直至完成（交付）的状态栏。一个主题/项目（一个积压项）目前停留在哪一栏，就显示了它的当前状态。如果便条上标有负责的团队同事的名字，就可以一目了然地看到哪些同事有闲暇时间，哪些同事有太多的事情要做。哪些项目停滞不前，在哪里停滞不前。保持事情的流畅性可以通过设置限制来促进，您可以把这些限制写在这样的项目栏中。例如，如果为开发一栏定义了五个任务的限制，那么这一栏中的注释就不应该超过五个。

在上述洛克的第 3 个行动指令中出现的术语拉动系统，和推动系统（Push-System）一样，描述了合作的组织方式。拉动系统意味着团队成员独立给自己新的任务，而不是从领导层或上游部门接受任务。对于看板来说，这意味着在实践中，您不会在同事负责的栏目里粘贴注释，而只是标记他们可以接手的一些事情。

对于洛克的第 4 个行动指令，系统性思维，重要的是要再次意识到看板基本上依赖于管理层充分信任的自组织团队。然而，一家公司希望并应该关注整个系统：并非当每个人都在全力以赴地工作时，就自然会实现理想状态。当在短时间内平行完成尽可能多的与客户相关的高质量步骤时，才可以达到理想状态。这也显示了看板方法的风险：如果没有明确的生产力目标和严格的时间限制，有时部分员工会缺乏工作动力。

8.1.3　快速原型设计和最简化可实行产品

形容词"敏捷"包含的含义有：积极、机动、灵活和快速。有些方法尤其注重速度。虽然冲刺是 Scrum 方法的一个重要方面，但也有其他元素：快速原型和最简化可实行产品或最简化可实行服务（Minimum Viable Service，MVS）都与速度有关。在动态市场和全球实时通信的时代，人们也许可以总结出一个基本的假设，最好是以这样的方式来处理项目，即在尽可能短的时间内产生结果，与客户一起测试，并产生直接的利益。如果在很短的时间内发现自己显然错误地依赖了一个缓慢的卖家或一个可能没有竞争力的服务，那么您可以在为项目投入大量时间和精力之前结束项目。

快速原型设计是不同方法的统称，这些方法旨在创建易于创建的快速原型。这在制造技术领域尤其常见，我在 5.4 节关于 3D 打印的内容中已经写了很多，例如，对航空航天业的影响相对较大。在快速原型设计中，原型是由机器生产的，是自动化的，因为机器可以简单地从数字数据世界中提取尺寸和属性，并复制它们。例如，快速原型制作的目的是通过 3D 打印工艺打印实际物体的 3D 模型，这样可以节省时间，并能够快速制作说明性材料。有些人使用进一步区分的相关术语，如快速工具（Rapid Rolling，用于生产工具）和快速制造（Rapid Manufacturing，用于生产部件和成品）。偶尔，特别是在软件开发领域，我们也会发现垂直原型和水平原型的区别。垂直原型是应用程序子系统的样本。为了测试的目的，尽可能完整地制定出某个功能，而忽略了软件的其余部分。我从计算机科学家和小说作家威科·克里普齐克（Veikko Krypczyk）那里借用了以下示例：

"用于管理客户订单和预订的方案包含作为子系统的客户数据管理。垂直原型被移交给客户进行测试，其中包含管理的所有方面，例如输入、改变、取消、删除数据。这些功能已经完全实现，可以进行广泛的测试。软件系统的其他功能尚不可用。"[⊖]

水平原型只使用软件架构的顶层。这包括，例如，应用程序和网站建设的前期阶段，以测试软件的设计和可用性。用户可以尝试整体设计的界面，因为原型已经包含了所有或至少是尽可能多的计划功能。然而，此时，我们并没有深入研究或进入更深层次。

MVP 方法比快速原型法的门槛低一些。英语翻译通常使用"最简化产品"或"具有最低要求和属性的产品"等术语。请不要落入将英文"viable"与"valueable"混淆的陷阱，前者代表盈利，也代表可实现的、可行的，后者通常代表有价值的或珍贵的。MVP 和 MVS 是指提供只包含绝对必要功能的产品和服务。产品应该是简单但必不可少的。另一方面，它不应该是廉价而没有客户价

⊖ *Krypczyk*，*Veikko*：Rapid Prototyping und Low-Code-Entwicklung. *https：//www. dev-insider. de/rapid-pro-totyping-und-low-code-entwicklung-a-828294*

值的。

想象一个基本的在线情况：在委托建立一个大型网站或构建处理内容和营销的概念结构之前，您首先创建一个登录页面并获得反馈，最好是直接来自客户的反馈。视频也已成为 MVP 和 MVS 的有效工具。有些公司首先为有前途的想法制作测试视频。在油管、脸书、照片墙（Instagram）和 TikTok（抖音海外版）的时代，不缺少接触各种目标群体的渠道。只有在这样的视频受到好评的情况下，才会开始进行产品开发。这种形式的发展（和广告）必须首先在心理上被接受。谁愿意因为想法不成熟而受到批评，或者更糟糕的是，显得对市场和客户需求一无所知呢？但是假如我们反过来思考，那么该方法的优势就会显现出来。因为实际上更糟糕的是：MVP 的彻底失败，或是像福特埃赛尔（Edsel）那样的滞销品，它以公司创始人亨利·福特唯一的儿子的名字命名，用巨大的努力进行宣传，但最后还是成为该公司历史上的失败之王。我们可以假设，福特已经从这个故事中吸取了教训。今天被认为是成功的其他公司，如多宝箱（Dropbox）和爱彼迎（Airbnb），至少已经部分地用 MVP 方法测试了其商业模式。

对于 MVP 和快速原型这两种方法，将众包和众筹作为融资模式可能是有用的。开发商和公司可以用众筹吸引广大的投资者。反过来，支持者可以通过少量资金资助原型，为批量生产做好准备，或者帮助资助产品理念。赞助人和资助者的范围很广，可以是有实践经验的投资者，也可以仅仅只是喜欢某个想法的私人消费者。例如，2012 年在汉诺威成立的能源英雄公司（Energieheld GmbH），在需要资金进行节能房屋改造项目时，成功依靠了众筹方式。该项目于 2016 年通过 Companisto 众筹平台获得了超过 22 万欧元的融资。据该公司称，公司网站 *www. energieheld. de* 现在是德国能源改造领域最大的平台之一，拥有超过 1200 多万访问者、20 万客户和 1000 多个贸易伙伴。这种众筹的优势，创始人认为是相对较低的维护支出，而且，众筹者在法律上不会成为股东。[一]

当然，您只能有选择地使用这里介绍的敏捷方法，并将它们与已有的方法结合起来，形成一种敏捷瀑布。在任何情况下，我认为重要的是，要在早期阶段思考物联网项目如何与商业模式、公司理念和创新战略相联系。

8.2 构建数字化商业模式

特别是那些进入市场已经有 30 年或更长时间的企业，它们很欣赏传统的商业模式：提供服务或产品，计算报价，然后整体运行。通过这种方式，建筑公

[一] *https://www. crowdfunding. de/projekte/energieheld*

司为客户建造房屋，机械公司生产机器，旅行社销售旅游套餐。因此，作为示例列出的企业，就像许多其他行业分支一样，有时会获得高利润。商业交易结束后不久，就可以将各自的营业额入账。商业成功的座右铭是：售后即售前！

然而，由于在线供应越来越广泛，网络越来越无缝，游戏规则已经改变。市场和商业模式、生产条件、公司之间的合作、公司和客户的关系、商品和服务的销售和计费，所有这些都受到新的影响，新的机会正在出现。智能手机应用程序和相应的终端设备可以接管打开房门和车门的任务。不必在收银台前挥舞银行卡，现代手机就能传输支付信息。许多物品真的凭空消失了：钥匙、支付卡、遥控器。由于使用 3D 打印，整个生产工厂现在正在消失。

你们中的一些人可能对这句话很熟悉：客户不愿意花钱买钻头，却要求在墙上开个洞。新的时代恰恰使之成为可能：基于已经描述过的软件即服务的概念，创新的服务提供商可以根据客户的需要舒适、快速地提供最终结果。似乎不可逆转的趋势是，技术公司不再专门出售工具，而是把它们租出去，从而越来越看重客户的利益。无论是短时间内在墙上打个洞，或是可出租的踏板车，还是过去以不同方式销售的程序（例如 Photoshop）：客户在需要解决方案时介入，在问题不再存在时退出（或离开）。电影和电视剧的流媒体报价很好地说明了可以灵活地争取客户。另一方面，随着量身定制的报价变得流行，在线订购和在线购物如此方便，当客户遇到可能浪费他们宝贵时间的多余流程时，他们会更加注意到这一点。用户体验会影响程序、应用程序和输入界面的可用性和用户友好性。但它也在一个更普遍的层面上描述了客户的心理。例如，如果客户收到的不只是他们所订购的东西，而是在此基础上又加了其他的东西，许多客户会感到被骚扰或不被重视。客户体验并不局限于网络世界，它同样适用于物理世界。在这个物理世界中，不再只是人与人之间的互动，还包括物联网中的所有事物。作为消费者，我曾经在阿迪达斯或彪马、Rewe 超市或 Edeka 超市、Cinestar 电影院或 Cinemaxx 电影院之间选择。然而，今天，决定在哪里上网看电视或在线订购商品，对我们作为顾客的影响更大。因为各种设备连接在一起，而且，几乎所有的设备都一刻不停地产生数据。

这些数据是一些新商业模式不可或缺的先决条件。想想脸书和谷歌的成功以及"数据驱动的"这个形容词。但即使是前互联网时代的商业模式也受到网络设备和流媒体数据的影响。在仓储物流方面，让位于其他大洲的无人驾驶叉车现在可以在出现技术缺陷时自动报告。根据后续流程和网络访问的组织方式，叉车也可以自动呼叫服务技术人员。数字化转型正在全球范围内带来深远的影响。它们极大地影响了哪些工作可以（和应该）由人类完成，哪些可以由机器完成的问题。关于新一代客户奇奇怪怪的购买行为的预测也变成可能，因为通过所有这些设备产生的信息和数据，他们的行为反过来变得更加可预测。

在我们的数字化信息社会中，这些变化使我们有必要彻底重新思考和构建一些商业模式。例如，对于一个机器制造商来说，这可能意味着，在未来，除了机器之外，它还将销售智能产品和智能服务。机器制造商可以根据时间或产量对其机器的使用进行收费。我们已经可以在餐饮业找到相应的模型，例如咖啡机或扎啤机。交通转型的大话题也与汽车、滑板车和自行车的生产和销售条件的改变以及移动设备的胜利有很大关系。

对于趋势研究"德国中小企业的物联网：意义、应用领域和实施状况"，161 家受访公司被问及他们如何实施和计划基于物联网的服务和商业模式。如果我们把这里使用的类别"贸易生产"等同于工业，并认为该研究具有代表性且仍然是最新的，那么图 8.4 中显示的结果将意味着，与工业物联网有关的数字化项目仍然更多地是想法，而不是现实。

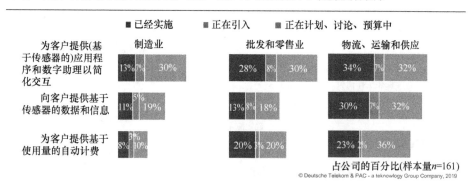

主题：基于传感器数据为外部客户提供新的数字服务和商业模式：您在哪些领域使用物联网应用，是否正在引入项目，物联网项目是否正在计划、讨论、预算中，或者您根本不考虑使用物联网？

图 8.4　德国中小企业物联网趋势研究的调查结果

（来源：Trendstudie „Das Internet der Dinge im deutschen Mittelstand. Bedeutung, Anwendungsfelder und Stand der Umsetzung". PAC Deutschland，April 2019. S. 22）

© Deutsche Telekom & PAC-a teknowlogy Group Company，2019

这与我的个人经验非常一致。从传统供应商的角度来看，对所描述的变化总是有可以理解的保留意见。毕竟，在某些情况下，成本和收入结构完全被颠覆了。今天，由于预付款起着重要作用，因此销售额通常只能在很晚之后才能入账。此外，新的商业模式和服务需要高度的非承诺，这与企业家的美德（如可靠性和信守承诺）相冲突。然而，与我打交道的许多人都非常愿意创新，特别是德国公司，它们比许多学校或政府机构更早地开始应对数字化问题，但是在新冠肺炎大流行期间，它们不得不摇头拒绝数字化。这些公司与其说是缺乏勇气，不如说是缺乏对必要步骤的了解。

从图 8.5 所示的词云中可以看出，该词云来自与图 8.4 相同的趋势研究，许多想要实施物联网项目的公司也在战略方面苦苦挣扎。"效益方面和附加值"及"对现有的改造"等话题被提及得特别频繁。在数字化世界中，对于具有战略意义的附加值和建立可持续的商业模式来说，有两个方面很重要，一是自己公司的创新战略，二是与其他公司和参与者的战略合作。我们在 8.3 节和 8.4 节中会谈到这些问题。

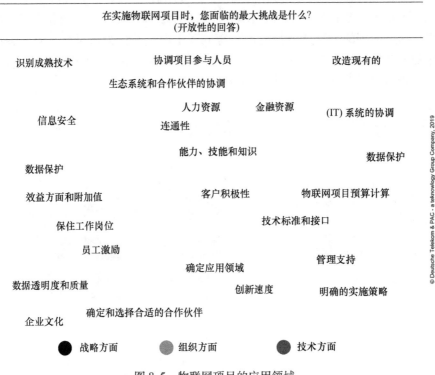

图 8.5　物联网项目的应用领域

（来源：Trendstudie "Das Internet der Dinge im deutschen Mittelstand. Bedeutung, Anwendungsfelder und Stand der Umsetzung". PAC Deutschland，April 2019. S. 14）

ⓒ Deutsche Telekom & PAC-a teknowlogy Group Company，2019

由于工业在许多方面的运作与 B2C 的智能服务和智能产品业务有些不同，因此在工业领域构建智能产品和服务时，有几点需要注意：

1）在 B2C 领域，通常更容易获得有关最终消费者将从哪些方面受益，并获得附加值的信息。作为客户的企业，尤其是中小企业，在流程方面更加封闭。因此，请试着好好看看相关的价值创造过程。毕竟，您希望通过数字网络为 B2B 领域的客户和合作伙伴带来真正的利益。

2）如果您想开始提供新的产品和服务，最好在一个小范围内进行。应在早期用 MVP 等方法测试您的产品，以便能够广泛地测试并收集反馈。如果商业模式在成功和跟进方面变化非常大，那么最好是已经得到企业管理层的支持。

3）确保在项目开始时就立即让所有受影响的业务部门参与进来。通过这种方式，您可以确保在后期阶段，所有同事都能参与到必要的跨部门决策中来，并确保项目的实施。

8.3　物联网战略合作伙伴关系

绝大多数公司都与供应商和客户保持着定期的联系和交流。但要注意，这种关系还不是战略伙伴关系或联盟。只有当共同追求更大的目标，达成一致，并为此组织了流程并制定了法律框架时，才是真正的伙伴关系。在准备和实施单个物联网项目时，我们已经考察了伙伴关系和外部支持（参见第 6 章）。就公司的整体战略而言，合作伙伴关系更为重要。它们可能具有战略上的重要性。无论我的合作伙伴是老伙伴还是我在展会、会议、未来会谈（Future talk），或领英（LinkedIn）上结识的新联系人：他们对待问题的方式和判断方法肯定不会与我一样。如果两家公司走到一起，他们可能会发生冲突，因为非常不同的工作文化会发生冲突。人们如何处理等级制度和规则，如何处理传统和创新，如何处理安全和试验，可能因公司而异，不管是大股份公司还是中小企业。如果一家初创企业和一家老牌公司合作，可能会爆发真正的代际间的冲突。好吧，这是个夸张的说法。然而，很有可能的是，不同的经验会在企业文化、管理风格或速度等问题上发生冲突，意见也会相应地出现分歧。

为了说明这一点，我为大家挑选了两段引文，来自于一项关于合作的令人兴奋的研究[一]，我将在之后更详细地介绍这个研究。第一段引文是关于放弃工作和控制权的基本意愿：

"在中小企业领域，有一种希望自己动手的文化。它们只在一定程度上与顾问合作，最后更愿意雇佣人，自己做。这样做需要更长的时间，但它坚如磐石。问题是过去的成功模式是否会继续成功下去。"

斯蒂芬·科勒（Stephan Köhler）（布拉瑟勒兄弟公司，Brasseler Brothers）

第二段引文是关于金钱的，正如我们都知道的，金钱是友谊的终点。那么，伙伴关系应该从哪里开始和结束呢？

[一]　*Wrobel*, *M.* / *Schildhauer*, *T.* / *Preiß*, *K.*：Kooperationen zwischen Startups und Mittelstand. Learn. Match. Partner. Eine Studie des Alexander von Humboldt Instituts für Internet und Gesellschaft. 2017. *https://www.impactdistillery.com/graphite/hiig-sum*

"当我与大企业交谈时，他们有时会说他们要投资 1000 万。中小企业的情况则不同。他们说，我们没有用来玩的钱，一切都必须立即运转。这就是为什么他们观察地更仔细。"

马克·莫比乌斯（Mark Möbius）（柏林数字商业学院，Berlin School of Digital Business）

不要低估伙伴关系可能因企业文化的对立而失败的事实。对于这项研究[一]"战略联盟：有效的工具还是被高估的炒作？中小企业怎么说"从 2015 年开始，该团队曾向 500 名决策者提问：在您看来，实施战略联盟的障碍是什么？排在答案榜首的是对立的企业文化。我想说，这也难怪。我自己总是与那些有不同的日常生活习惯、对工作时间和可达性有不同想法的人一起工作。而且，这只是冰山一角。顺便说一下，这并不是我引用的研究报告，不过也非常值得一读。但如果您觉得像前面的个人评估有助于反思您自己对合作的观点，并想阅读更多的经验报告的话，我想推荐上面提到的研究报告："Kooperationen zwischen Startups und Mittelstand Learn. Match. Partner"（"初创企业和中小企业之间的合作：学习、匹配、合作伙伴"），前面的引文摘自其中。该书于 2017 年出版，是基于与来自初创企业和中小企业的人们的许多对话、采访和研讨会而写成的。亚历山大·冯·洪堡互联网与社会研究所和运动场数字中心有限公司（Spielfeld Digital Hub GmbH）是这项研究的支持者，而后者又得到了信用卡公司维萨（VISA）和管理咨询公司罗兰贝格（Roland Berger）的支持。

在出现误解之前，必须先提一句：即使我们在谈论物联网市场，与初创企业建立战略伙伴关系也不是唯一的选择。对某些人来说，这种形式似乎已经（成为）一种万能药。需要数字化转型帮助？去找初创企业；想对软件进行现代化改造？求助初创企业；想变得更加敏捷灵活？请与初创企业合作。这当然有它的道理：初创企业根据时间的脉搏行事。他们的员工思维敏捷，工作迅速。它们比弗雷迪·舒尔茨（Freddie Schulze）的家族企业更具活力，比大机构的大摊子更具适应性。初创企业已经意识到明天的趋势，他们更有可能比其他人更早发现后天的趋势。在创业领域，他们的网络化程度比任何数据章鱼都还要高。此外，如果您看一下员工的照片和社交媒体上的帖子，他们似乎有无限的创造力和旺盛的动力。被您发现了：我故意说得夸张了一点点。当然，初创企业可以带来新鲜的空气。有时，第一次合作会产生长期的战略联盟。有时，初创企业会并入大公司，或者至少有很大一部分员工在某个时候会被并入大型合作伙伴，就像找到了一个安全的避风港。从年轻公司的角度来看，这只是这种合作给他们带来的众多优势之一。让我们首先考虑启动资金和市场准入。当然，当

　　○　*https://www.ebnerstolz.de/de/forecast-studie-strategische-allianzen-88796.html*

一家财务实力雄厚的公司投资我的项目、在财务上支持我并保护我时，这将对我有很大的帮助。

但我们不应该忘记，成熟的技术供应商在其投资组合中也有很好的物联网、软件和硬件的解决方案。例如，如果您正在为原型或新项目寻找合作伙伴，研究一下博世、西门子、ABB 或传感器制造商 SICK 绝对没有坏处。老手和大公司通常都有可靠的、可扩展的解决方案在手。对于一家仍然年轻的公司，您可能会发现，在涉及联合项目以及产品和服务的定价时，它可能会将其投资和发展痛点考虑进去。但客户通常并不关心报价背后的故事。除非他们参与了巧妙的个性化众筹活动来开发原型，否则他们只是简单而不浪漫地想要以合理的价格获得附加值。作为一个合作伙伴，您也不想在刚开始合作、经济尚未完全独立的情况下就得养活一个贪婪的伙伴。我自己总是仔细看看我的潜在合作伙伴来自哪里。有时我也会为我的客户做背景调查，以检查考虑中的创始人有哪些实际经验，以及推荐人在电话里到底是怎么说的。

如果两家公司决定长期合作，在纸面上和在实践中仍然会有很大的不同。合作持续多长时间？目标是什么？哪些合同已经签订？哪些领域保持自主，哪些领域将被共享？雇员的情况如何？您是否必须与新同事、流程和老板打交道？这些只是应该澄清的众多问题中的几个问题而已。

引文中的合作研究报告区分了七种级别的合作模式：

1）临时活动。

2）方案和援助。

3）共享基础设施。

4）孵化器。

5）互联网创新。

6）伙伴关系。

7）投资和收购。

术语"临时活动"是指在相当轻松的环境下促进相互了解、并帮助获得基本知识和技能的所有措施。这包括研讨会、会议或聚会、创业之旅、黑客马拉松、创新营地和类似的形式，这类形式可以概括为："很多都可以做，但是也没有什么是必须做的"。第三类别或第三级是共享基础设施。这指的是物理上的共享空间，例如联合办公模式或创意中心和实验室。第六级伙伴关系包括合资企业。在这个七级模型的底部，最强的、最长久的合作形式是长期创业基金（投资）、兼并和收购。

除非合作关系是为一次性合作或短期项目设计的，也就是说，如果您想长期合作并在战略上共同成长，那么参与的公司（类似于恋爱关系中的人们）自然会经历一个合作关系的发展过程。这些阶段有各种模式。它们经常被用一些学术术语来描述，如需求分析和探索。更易懂好记的是带有 ing-ing-ing 韵律的五个阶段模型，您可能以前就接触过：形成、风暴、规范、高绩效和转型（Forming, Storming, Norming, High Performing, Transforming）。在这个模型中，两家合作公司的角色在一开始就得到了明确，在最后，如果一切顺利的话，合作伙伴双方都会有一个持久的转型（当然是更好的转型）。在这中间，会有一些冲突，从中可以学到一些东西。游戏规则得到检验和确立。新伙伴发展成为一个精心排练的团队——就像在一个良好的婚姻或恋爱关系中一样。如果您想把事情再简化一点，您也可以使用上面提到的研究中的三相模型。根据副标题，这分为学习、匹配和伙伴三个阶段。在学习阶段，中小企业尽可能多地了解初创企业。我已经在第 6 章中暗示了这一方法的作用：除了参加创业展览会和现场活动，您还可以经常访问流行的网站和在线门户网站来不断学习。通过匹配，即找到最喜欢的，然后，中小型企业进入一个更深入的关系，从而明确可以与谁建立真正持久的合作伙伴关系。

例如，在（初步和深入的）合作伙伴搜索中的选择标准可以是：

1）区域接近。

2）声誉和推荐。

3）类似项目的经验。

4）安全概念。

5）可扩展性。

6）价格。

如果您需要软件或硬件方面的外部帮助，您应该弄清楚您的潜在合作伙伴是否满足 IT 安全、信息安全、数据保护和合规性的要求。对于云计算解决方案，有一些证书，如 STAR 证书等。对于软件来说，自动更新和最新身份认证应该是理所当然的。对于硬件，有安全标准，如处理器的安全启动（有关物联网参考架构的要求，另见第 2 章）。就可扩展性而言，实际数量和时间规格很重要：如果我在实施第一个原型后的几周内需要 20 万个某种类型的传感器，那么我期望的合作伙伴应该能够毫无问题地交付它们。他是否有生产能力和必要的配件供应商，还是说，时间上有点紧？如果我需要新的、支持物联网功能的设备，但对整个国际公司网络对这些设备的要求没有一个总体的了解，那么，如果有一个经验丰富的合作伙伴，他们对不同行业的物联网设备的标准了如指掌，并了解高科技行业或钢铁行业的设备阻力等微妙的细节，那就再好不过了。

在这个关于战略伙伴关系的题外话中，我要说的最后一个方面是国际合作。取决于您的公司有多大，您有多少个战略发展地点，您希望为几个大洲的市场和目标群体服务。所谓的跨境联盟，即总部在欧盟内部和外部的两家公司联合起来，在未来可能会变得更加重要。尽管目前有一种趋势是用欧洲的竞争对手取代美国的云计算和 IT 供应商，以便能够遵守所有的政治要求（GDPR、隐私保护等），但这不会是欧洲和美国之间跨大西洋合作的终点。框架条件可能也会有一些变化，想想英国脱欧吧。此外，物联网本身当然是一个全球性的东西：数据流向地球的各个角落，设备几乎无处不在，5G 网络正在进一步扩大。也许您会在韩国或日本找到机器人和自动化的合作伙伴，或者您会被中国市场所吸引，正如我们所知，中国正在走自己的数字化道路，并且进展相当之快。无论如何，我在工作生活中亲身体会到，您不可能也不应该自己做所有的事情。有了正确的合作伙伴，您可以实现更多目标。

8.4　创新与转型

破坏性的东西往往只能在回顾中才能看到。有人将互联网的引入比作电的发明，以说明其带来的这种质变。无论如何，我想没有人会否认，从我出生的 20 世纪 80 年代开始，世界已经发生了很大的变化。您还记得您什么时候开始写电子邮件的吗？在过去三年里，贵公司的网站发生了哪些变化？我的第一台个人计算机是在 20 世纪 90 年代末购买的，与我现在的笔记本计算机在技术上有很大的区别。作为鲁尔区《西德意志报》的一名自由编辑，我亲眼见过人们在暗房内部冲印照片。而当我在 2004—2008 年上大学时，像优步或爱彼迎这样的公司在德国还完全不为人知。未来对技术人员的培训，肯定和前一两代人的标准不一样，这是毫无疑问的。2021 年了，在日常工作生活中，在普通公司中，我们也无法避免这种变化：物联网来了。撇开新冠肺炎疫情不谈，到 2022 年，物联网将在全球范围内产生约 5000 亿美元的年收入，并节省 4000 亿美元的流程，至少审计公司普华永道计算出来是这样的。

如果考虑到摩尔定律，该定律描述了处理器的性能以及集成电路的复杂性每一年半就会翻一番，那么，可以预见，未来还有很多事情要做。您对此有何反应？在实施项目中，我一次又一次地注意到，尽管企业想不择手段地进行创新，但整个事情不知何故总是显得特别随意。有时，他们似乎只是想快速勾掉清单上的一项：人工智能？我们现在也有，查看完毕！在我看来，对"为什么要创新"的回答中，有两句话排在最差回答榜首：一句是"董事会就是这么说的。"还有一句是："我们在贸易展览会上从竞争对手那里看到了一些东西。现在我们想在我们自己的公司里应用它。"

不能强迫创新。通常，需要企业里有合适的人做这件事：懂专业的专家、精通技术的员工和共同思考的人。还需要良好的时间管理，使您能够以可控的方式行事，而不是仅仅对客户、竞争对手或行业发展做出反应。此外，重要的是要跳出框框，采纳更多的观点，例如来自不同客户群体的观点。再有，创新也会产生新的问题。也许它们会给客户、供应商和合作伙伴等外部关系带来压力。他们也会在自己的员工中引起不安，尤其是"永远不要改变一个成功的团队"这样的口号也反映了这样一个事实：必须首先找到一个运作良好的团队，然后才能发展它。最后，数字化转型中还涉及很多恐惧：担心技术会使人变得多余。德国联邦劳工局预计，由于自动化程度的提高和人工智能等技术的使用增加，到 2025 年大约 160 万个工作岗位可能会消失[⊖]。在其他市场分析中，预测的结果甚至更加激进。如果考虑到重复性的任务和工作流程、常规和规则是许多职业和工作的特征，那么这个高数字就更加具体有形了。如果老老实实地盘点，不只是简单的体力工作，律师、医生和科研人员也会出现这种情况。

虽然创新会引起和加剧问题，并且会涉及很多工作，但是我仍然认为创新是不可或缺的。如果一个商业模式僵化到不允许任何进一步的发展或重新定位，那么这个商业模式几乎肯定没有未来。识别何时转向新的市场，了解以何种方式向左和向右看，以便注意到行业环境中的相关重组，以及为大事做足够早准备的利基参与者——这是一个在物联网时代变得更加棘手的挑战。另一个挑战是：如果您总是 100% 以客户为导向，那么您可能会反应过于强烈，而不是自己成为先驱，这样到最后可能会带来两倍的新客户。亨利·福特曾经说过，如果他只听取客户的意见，他可能不得不开发出更快、更有弹性的马匹。客户自己并没有想出汽车如何才能更好地满足他们的需求的想法。第三个挑战是一个人对自己的创新计划的开放程度。我想引用前面提到的研究报告"初创企业和中小企业之间的合作：学习、匹配、合作伙伴"中的一段话：

"过去，将自己在研发部门的创新保密到最后是很常见的。然而，今天，这种做法很难与时俱进。……只有对极少数公司来说，采取封闭式的创新方法仍然是有意义的。孤立意味着您会冒着错过激动人心的趋势和想法，以及速度太慢的风险，因为新事物随时随地都在出现。在当前的时代，几乎不可能单独拥有所有必要的技能。实际上，更短的创新周期迫使老牌公司从封闭式创新模式转向开放式创新模式。"[⊖]

作者区分了由内而外和由外而内的开放式创新模式，是已经建立的既定科学模式。由内而外的原则也可以称为内部原则：企业自己的想法要被推向市场，例如，这与企业内部创业和企业孵化器有关；由外而内的原则描述了将外部知识融入自己的创新过程的尝试，例如，从他人那里寻找新技术和创新，与初创企业的合作往往属于这个范畴。

⊖　*https://www.zeit.de/news/2019-09-23/digitalisierung-veraendert-nahezu-jeden-job*

⊖　Wrobel，M./Schildhauer，T./Preiß，K.：Kooperationen zwischen Startups und Mittelstand. Learn. Match. Partner. Eine Studie des Alexander von Humboldt Instituts für Internet und Gesellschaft. 2017. S. 14 f. *https://www.impactdistillery.com/graphite/hiig-sum*

对于一家企业而言，在长期保持创新和创新友好的同时，可持续地对自己进行定位当然不是一件容易的事。创新影响企业管理和整个企业文化。它们是公司 DNA 的一部分，因为它们涉及这个问题：今天、明天和后天，我们的商业模式处于什么位置？因此，它们不应该被认为是新购置或一次性维修意义上的个案。创新战略是企业战略的一部分。其目的是使创新的发展与未来的企业目标保持一致。创新战略明确了在未来几年内要开发哪些新产品、服务和流程。通过它，企业和组织可以定义目标、采取必要的措施以及面对可能的挑战。未来我们是否需要新产品、新业务领域、新工艺流程和新设备？企业的发展目标是什么？如何快速地、以何种步骤实现这些目标？

创新不会因为您按下启动按钮就自动发生。不管您是热火朝天地干，还是干着干着就不干了，创新项目最终都可能会一无所获。未来的项目可能会因为自己计算错误，或受到他人影响而失败。您想过这样的失败吗？最糟糕的情况是，您从头到尾都做对了，却被这个世界突如其来地"捅了一刀"。战略创新的思考应充分考虑到一个企业与整个世界的互动：

1）技术进步开辟了新的商业模式。

2）社会趋势塑造了客户，也塑造了员工。还涉及品味和时尚问题，但也有更深层次的社会内因，例如我们的家庭形象和个人角色。

3）经济发展使得有必要改变方向，例如，当重要的汇率发生巨大变化时。

4）危机正在席卷市场，无论是金融危机、新冠肺炎疫情还是气候变化。

5）新的法律为企业创造了新的情况——从疫情导致的封锁到 GDPR。

正如我们在新冠肺炎疫情期间所见证的那样，危机既是创新的驱动力，也是创新的杀手。当您因为工作禁令和封锁而面临财务压力时，您可以，甚至可能不得不冻结所有未来的项目和创新计划。另一方面，公司被迫从现在开始转型，投资在线服务和技术基础设施，以便它们仍然能够产生足够的营业额并继续雇佣员工。虽然在线学习、视频会议和其他在线应用已经作为创新加入到许多公司和工作中，由于商业模式和保值情况，这一流行病也对一些创始人和初创企业造成了严重打击。许多经济学家和经理人正在饶有兴趣地观察爱彼迎如何应对新冠肺炎疫情时期，这个公司是一个充满活力的"新贵"，拥有财政实力，但它也无法改变旅行限制。当几乎没有人愿意或被允许旅行时，旅游公司自然会失去收入。爱彼迎所做的第一件事是通过裁员和筹集新资本来确保其流动性。拥有牢固确立的创新项目似乎已经变成这家尚且年轻的公司的一个永久特征，它已经完成了一些，但不是全部的创新项目。目前尚无法预测该公司的旅程将走向何方。2008 年金融危机后，一些市场和公司进行了自我重组。例如，工具制造商喜利得（Hilti）在从制造商向服务提供商的转型中相对成功，而其他商业模式（包括一些有问题的模式）则不再奏效。从长远来看，我们可以一再观察到，具有灵活商业模式的健康公司无法被淘汰，而管理不善的竞争对手则不得不破产。

创新通常被分为两个领域：利用和探索，或者在德语中：优化现有的并开发新的。开发项目旨在将现有的商业模式、产品和服务带到未来。探索方法侧重于模式转变和颠覆。在关键时期，管理者要做的第一件事就是让核心业务更精简、更好、更高效。只有在第二步才会轮到探索部分。我们应该保持哪些未来的项目，以便在危机结束后采取行动并参与市场竞争？

就个人而言，对于新冠肺炎疫情之后的未来，我并不比其他人更聪明。我只能说这么多：尽管有这么多坏消息，我仍然保持乐观。在本书的最后，我想和大家一起微笑着看一下魔幻水晶球。有一项有趣的研究，题为"Arbeit 2050：Drei Szenarien"（"工作 2050：三种情景"）。作者将未来可能的发展分为三条不同的路径，如图 8.6~图 8.8。以下这些问题生成了不同的路径：2050 年的经济和社会将是什么样子？那时我们将如何工作？我们使用哪些技术来做什么？如果您愿意，路径"很复杂"描述了中庸之道（见图 8.6），变体"经济和政治动荡"（见图 8.7）是悲观的，情景"如果人们是自由的"（见图 8.8）是乐观的愿景。

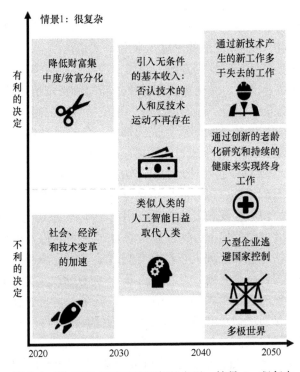

图 8.6　到 2050 年的三种可能的发展：情景 1：很复杂

（来源：Daheim, Cornelia/Wintermann, Ole：Arbeit 2050：Drei Szenarien. Neue Ergebnisse einer internationalen Delphi-Studie des Millennium Project. 2019. Herausgegeben von Bertelsmann Stiftung, The Millenium Project und Future Impacts. S. 11）

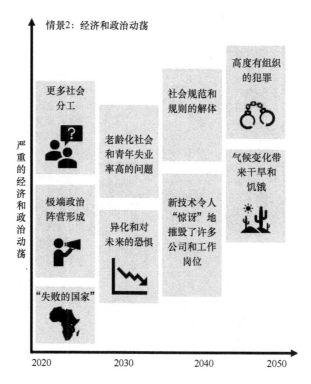

图 8.7　到 2050 年的三种可能的发展：情景 2：经济和政治动荡
（来源：Daheim，Cornelia/Wintermann，Ole：Arbeit 2050：Drei Szenarien. Neue Ergebnisse
einer internationalen Delphi-Studie des Millennium Project. 2019. Herausgegeben von
Bertelsmann Stiftung，The Millenium Project und Future Impacts. S. 11）

　　我坚信物联网的潜力。我们不仅可以联网设备，还可以通过物联网将人们聚集在一起，克服各种差距。这就是为什么我们要以必要的勇气，将悲观和中庸的情景完全忽略。假如您对 IT 和物联网安全非常敏感，那么看完我这本书，我想您应该可以克服对物联网的恐惧。好了，让我们看一下乐观的版本：未来的世界充满了可能性，因为技术的推动、工作生活的重组和政治措施相互交融，使每个人都有更多的自由。

　　"对于新一代的地球人来说，失业一词不再具有任何意义。到 2050 年，终将出现一个我们认为可持续的全球经济，同时满足几乎每个人的基本需求，并为大多数人提供高水准的生活品质。对一些人来说，新技术是取得这一成功的关键，另一些人认为在经济中发展人类的潜力才是最根本的，还有一些人认为各个国家的政治和经济战略是最关键的，包括各种形式的无条件国家基本收入。

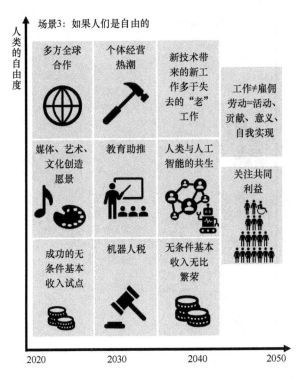

图 8.8　到 2050 年的三种可能的发展：情景 3：如果人们是自由的

（来源：Daheim, Cornelia/Wintermann, Ole：Arbeit 2050：Drei Szenarien. Neue Ergebnisse einer internationalen Delphi-Studie des Millennium Project. 2019. Herausgegeben von Bertelsmann Stiftung, The Millenium Project und Future Impacts. S. 11）

重要的是所有这三个相辅相成的领域必须相应地协同作用。"[一] 就工作心态而言，这个未来的新规范核心是个人责任和自力更生，以及责任感、意义和共同利益取向。人们参与技术发展的态度不是恐惧和怀疑，而是开放和好奇。结论为："从 21 世纪 30 年代开始，合成生物学和延长生命的干预措施也能够使人们在高龄时'更加健壮'，并去除大脑物质中的沉积物；老年人的'经济负担'比普通纳税人要小得多。人类的意识和各种形式的人工智能之间几乎没有任何区别。人类与人工智能的交流如此密集和多层次，谁是谁已经不重要了。"[二] 更重要的是，对于你们当中更喜欢动手的梦想家来说："近几十年来，新技术创造的新工作类型多于它破坏的旧工作类型。"[三] 这不完全是我的梦想愿景，而是一个令人鼓

　　[一]~[三]　*Daheim, Cornelia/Wintermann, Ole*：Arbeit 2050：Drei Szenarien. Neue Ergebnisse einer internationalen Delphi-Studie des Millennium Project. 2019. Herausgegeben von Bertelsmann Stiftung, The Millenium Project und Future Impacts

舞和耳目一新的愿景。在这个 2050 年的世界里，我自己是否会被认为是 65 岁以上的老年人，这其实并不重要。我们不如问问自己，我是否可以用我的仿生眼在智能城市伊尔费斯海姆叫一辆空中出租车，然后让我可以飞到需要帮助的人那里，帮他进行数字化转型。我绝对有这个能力。但出租车人工智能可能会回答说："你是昨天才出生的吗？这种转型早已经完成了。请输入一个有效的目的地！"